U0367991

本书获得财政部和农业农村部：国家现代农业（肉牛牦牛）产业技术体系资助（项目编号：CARS-37）

编 委 会

主　　编：梁小军　康晓冬　陶金忠

副 主 编：宋学功　赵洪喜　吴兰慧　邓占钊

编　　委：李知新　王建东　张俊丽　张晓燕　谢建亮　王秀琴
封　元　马　科　张巧娥　胡俊杰　易华山　张进隆
杨文瑾　武小虎　杨春莲　于　洋　黎玉琼　王自谦
谢文青　李毓华　田朝霞　金录国　郭亚男　高海慧
邵喜成　崔明巧

肉牛常见病诊疗技术指南

梁小军　康晓冬　陶金忠　主编

ROUNIU CHANGJIANBING ZHENLIAO JISHU ZHINAN

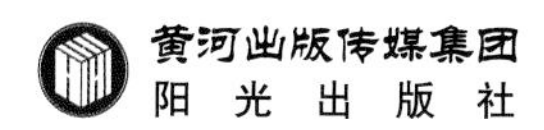

阳　光　出　版　社

图书在版编目（CIP）数据

肉牛常见病诊疗技术指南 / 梁小军, 康晓冬, 陶金忠主编. -- 银川 : 阳光出版社, 2022.7
ISBN 978-7-5525-6406-8

Ⅰ. ①肉… Ⅱ. ①梁… ②康… ③陶… Ⅲ. ①牛病－诊疗－指南 Ⅳ. ①S858.23-62

中国版本图书馆CIP数据核字(2022)第136633号

肉牛常见病诊疗技术指南　梁小军　康晓冬　陶金忠　主编

责任编辑　马　晖　郑晨阳
封面设计　赵　倩
责任印制　岳建宁

黄河出版传媒集团
阳光出版社　出版发行

出 版 人　薛文斌
地　　址　宁夏银川市北京东路139号出版大厦（750001）
网　　址　http：//www.ygchbs.com
网上书店　http：//shop129132959.taobao.com
电子信箱　yangguangchubanshe@163.com
邮购电话　0951-5047283
经　　销　全国新华书店
印刷装订　宁夏银报智能印刷科技有限公司
印刷委托书号　（宁）0024218

开　　本　787 mm × 1092 mm　1/16
印　　张　11.25
字　　数　300千字
版　　次　2022年7月第1版
印　　次　2022年9月第1次印刷
书　　号　ISBN 978-7-5525-6406-8
定　　价　48.00元

序

肉牛产业是一个国家农业发达程度和畜牧业现代化水平的重要标志，产业的发展对促进畜牧业产业升级，优化产业结构，增加农民收入，提高人民生活水平，都具有重要意义。近年来，国家和各级政府高度重视肉牛产业发展，夯实肉牛产业作为农业主导产业之一的地位。经过持续用力，肉牛产业完成了从小变大，从弱到强的蜕变过程，实现了由规模数量型向质量效益型的转型升级。

2000年以来，中央以及各级政府都把肉牛养殖业作为解决“三农”问题的重要途径，在政策、资金等方面都给予了重点扶持，肉牛养殖的综合生产能力显著提升。

宁夏回族自治区党委书记梁言顺在题为《坚持以习近平新时代中国特色社会主义思想为指导 奋力谱写全面建设社会主义现代 化美丽新宁夏壮丽篇章》——中国共产党宁夏回族自治区第十三次代表大会上的报告中指出：“深入实施特色农业提质计划，

坚持以龙头企业为依托、以产业园区为支撑、以特色发展为目标，大力发展葡萄酒、枸杞、牛奶、肉牛、滩羊、冷凉蔬菜‘六特’产业。”肉牛产业再次位列其中。

在肉牛养殖产业高速发展的同时，也存在不少问题，其中肉牛疾病是制约肉牛产业发展的主要因素之一。肉牛属大型牲畜，一头死亡就意味着成千上万元的损失，如果是恶性传染病对养殖户可以造成毁灭性的打击。“早发现，早治疗”是防治肉牛疾病的关键，对广大养殖户来说，肉牛疾病的早期发现还存在一定困难。往往发现牛病向兽医求助时，已错过最佳治疗期。因此，对肉牛养殖户的培训就显得尤为突出；同时，养殖户科学文化知识的提高，对于先进技术的推广也至关重要。为此，国家肉牛牦牛产业技术体系宁夏农林科学院项目组组织行业专家编写了《肉牛常见病诊疗技术指南》一书，该书实用性较强，图文并茂，通俗易懂。相信该书的出版对进一步加大肉牛养殖从业人员科普知识的普及力度，引导从业人员掌握肉牛疫病防控方面的新型实用技术发挥一定的作用。

前　言

肉牛产业要发展,健康养殖是关键。

随着肉牛养殖业的迅猛发展，对肉牛疾病的防治工作提出了更高的要求,急需疫病防治的新技术、新方法以适应肉牛养殖业发展需要。在中国共产党宁夏回族自治区第十三次代表大会胜利召开之际，国家肉牛牦牛产业技术体系宁夏农林科学院项目组组织行业专家,大量参阅有关文献,总结多年防治工作的经验和体会,以及国内外肉牛疾病防治新技术新经验的基础上,编写了《肉牛常见病诊疗技术指南》一书,旨在加大肉牛养殖从业人员科普知识的普及力度，为肉牛养殖业健康发展起到保障和促进作用。

全书共6章30万字，分为肉牛疾病的常用诊疗技术、内科病、外科病、传染病、产科病和寄生虫病6大部分。本书内容丰富,图文并茂,主要介绍了肉牛养殖常见各类疾(疫)病的发生流行特点和预防、诊断及治疗方法,对肉牛健康养殖有积极的借鉴和指导作用。

鉴于时间仓促，加之编者水平有限，书中疏漏和不妥之处在所难免，敬请读者和同行批评指正。

编者

2022年6月

目 录

第一章　肉牛疾病的常用临床诊疗技术

第一节　基本诊断技术

一、病史调查

问诊就是向饲养人员了解发病情况，其内容主要包括以下几个方面。

(一)发病经过及其治疗情况

如生病的时间,起初的症状,以后的转变以及现在的病情等。如果同时发病较多,而且症状相似,就应从传染病或中毒等方面考虑,是否治疗,用药情况及疗效等。

(二)饲养管理情况

应了解病前的草料、饲养方法以及最近有无改变,例如,草料质量不好或饮喂不及时,则易患胃肠疾病等。

(三)病牛的来源及疫病流行情况

病牛如果是新购进的,应问清来自什么地方,那个地方有无疫病流行,有无类似疾病的发生,结合检查可以考虑是否是传染病。

(四)过去和现在的病情及怀孕情况

了解过往病史和现在病情及怀孕情况,有利于综合判断。

二、检查的基本方法和顺序

在检查病牛时,一般应用视诊、触诊、叩诊、听诊和嗅诊 5 种基本检查方法，搜集症状，进行综合分析。

（一）视诊

视诊主要是用眼观察病牛的各种异常表现。视诊时，检查者站在病牛的左前方 2~3 m 远的地方，先观察病牛的全貌，如精神、营养、姿势、被毛、胸围和腹围等。然后由前向左后方边走边看，依次观察头部、颈部、胸部、腹部和四肢，走到正后方时，稍停留一下，观察尾部、会阴部，并对照观察胸部、腹部及臀部的状态和对称性，再由右侧回到正前方。如发现异常，可稍接近牛体，按相反的方向再转一圈，进一步观察。最后牵遛，观察步样。

（二）触诊

触诊主要是用手直接触摸。在检查体表的温度、湿度及肌肉的紧张性时，将手轻放于体表即可。如检查深部组织和肿胀，可施加一定的压力进行触摸。

（三）叩诊

叩诊主要是叩打病牛体表，根据音响，推断体内的病理变化，多用于胸部检查。犊牛可用指指叩诊法，成年牛则多用槌板叩诊法。指指叩诊法是用弯曲的右手中指，垂直地向紧贴体表的左手中指的第二指骨中央，进行短而急的连续 2 次叩打，叩击后，右手中指应立即抬起。槌板叩诊法是用左手持叩诊板紧贴体表，右手持叩诊槌，以腕关节的力量向叩诊板上叩打，动作短促急速，每次 2~3 下，间歇性地叩击。

（四）听诊

听诊主要是听病牛体内的声响，推断内部器官的病理变化。常用于心、肺及胃、肠的检查。听诊可分为直接听诊和间接听诊。直接听诊是将耳朵直接贴于病牛体表，进行听诊。此法对检查肺及瘤胃都适用。听肺脏时，面向病牛头方，一手放在鬐甲部或背部做支点;听瘤胃时,面向尾方,一手放在腰部做支点。间接听诊是利用听诊器进行听诊。听诊器要紧贴体表,防止摩擦,但不要强压。听诊瘤胃时,在左侧肷窝部进行,健康牛每2 min瘤胃蠕动2~5次。正常瘤胃蠕动音呈现逐渐增强而后又逐渐减弱的"沙沙"声。听诊心搏动时,站在牛的左侧,右手放在鬐甲部做支点,将听诊器放在肘头内侧平贴于胸壁上,即可听到心搏动。可听到有节律的类似"噜——塔""噜——塔"的两个声音,称为心音。前一个声音叫第一心音或缩期心音,是心室收缩时所发生的声音,其特点是音调低,持续时间长,尾音也长;后一个声音叫第二心音或张期心音,是心室舒张时所发生的声音,其特点是音调高,持续时间短,尾音消失快。第一心音距离第二心音的时间短,与心搏动和脉搏相一致,而第二心音距离下一次的第一心音时间长,与心搏动和脉搏不一致。听诊肺部时,先从胸壁中部开始,其次听上部,最后听下部,均由前向后,依次进行,每个部位听2~3次呼吸音后再变换位置,直至听完全肺。健康肉牛,在肺区内可听到类似"夫""夫"的肺泡呼吸音,肺的中前部较为明显。病理情况下,胸部听诊音常发生改变。

(五)嗅诊

嗅诊是闻病牛的呼出气、排泄物和分泌物。对某些疾病的诊断有意义,如肺坏疽或腐败性支气管炎时,鼻液和呼出气有腐败臭味;酮血病时,呼出气有氯仿(或烂苹果)气味;尿毒症时,皮肤及汗液有尿臭味;子宫蓄脓时,阴道分泌物有化脓腐败臭味。

检查病牛的顺序:检查病牛,应按照先全身后局部,先一般后系统的顺序进行。只有这样,才可避免杂乱,或偏废一方,遗漏主要症状。

三、临床检查的基本内容

(一)容态检查

1. 精神状态

主要注意其面部表情,眼、耳动作,身体姿势及防卫反应;注意其精神是处于兴奋,还是沉郁状态。

2. 姿势

健康肉牛常采食后卧地,进行间歇性反刍,有时用舌舔其被毛,卧地时常前胸着地,四肢屈于腹下,有生人走近时先抬举后躯缓慢起立。有病则常常出现各种反常的姿势,如站立不稳、强迫站立、强迫横卧等。这些反常姿势,常可为诊断某些疾病提供重要的线索。

3. 营养

主要根据被毛状态和肌肉的丰满程度而分为营养良好、中等和不良 3 级。

(二)皮肤检查

1. 被毛状态

健康牛的被毛平整,富有光泽,不易脱落。患病后往往被毛粗乱,失去光泽。慢性疾病或长期消化障碍时,换毛迟缓,毛焦腹缩。患疥癣或湿疹时,被毛容易脱落。

2. 皮肤温度

检查皮温通常是用手背感觉。牛适于触诊皮温的部位为鼻镜、角根、胸侧及四肢下部。全身性皮温增高,见于发热性疾病、中暑等;局部性皮温增高,多为炎症,如皮炎、蜂窝织炎、咽喉炎、腮腺炎等。皮温降低,常见于大失血、心力衰竭等。

3. 皮肤湿度

因发汗多少而不同。健康牛在安静状态下,除鼻镜湿润多水珠外，皮肤常不湿、不干而有油腻感。发汗增多，见于热性病、高度呼吸困难及剧烈疼痛性疾病等。内脏破裂时，病牛可出冷汗，常常预后不良。发汗减少，见于体内水分丧失过多的疾病，如剧烈腹泻和呕吐等。

4. 皮肤弹力

检查部位是肋弓后缘或颈部。健康牛，用手将皮肤捏成皱褶，松开后很快恢复原状。在营养障碍、大失血、脱水、皮肤慢性炎症时，皮肤弹力减退。但老龄牛的皮肤弹力减退是生理现象。

5. 皮肤肿胀

皮肤肿胀多为局限性的，常见的有气肿和水肿。

（1）气肿：气体积聚于皮下组织中。触诊时呈捻发音，边缘轮廓不明显。见于黑斑病甘薯中毒、气肿疽、恶性水肿等。

（2）水肿：多发生在胸下、腹下、阴囊、四肢及眼睑。肿胀界限多不明显，组织弹性减退，指压呈捏生面团样，表面光滑紧张而有冷感，见于心脏衰弱、慢性消耗性疾病、重症贫血及肾炎等。炎性水肿时，其特点是伴有炎症变化。

此外，在皮肤检查中，还应注意有无丘疹、水疱、脓疱、溃疡、外伤等变化。

（三）可视黏膜检查

可视黏膜检查包括眼结膜、口黏膜、鼻黏膜和阴道黏膜等，但在一般检查时，仅做眼结膜检查。

检查眼结膜时，两手持牛角，使牛头转向侧方，即可露出结膜和巩膜；也可用大拇指将下眼睑压开，观察结膜。健康牛的眼结膜呈淡粉红色。病理变化有如下几种。

1. 结膜苍白

结膜苍白是贫血的表现。急速苍白，见于大失血、肝和脾破裂等;逐渐苍白,见于慢性消耗性疾病,如营养性贫血、肠道寄生虫病等。

2. 结膜潮红

结膜潮红是血液循环障碍的表现。见于眼的外伤、结膜炎及各种急性热性传染病等。

3. 结膜蓝紫(结膜发绀)

结膜蓝紫是血液中还原血红蛋白增多的结果。见于肺炎、心力衰竭及某些中毒病等。

4. 结膜发黄(结膜黄染)

结膜发黄是血液内胆红素增多的结果。见于肝脏病、胆囊疾病及溶血性疾病等。

5. 结膜有出血点或出血斑

结膜有出血点或出血斑是血管壁通透性增大的结果。见于出血性素质病等。

(四)体表淋巴结检查

该检查主要用触诊法。着重注意其大小、硬度、温度、敏感性和移动性。对牛通常是检查下颌淋巴结、肩前淋巴结、膝上淋巴结和乳房上淋巴结。淋巴结急性肿胀时,有热有痛,见于泰勒氏焦虫病等;慢性肿胀时,无热无痛,坚硬,缺乏移动性,见于结核病、放线菌病、白血病等。

(五)体温测定

体温测定在直肠内测定。测温前先将体温计水银柱甩至最低刻度,并涂以润滑剂或水,然后站在牛的正后方,左手将尾巴略向上举,右手将体温计斜向前下方缓缓插入直肠,用体温计夹子夹在尾根部被毛上,3~5 min,取出查看。测温后应将体温计擦拭干净,并将水银柱甩下,以备再用。

健康肉牛因年龄不同,体温也有所不同。犊牛 38.5~39.5℃,青成年(38.6±0.5)℃。健康牛的体温,一昼夜内略有变动。一般都是清晨低,午后高,温差在 1℃以内。体温低于常温称为体温低下,常见于大失血、内脏破裂、中毒性疾病及濒死期。体温高于正常范围并伴有其他热候的,就可认为是发热。一般认为,病牛体温升高 1℃以内的为微热;1~2℃为中热;2℃以上的为高热。把每日上下午测温的结果记录下来,连成曲线,称作体温曲线。根据体温曲线判定热型。

对诊断肉牛病意义较大的热型有以下几种情况。

1. 稽留热

高热持续 3 d 以上,且每日温差在 1℃以内。见于传染性胸膜肺炎、犊牛副伤寒等。

2. 弛张热

体温日差在 1℃以上,且不降到常温。见于化脓性疾病、败血症及支气管肺炎等。

3. 间歇热

有热期与无热期交替出现。见于慢性结核病、锥虫病、焦虫病等。

(六)脉搏数检查

检查牛的脉搏,可触摸尾中动脉。检查者位于牛的正后方,左手将尾根略微举起,用右手食指、中指和无名指轻压尾底面的尾中动脉,计数 1 min 的跳动次数。也可用听心跳次数来代替。健康肉牛每分钟的脉搏数(心律):犊牛 90~110 次,青年牛、成年牛 60~80 次。

脉搏数增加,见于热性病、心脏病、呼吸器官疾病、剧烈疼痛性疾病、贫血及某些中毒性疾病等。脉搏数减少,见于脑病、胆血症、洋地黄中毒、铅中毒等。

(七)呼吸数检查

检查呼吸数，最好站在病牛胸部的前侧方或腹部的后侧方，观察不负重后肢一侧的胸腹部起伏运动，胸腹壁的一起一伏，是1次呼吸。也可将手背放在鼻孔前方感觉呼出的气流，在冬季还可看呼出的气流。一般计算1 min的呼吸次数(频率)，健康肉牛休闲时呼吸频率：犊牛20~50次、成年牛15~35次，平均30次。呼吸数增多，见于热性病、呼吸器官疾病、贫血、心脏病、腹压增高性疾病等。呼吸次数减少，见于某些脑病及疾病的濒死期。

(八)直肠检查

直肠检查主要用于判断卵泡发育状况、妊娠诊断、子宫疾病及胃肠道疾病等。牛的直肠黏膜容易出血，直检时要小心。

1. 术前准备

检查者应剪短并磨光指甲，手和臂上涂以液状石蜡或软肥皂等，也可用一次性长手套进行，比较方便和安全。牛应确实保定，必要时可先灌肠后检查。

2. 方法

检查者站在牛的正后方，左手握牛尾并抵在一侧坐骨结节上，右手五指集成圆锥形，缓慢伸入直肠。如遇积粪应取出。对膀胱充满的牛，可适当压迫膀胱促使排尿。牛出现努责时，手应暂时停止前进或稍后退，并用前臂下压肛门，待肠壁松弛后再伸入检查。手到达直肠狭窄部时应小心判明肠腔走向，再徐徐向前伸入。检查时应用指腹轻轻触摸或按压被检部位，仔细判断脏器位置及形态。检查完毕，手慢慢退回，防止损伤肠黏膜。

检查顺序：按照从肛门向前，从左到右，从下到上的顺序，依次检查直肠、膀胱、瘤胃、皱胃、盲肠、结肠、空肠、回肠、左肾等。

(1)直肠:肠便秘时,直肠内空虚而干涩;当发生肠套叠或肠扭转时,直肠内可发现大量黏液或带血的黏液。

(2)膀胱:膀胱积尿时,膀胱膨大,充满整个骨盆腔;膀胱破裂时,膀胱空虚无尿,有时还能触到破裂口;膀胱炎时,触压膀胱有疼痛。

(3)瘤胃:瘤胃积食时,可发现瘤胃扩张,容积增大,充满坚实或黏硬内容物。在皱胃左方变位时,可发现瘤胃背囊明显右移和左肾出现中度变位。

(4)皱胃:正常情况下,直肠检查不能触及皱胃。当皱胃发生阻塞时,直肠内有少量粪便和成团的黏液;对于体形较小的黄牛,在骨盆腔前缘右前方,瘤胃的右侧,于中下腹区,能摸到向后伸展扩张呈捏粉样硬度的部分皱胃体。皱胃扭转时,可在右腹部触摸到膨胀而紧张的皱胃。

(5)盲肠:盲肠扭转时,可发现一高度积气的肠段横于骨盆腔前口的前方;当盲肠向前方折转时,在骨盆腔前口前方常不能触到盲肠。

(6)结肠:结肠便秘时,可感到结肠内容物坚实而有压痛。

(7)空肠和回肠:肠套叠时,可触到如同前臂粗的圆柱肉样肠段,触之病畜表现剧痛;肠扭转时,可触到螺旋状的扭转部,触及时病畜剧痛不安。在去势公牛,由于输精管尿生殖皱褶撕裂,骨盆区输精管游离形成套环状裂孔,引起空肠末端和回肠起始部肠管绞窄,通常在骨盆腔入口前缘入口的偏右侧(少数在左侧)可触摸到被环状索带缠绕的肠段,硬实而紧张,有的病例在绞窄邻近处还可摸到局限性膨胀的肠管(臌气或积液),牵引或压迫被绞窄的肠管时,病畜出现特别敏感的疼痛反应。

(8)左肾:牛肾盂肾炎时,可发现肾脏肿大,触压时病畜表现疼痛;肾脓肿时,可发现肾小叶大小不等,触压有局限性波动。

此外,直肠检查尚可发现母畜子宫、卵巢的病理变化,如卵巢囊肿、持久黄体、子宫蓄脓等。公牛还可发现副性腺的病理变化,如前列腺肿大等。

注意事项:在检查中或检查后发现肛门流血、粪表面或手臂上沾有鲜血,都是直肠损伤的可疑现象,必须仔细检查。损伤可能是黏膜的、黏膜至肌层的或全层的破裂,证实某种损伤后,即应采取相应的措施。

(九)外生殖器和阴道检查

这两项检查主要是观察外阴部的分泌物及其外部有无病变;打开阴道检视阴道黏膜的颜色及有无疱疹、溃疡等病变;必要时可用开膣器进行深部检查,并注意子宫颈口的状态。

开膣器阴道检查法:

操作步骤:将母牛外阴及后躯消毒,并固定好尾巴。消毒开膣器。术者右手持闭合的开膣器,右手拇指和食指将阴门上联合分开,使开膣器裂和阴门裂相吻合,缓缓将开膣器插入阴道。开膣器转与阴门垂直,打开开膣器借助光源进行观察,检查完毕后,缓缓取出开膣器。

适用症:适用于发情鉴定,子宫内送药或难产时检查。

四、尸体剖检的注意事项和几种病理变化的解释

(一)尸体剖检的注意事项

剖检前先应了解尸体来源、病史、临床症状、治疗经过和临死前的表现,并仔细检查尸体体表特征。如姿势、卧位、尸僵、尸冷和腹部臌气情况以及天然孔、黏膜、被毛、皮肤等有无异状等,供作初步分析死亡情况、死亡时间的参考,并大致辨别是死于普通病

还是传染病。

(1)对肯定是普通病致死的尸体,剖检中不要被胃肠内容物污染,以便于利用尸肉。

(2)对可疑为传染病(如炭疽等)的,如用其他诊断技术能确诊时,不要剖检;如必须剖检,则须严格消毒并按以下要求慎重操作。

① 运送尸体前,须用浸石炭酸或来苏尔的废布、棉花或草类塞住尸体天然孔,以防液体流出,污染土地。

② 剖检时间愈早愈好,尤其是在夏季,尸体腐败后,影响观察和诊断。

③ 野外剖检应选择远离村庄、畜舍、河流和交通要道的地方,在埋葬地附近进行。室内剖检应在阳光充足、地面光滑、用水方便的房间。

④ 剖检时应尽量少污染周围环境和衣服器皿。剖检中手受伤时,立即用肥皂洗手,再用碘酒消毒伤口,纱布包扎,或换用完整手套。

⑤ 准备锐利的解剖器械和充足的消毒药品（来苏尔、石炭酸、氢氧化钠、新洁尔灭、次氯酸钠溶液等)在剖检过程中保持清洁并注意消毒。

⑥ 剥皮和切开腹腔、肠腔、脑腔时,应同时注意各器官组织有无异常(包括异位)渗出液多少和性质以及有无异物等(因为上述情况在取出脏器后常可混淆或不易检查)。

⑦ 尸体作埋葬处理时，应在解剖前挖好 2 m 深土坑。剖检后,将尸体和尸体垫用的破席或草投入坑中。在尸体上撒上生石灰或 10%石灰乳,或 3%~15%煤酚皂溶液,或 4%氢氧化钠溶液。铲净污染的表层土壤,投入坑内。埋好后对埋葬地区再进行消毒。

⑧ 由于腐败脏器沾污而引起手有恶臭味时,可浸入5%水合氯醛或高锰酸钾溶液内,使用后者时手被染成褐色,再浸入稀草酸溶液中就可除掉。

(二)几种病理变化

1. 充血

局部器官组织的小动脉和毛细血管扩张，流入的血液增多静脉血液回流正常,又称动脉性充血。临床表现潮红,毛细血管明显。

2. 淤血

静脉血液回流受阻,静脉和毛细血管内积有大量血液的病理过程,又称为静脉性充血。临床表现为淤血组织呈暗红色或蓝紫色,体积肿大。

3. 出血

血液流出血管或心脏外,称为出血。血液流出体外,称外出血;血液流入组织间隙或体腔(胸腔、腹腔)内,称为内出血。

4. 水肿

体液过量地积聚在细胞间隙内的状态,叫水肿。水肿发生在皮下时,称浮肿。

5. 增生

组织或器官里的实质细胞数增多而体积增大,称为增生。

病理性增生：由于有害因素引起组织或器官内细胞增生,如牛、羊肝片吸虫使胆管黏膜增生,营养中碘缺乏使甲状腺增生等。

6. 萎缩

发育正常的组织、器官,由于物质代谢障碍,而导致组织、器官的体积缩小,机能降低,称为萎缩。

7. 变性

机体由于物质代谢障碍,在一些细胞内或间质中发生形态结构变化,出现各种异常物质或原有物质堆积过多,称为变性。

8. 颗粒变性(混浊肿胀)

颗粒变性常见于肾、肝及心脏等实质性器官。病变细胞的超微结构和胶体性状发生破坏,胞浆蛋白质呈细颗粒状。病变脏器颜色深,无光泽和肿胀,切面隆起、质脆。

9. 坏死

活体内局部组织或细胞的死亡,叫作坏死。坏死组织内侵入腐败菌,伴发腐败时叫作坏疽。坏死组织失去正常色泽或变白,与活组织之间有一明显的分界带,由于坏死的病灶组织软化而失去其强度。

10. 炎症

炎症是动物机体对各种刺激物引起损害所发生的一种复杂的自卫反应,其特征是变性、渗出和增生变化的复杂综合。在临床上,炎症的部位可出现发红、肿胀、发热、疼痛及机能障碍等五个症状。炎症按病理变化分类,依据炎症的形态学变化分为变质性炎、渗出性炎和增生性炎。

第二节　常用治疗技术

一、投药法

(一)胃管投送法

先给牛戴上一个开口器。将胃管用温水浸泡后,在插入胃的一端涂上液状石蜡。经口插入时,胶管由开口器中央圆孔插入,敏捷地推向咽部,牛自然将胃管吞下,很少阻力;进入食道后,可在颈静脉沟食管区看到胃管逐渐滑下的影迹,当进入胃内后常有气体出来。如无开口器,可将胃管从鼻孔送入;接上漏斗,将药液倒入漏斗内,高举漏斗超过牛头,药液自行流入胃内。之后倒入少量清水,将管中残留的药液冲下,拔掉漏斗,折叠胶管并缓缓抽出。需要注意的是保持患牛头颈伸直,关键是头不能抬高,以利润滑好的导管插入,如果患牛发生反胃,也可减少回流物误吸入气管的机会。本法适用于大量的水剂给药(图 1-1)。

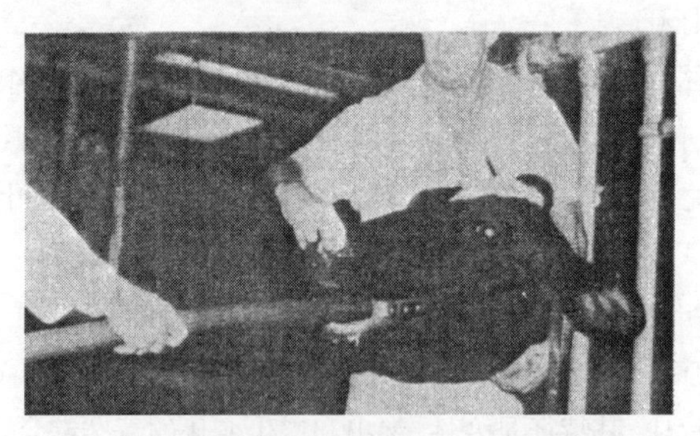

图 1-1　在相应的开口器辅助下插入胃导管示意

(二)塑料瓶或长颈玻璃瓶灌药法

适用药液量较少或咽炎病牛,可用长颈玻璃瓶或塑料瓶将药液一点点地倒入口内,使其一口一口地咽下。

(三)丸剂投药法

小药丸可用投药器或裹在草团中投服。大药丸可一手将牛舌拉出,一手持药丸迅速地投至舌根部,立即放开舌头,并托住下颌部,稍抬高牛头,药丸即被自然咽下。

(四)舔剂投药法

打开牛口腔,用木片或竹片从一侧口角将舔剂送入口腔并迅速涂于舌根背部,随即抬高牛头,使其自然咽下。

(五)糊剂投药法

碾压较粗的中药,调制成糊状,用灌角将药经口灌入。灌药时，由助手牵引鼻环或吊嚼，使牛头稍仰，灌药者一手持盛药的灌角，顺口角插入口腔，送至舌面中部，将药灌下，同时，另一手持药盆，接取自口角流出的药液。

二、注射法

（一）注射前准备

注射前，首先检查注射器有无缺损，接头是否严密，针头是否锐利通畅，然后将注射器和针头洗净，煮沸消毒，现采用一次性输液器和注射器，更方便；检查药品有无变质、混浊、沉淀及过期；同时注射两种以上药液时，应注意有无配伍禁忌；大量注入药液时应对药液适当加温；注射部位剪毛消毒，通常涂以5%碘酊，而后用75%酒精脱碘。

（二）皮下注射法

常用于无强刺激性且易溶解的药物、菌（疫）苗或血清的注射。

部位：颈侧或肩胛后方的胸侧皮肤易移动的部位。

方法：一手捏起皮肤做成皱褶，另一手持注射器，将针头于皮肤皱褶处的三角形凹窝刺入皮下2~3 cm，松开皮肤，抽动活塞不见回血，推动活塞注入药液。注射后，用酒精棉球压迫针孔，拔出针头，再用碘酊涂布针孔。

注意事项：正确刺入皮下时，针头可自由活动，如刺入肌肉内，则针头固定不能左右摆动。注射药量大时，可采取分点注射。

（三）肌肉注射法

适用于注射药液和疫苗等。

部位：多在肌肉丰富的股后肌群和颈侧（见图1-2，图1-3），臀部注射应谨慎，犊牛一般情况下不能在臀部注射，乳牛应禁止

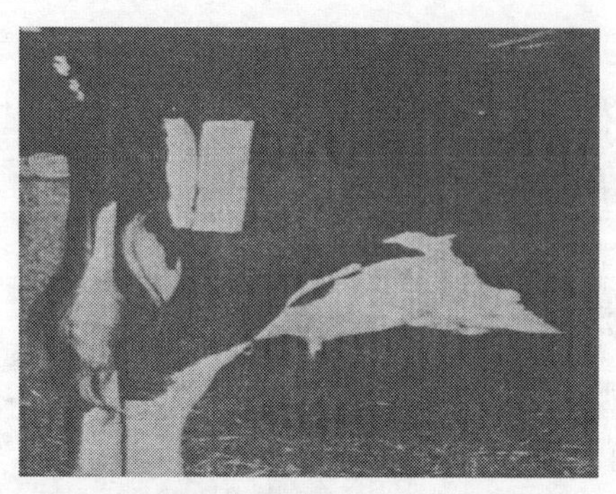

图 1-2 肌肉注射的股后部位(白色条带)

图 1-3 颈部肌群(白色条带),用以小剂量肌肉注射

在臀部注射,因为奶用动物此部位肌肉相对较少。

方法:先将针头垂直刺入肌肉适当深度,接上注射器,回抽活塞无回血即可注入药液。注射后拔出针头,注射部涂以碘酊或酒精。

注意事项:针头不要全部刺入肌肉内,一般为 3~5 cm,以免针头折断时不易取出。过强的刺激药,如水合氯醛、氯化钙、水杨酸钠等不能做肌肉注射。

(四)静脉注射(输液)法

适用于需要迅速发生药效、大量给药或药液不适于肌肉、皮下等注射。

部位:多在颈沟上 1/3 和中 1/3 交界处的颈静脉管,母牛也可在乳静脉管注射。

方法:先排尽注射器或输液管中的气体。以左手按压注射部下边,使血管怒张,右手持针在按压点上方约 2 cm 处,垂直或呈 45°刺入静脉内,见回血后将针头继续顺血管进针 1~2 cm,接上针筒或输液管,用手扶持或用夹子把胶管固定在颈部,缓缓注入药液或将输液瓶吊起滴入药液。注射(输入)完毕,用酒精棉球压住针孔,迅速拔出针头,按压针孔片刻,最后涂以碘酊。

注意事项:病牛要确实保定,看准静脉后再刺入针头;针头刺入血管后,应再送入部分针身,然后注入药液,以免中途针头滑脱;油类制剂不能用于血管内注射;注射前,要排净注射器或塑料管内空气;注射刺激性药液时不能漏到血管外。

输液量应根据病牛的具体情况确定。一般病情较重者每日输液 2 次,重危病例可酌情增加输液次数。输液速度要缓慢,以防心脏负担过重。

对心力衰竭、肺水肿及肾炎病牛,禁忌大量输液;对出血性疾病,尚未彻底止血前输液应慎重。输液中注意检查针头是否在血管内及有无阻塞,并观察病牛状态,如出现全身震颤、不安、出汗、体温升高等反应时,应减慢输液速度或停止输液。

(五)皮内注射法

将药液注入表皮与真皮之间,多用于牛结核菌素的变态反应试验。

部位:在颈侧或尾根不易受摩擦、舐、咬处的皮肤。

方法:左手捏起皮肤,右手持注射器使针头与皮肤呈 30°刺入皮内,缓慢地注入药液,在注射部位呈现小丘疹状隆起为注射正确。拔出针头后,不再消毒或压迫。

注意事项:注射时感到较费力,表明注射正确;如果注射时感到很容易,则表明注入皮下,应重新刺针。

(六)腹腔内输液法

注射部位在右肷窝的中央。剪毛消毒后,绷紧皮肤,针头垂直刺入 3~5 cm。证明针已刺入腹腔后，即可输液，速度为每分钟 100 mL 左右。注入 2 000~4 000 mL 的药液,一般 1~2 h 即可全部被吸收。

注意事项:操作中应严格消毒,否则易引起腹膜炎。有刺激性的药液不宜腹腔输入。

三、输血术

(一)输血前准备

准备好经灭菌消毒的采血瓶和输血瓶（也可用输液瓶）。在 500 mL 的采血瓶中加入 4%枸橼酸钠液 50 mL 作为抗凝剂。给病牛输血,要选择同种牛供血。虽是同种的牛,有时也可能发生不良反应(如溶血反应),所以,最好先做交叉试验,来判定供血牛的红细胞(血清)和受血牛的血清(红细胞)相互之间是否发生凝集现象。其方法是从受血牛的静脉内采血 15~20 mL，放入试管中静置,析出血清;再从供血牛静脉内采血 1~2 mL,并用 5 倍生理盐水稀释;取 2 滴受血牛的血清,分别滴于玻璃片上,各加 1 滴供血牛的稀释血液,然后用火柴棒搅匀,观察 5~10 min,如出现细沙粒现象的,为阳性反应,不能应用。

(二)采血方法

(1)采血部位和消毒方法同静脉注射。

(2)应用采血瓶时,要选择粗大的采血针头,并在采血前用绳或橡皮管勒紧颈基部,中间打一活结,于采血后松开。也可使用中兽医放颈脉血的方法采血。当血液流入采血瓶时,要不断地轻微振动,采后仍要继续轻微摇荡。

（三）输血方法

（1）将约 8 层纱布做成的消毒纱布漏斗放在输血瓶的瓶口上。贮血瓶口经酒精灯烧后,把抗凝血液倒入漏斗中过滤。滤完后取下漏斗,盖好输血瓶或输液瓶。

（2）按照静脉输液操作法注入。在开始输入 100~300 mL 血液时,应缓缓地进行,并注意受血牛的静脉和呼吸。如果输入上述量后没有不安表现,就可以继续进行。

（3）输血完毕后拔出针头,在针刺处用酒精棉球按压。

注意事项:采血和输血过程中,应注意无菌操作。每次输血时和输血后,都应注意有无不良反应。所采新鲜血液,如因故不能立即使用,应贮藏于 4~6℃的环境下,以便次日使用。

输血术还可用于牛手术中输血。

四、瘤胃穿刺术

瘤胃穿刺术常用于瘤胃急性臌胀,或穿刺采集瘤胃液样品以及向瘤胃内注入药液。

部位:左肷部,髋结节和最后肋骨连线的中点。瘤胃臌胀时,取其臌胀部的顶点。

方法:站立保定,术部剪毛消毒;将皮肤切一小口,用套管针垂直迅速刺入瘤胃约 10 cm;固定套管,抽出针芯,用纱布块堵住管口行间歇放气,若套管堵塞,可插入针芯疏通或稍摆动套管;排完气插入针芯,手按腹壁并紧贴胃壁,拔出套管针,对皮肤切口做一针结节缝合,术部涂以碘酊。经套管可以直接向瘤胃内注入药液。如无套管针,可用大号针头、穿刺针、竹管等代替。

注意事项:避免多次反复穿刺,第二次穿刺时不宜在原穿刺孔进行;排出气体后,为防止复发,可经套管向瘤胃内注入防腐消毒剂，如5%来苏尔200 mL或1.0%~2.5%甲醛液500 mL等;放气速度不宜太快,以防虚脱。

五、腹腔穿刺术

腹腔穿刺术用于诊断某些内脏器官及腹膜的疾病。在治疗腹膜炎时,需穿刺放出腹水和注入药液。

部位:脐右侧5~10 cm处。

方法:站立保定,术部剪毛消毒。用注射针头垂直刺入2~4 cm,刺入腹腔后阻力消失,有落空感。如腹腔中有渗出液或漏出液即可自行流出,可根据流出液体的数量、色泽及性状判断腹腔脏器及腹膜疾病的性质。穿刺完毕,拔出针头,术部涂以碘酊。

注意事项:液体不能自行流出时,可用注射器抽吸;如果有大量腹水时,应缓慢放出,并注意观察心脏活动情况。

六、胸腔穿刺术

胸腔穿刺术用于检查胸腔中液体的性质、排出胸腔积液或注入药液。

部位:左侧倒数第4或第5肋间,右侧倒数第5或第6肋间,于胸外静脉上方2~5 cm处。

方法:站立保定,术部剪毛消毒。术者一手将术部皮肤稍向侧方移动,一手持穿胸套管针或带有胶管的静脉注射针头,紧靠肋骨前缘垂直刺入3~5 cm,如有液体即可自行流出。操作完毕,拔出针头,术部涂以碘酊。

注意事项:针头上的胶管用止血钳夹紧闭塞后再穿刺,以免空气进入胸腔造成气胸;排液时不可过快。

七、洗胃术

洗胃常用于治疗牛前胃的某些疾病(主要是瘤胃炎)或急性食物中毒。洗胃前准备好胃管及开口器(最好用木质开口器),并将胃管洗净,管的前端及管壁涂以液状石蜡等润滑剂。

胃管插入后,在胃管外口装上漏斗,缓慢地灌入温盐水或其他药液 5~10 L。在漏斗中盐水尚未完全流净时,迅速将漏斗放低,向下压低牛头,再拔去漏斗,利用虹吸作用把胃内腐败液体等从胃管中不断吸出。

对瘤胃过度臌胀和心、肺有严重疾病的体弱牛,不宜强迫洗胃;洗胃时如发现病牛不安,心跳急剧加快,应立即停止洗胃。

八、瓣胃穿刺(注射)法

部位:病畜站立保定,在右侧肩关节水平线第 8、第 9(倒数第 4、第 5)肋间的交点上。

方法:局部剪毛消毒后,用 18~20 cm 长的 16~18 号针头,略向前下方插针,针入深度 10~18 cm,见针柄有“∞”字形摆动,无血液流出,随即注入生理盐水 20~30 mL 后再回抽,抽出带饲料残渣,无血液,说明入针准确,可行注射。为使药液更好地软化、浸润积食,针头应向多方移动。注入的药液随实际情况而定。

九、灌肠术

灌肠分为浅、深两种。浅部灌肠仅用于排除直肠内积粪,深部灌肠则用于肠便秘、直肠内给药或降温等。灌肠前准备好灌肠器和橡皮管,深部灌肠还需唧筒(一种加压装置)。

方法:浅部灌肠时,在橡皮管上涂以液状石蜡或肥皂水,一人把橡皮管插进牛肛门后,再逐渐向直肠内推送,另一人提高灌肠器,让液体流入直肠。如流入不快,可适当抽动橡皮管。灌入一定量液体后,牛便出现努责,此时,应握捏牛肛门或压迫尾根,同时捏压牛的背腰部,以缓解努责,让直肠内充满液体,再与粪便一并排出。如此反复进行多次,直到直肠内洗净为止。

深部灌肠是在浅部灌肠的基础上进行的, 但橡皮管要长些, 硬度要适当(不宜过硬)。橡皮管插入直肠后,装上灌肠器,伴随灌肠液体的进入,不断将橡皮管内送。如用唧筒代替高举或高挂的灌肠器,液体进入肠道的速度就更快。在边灌边把橡皮管向里送的同时,压入液体的速度应放慢,否则会因液体大量进入深部肠道,反射性地刺激肠管收缩而把液体排出,或使部分肠管过度膨胀(特别在有炎症、坏死的肠段)造成肠破裂。

注意事项:直肠有破裂可疑或严重损伤、肠变位时不宜灌肠。除灌肠降温以外,灌肠液的温度均不宜过低,尤其深部灌肠时。

第二章　内科病

第一节　消化系统疾病

一、口炎

口炎指口腔内舌、齿龈、腭及颊部黏膜的炎症，中兽医称之为舌疮、口疮。临床以流涎、采食和咀嚼障碍为特征。

（一）病因

（1）多因采食粗硬的饲料，食入尖锐异物或谷类的芒刺以及动物本身牙齿磨灭不正。

（2）误食有刺激性的物质，如生石灰、氨水和高浓度刺激性的药物。

（3）饲喂发霉的饲草，会引起霉菌性口炎。

（4）吃了有毒植物和维生素缺乏等。

（5）口蹄疫、牛黏膜病、牛流行热、牛恶性卡他热等病继发。

（二）症状和诊断

减食、小心咀嚼，严重时不能采食，唾液多，呈丝状带有泡沫从口角中流出。口腔内温度高，黏膜潮红肿胀，舌苔厚腻，气味恶臭，有的口黏膜上有水泡或水泡破溃后形成溃疡。

（三）治疗

除去病因，加强管护，喂给柔软易消化的饲料。药物治疗方法有如下几种。

(1)口炎一般可用1%食盐水,或2%~3%硼酸液,或2%~3%碳酸氢钠溶液冲洗口腔,一日2~3次;口腔恶臭,用0.1%高锰酸钾液洗口;口腔分泌物过多时,用1%明矾液或1%鞣酸液洗口。

(2)口腔黏膜溃烂或溃疡,洗口后可用碘甘油(5%碘酒1份,甘油9份),或1%磺胺甘油乳剂涂抹,每日2次;也可用青霉素1 000 IU加适量蜂蜜混匀后,涂患部,每日数次;或口衔磺胺薄荷脑合剂(长效磺胺10份、薄荷脑1份,研细装瓶备用)5 g,包入纱布中,在水中浸湿,系衔于口腔中,给食时取下,每日更换1次。或青黛散(青黛15 g、黄连10 g、黄柏10 g、薄荷5 g、桔梗10 g、儿茶10 g,共研末),给药方法同前。

(3)体温升高,不能采食时,静脉注射10%~25%葡萄糖液1 000~1 500 mL,并结合青霉素或磺胺制剂疗法等;每日2次经胃管投入流质饲料。

(四)预防

加强饲养管理,合理调配饲料,防止尖锐异物、有毒植物混于饲料中;不喂发霉变质的饲草、饲料;服用带有刺激性或腐蚀性药物时,一定要按要求使用;正确使用口衔和开口器;定期检查口腔,牙齿磨灭不齐时,应及时修整等。

二、咽炎

咽炎又称咽峡炎或扁桃体炎,是指咽黏膜、黏膜下组织和淋巴组织的炎症。临床上以咽部肿痛,头颈伸展,转动不灵活,触诊咽部敏感,呼吸困难,吞咽障碍和口鼻流涎为特征。

(一)病因

病因主要是由于机械性刺激、吸入刺激性气体及寒冷刺激等所致;其次是继发于口炎、喉炎、牛痘、结核、炭疽、口蹄疫、巴氏杆菌等病过程中。

（二）症状和诊断

病牛咽部肿胀、头颈伸展。触压咽部时，表现敏感，伸颈摇头，并发咳嗽。吞咽障碍，轻症者，吞咽困难，但能饮水；重症者，不能吞咽，食物及饮水由鼻腔逆出。口腔内蓄积多量黏稠唾液，呈牵丝状流出，或于开口时大量流出。轻症病例，全身症状不明显；重症病例，则体温升高，脉搏、呼吸增数，下颌淋巴结肿大，炎症常蔓延到喉部，因而呼吸促迫，频发咳嗽。

（三）治疗

将病牛拴在温暖干燥、通风良好的圈舍内，给予柔软易消化的草料，并勤给微温盐水；重症病牛可静脉注射 10%~25%葡萄糖液 1 000~1 500 mL，或营养灌肠，切勿经口、鼻投药，以防误咽。咽部可用温水或白酒温敷，每次 20~30 min，每日 2~3 次；或在咽部涂擦 10%樟脑酒精、鱼石脂软膏；或用复方醋酸嘧啶钠液 50 mL，10%水杨酸钠液 100 mL，分别静脉注射，每日 2 次；或用青霉素每千克体重 100 万~120 万 IU，肌肉注射，每日 2~3 次。

中药可用口咽散或雄黄散。

口咽散：青黛 15 g、冰片 5 g、白矾 15 g、黄连 15 g、黄柏 15 g、硼砂 10 g、柿霜 10 g、栀子 10 g，共为细末，装瓶备用，临用时，装入布袋中衔于口内，每日更换 1 次。

雄黄散：雄黄、白芷、白蔹、龙骨、大黄各等份，共为细末，醋调外敷。

（四）预防

搞好饲养管理，保持圈舍卫生，防止受寒、过劳，增强防卫机能；对于咽部邻近器官炎症应及时治疗；应用胃管、投药器时，应细心操作，避免损伤咽黏膜。

三、食道梗塞

食道梗塞是食物团块、异物或块状饲料堵塞了食管腔某段，引起咽下障碍、嗳气停止为特征的一种急性疾病。

(一)病因

食道内腔突然被吞食的过大块状饲料(胡萝卜、白薯类块根或未被打破和泡软的饼类饲料)卡塞。

(二)症状和诊断

突然发生采食停止，头颈伸直、流涎、咳嗽，不断咀嚼伴有吞咽动作不全，摇头晃脑，惊恐不安。当食管完全阻塞时，由于嗳气受阻，瘤胃中气体不能排出，可迅速继发严重的瘤胃臌气，病牛表现极度不安，腹痛起卧，可因腹压过大导致窒息而亡。食道前部阻塞可以在颈侧摸到。胸部阻塞可从食道积满唾液的波动感诊断。食管完全阻塞时，胃管探诊不能顺利通过食管，胃管探诊可确定阻塞物发生阻塞的部位。

(三)治疗

及时疏通食道。

(1)取出法：将阻塞物向口腔推压后从口腔取出。

(2)送入法：将胸部食道阻塞物用食道探子向下推送入胃。先灌服液状石蜡 100 mL、2%普鲁卡因溶液 15 mL，然后皮下注射3%毛果芸香碱注射液 3 mL，待 10 min 后，用硬质胃管送至阻塞部位，将阻塞物徐缓地推送进入瘤胃内。

(3)打气法：将胃导管插入食道后打气或边插边打气推送阻塞物入胃。

(4)强制运动法：将牛头与前肢系部拴在一起，然后强制牛运动 20~30 min，借助颈肌运动促使阻塞物进入瘤胃。牛发生食管阻塞，最易继发急性瘤胃臌气，若瘤胃臌气发展迅速，可用套管针穿刺放气。

预防:饲料加工规格化,块根饲料加工达到一定的碎度可以根除本病。

四、前胃弛缓

牛的前胃包括瘤胃、网胃和瓣胃。前胃弛缓又称脾胃虚弱。病牛前胃弛缓引起消化障碍和全身机能紊乱。本病的特征是病牛食欲减退,前胃收缩力减弱,食物在胃内不能正常消化和向后推送而腐败分解产生有毒物质,前胃蠕动减弱,反刍和嗳气减少或丧失等。

(一)病因

长期饲喂粗硬劣质难以消化的饲料,饲喂刺激小或缺乏刺激的饲料,饲喂品质不良的草料或突然变换草料,突然更换饲养方法,供给精料过多、运动不足等。瘤胃膨胀、瘤胃积食、创伤性胃炎及酮病等疾病的经过中,也常继发前胃弛缓。

(二)症状和诊断

食欲减退或废绝,反刍缓慢,次数减少或停止,瘤胃蠕动无力或停止,肠蠕动音减弱。排粪迟滞,便秘或腹泻,鼻镜上汗珠少,重则干燥,体温正常。病久日渐消瘦,触诊瘤胃有痛感,有时胃内充满了粥样或半粥样内容物。病重者口色青白,无精神,眼窝下陷,被毛蓬乱缺乏光泽,多喜卧。最后极度衰弱,卧地不起,头置于地面,体温降到正常以下。原发性前胃弛缓较少见,继发性前胃弛缓较多见,常常是作为其他疾病的一个症状而出现,在这种情况下就不能认为是一个独立的疾病。

(三)防治

改善饲养管理,合理调配饲料;不喂霉败、冰冻等质量不良的饲料,防止突然变换饲料。加强运动,合理使役。治疗原则是消除病因,恢复瘤胃蠕动能力。

(1)改善饲养管理,对病牛先禁饲 1~2 d,但不限制饮水,以后则少量多次饲喂易消化的优质饲草。

(2)兴奋瘤胃蠕动,给病牛喂服酒石酸锑钾 6~10 g,每日服 1 次,最多用 3 d,效果明显;也可用新斯的明皮下注射,一次剂量为 0.02~0.06 g,隔 2~3 h 注射 1 次。

(3)促进病牛反刍,静脉注射促反刍液 500~1 000 mL(蒸馏水500 mL,氯化钠 25 g,氯化钙 5 g,安钠咖 1 g)。也可用 10%~20%氯化钠溶液(0.1 g/kg),内加 10%安钠咖溶液 20~30 mL,一次静注。

(4)恢复牛的食欲,酒石酸锑钾 6 g,番木鳖粉 1 g,干姜粉 10 g,龙胆粉 10 g,共研成细末内服,每日 1 次。

(5)恢复瘤胃内微生物群系,用刚刚屠宰牛的瘤胃液或反刍口腔内的草团,经口灌入病牛的瘤胃内。

(6)原发性前胃弛缓,以"调"法为主,并可根据症状佐以缓泻剂、止酵剂。

① 龙胆末 20~30 g、酵母粉 50~100 g、姜粉 10~20 g、碳酸氢钠 30~50 g、木别酊 10~20 g,加水,混合 1 次灌服(成年牛)。

② 红糖 250 g、酵母 100 g、酒 100 mL,加水,灌服。

(7)病初,对体格壮实、口温偏高、口津黏滑、瘤胃蠕动次数减少、力量弱、粪干的病牛,可选用加味大承气汤或大戟散治之。

加味大承气汤:大黄 30 g、厚朴 30 g、枳实 30 g、芒硝 60~120 g、苏梗 30 g、陈皮 30 g、炒神曲 30 g、焦山楂 30 g、炒麦芽 30 g、车前子 30 g、玉片 18 g、莱菔子 60 g。共为末,灌服。

大戟散:大戟 30 g、甘遂 12 g、大黄 60 g、滑石 30 g、官桂 9 g、

白芷 9 g、千金 30 g、甘草 15 g。研末,加清油 250 mL,灌服。

五、瘤胃积食

牛瘤胃积食也叫急性瘤胃扩张,中兽医称为宿草不转或瘤胃食滞,临床特征是瘤胃体积增大且较坚硬。

(一)病因

(1)过多采食易膨胀的饲料,如豆类、谷物等。

(2)采食大量未经铡断的半干甘薯秧、花生秧、豆秸等。

(3)突然更换饲料,特别是由粗饲料换为精饲料又不限量,易发本病。

(4)因体弱、消化力不强,运动不足,采食大量饲料而又饮水不足所致。

(5)瘤胃弛缓、瓣胃阻塞、创伤性网胃炎、真胃炎和热性病等继发。

(二)症状和诊断

牛发病初期,食欲、反刍、嗳气减少或停止,鼻镜干燥,拱腰、回头顾腹、踢腹、摇尾、卧立不安。触诊时瘤胃胀满而坚实呈现沙袋样,并有痛感。叩诊呈浊音。

听诊:瘤胃蠕动音初减弱,以后消失。严重时呼吸困难、呻吟、吐粪水,有时从鼻腔流出。不及时治疗,多因脱水、中毒、衰竭或窒息而死亡。

因过食谷物引起瘤胃积食可发生酸中毒和胃炎, 精神极度沉郁,瘤胃松软积液,手冲击有拍水感,病牛喜卧,腹部紧张度降低。

(三)防治

加强饲养管理,防止过食,避免突换饲料,粗饲料要适当加工软化后再喂。

治疗原则:清除瘤胃内容物,恢复瘤胃蠕动,缓解酸中毒。

(1)按摩疗法:在牛的左肷部用手掌按摩瘤胃,每次 5~10 min,隔 30 min 1 次。结合灌服大量的温水,佳效。

(2)腹泻疗法:硫酸镁或硫酸钠 500~800 g,加水 1 000 mL,液状石蜡或植物油 1 000~1 500 mL,灌服。

(3)促蠕动疗法兴奋瘤胃蠕动的药物:10%氯化钠注射液 300~500 mL,静脉注射,同时用新斯的明 20~60 mL,肌肉注射佳效。

(4)洗胃疗法:用直径 4~5 cm、长 250~300 cm 的胶管或塑料管 1 条,经口腔导入瘤胃内,然后来回抽动,以刺激瘤胃收缩,使瘤胃内液状物经导管流出。若瘤胃内容物不能自动流出,可在导管另一端连接漏斗,向瘤胃内注温水 3 000~4 000 mL,待漏斗内液体全部流入导管内时,取下漏斗并放低牛头和导管,用虹吸法将瘤胃内容物引出体外。如此反复,即可将精料洗出。

(5)病牛食欲废绝,脱水明显,应静脉补液,同时补碱:复方氯化钠注射液或 5%糖盐水注射液 3~4 L,5%碳酸氢钠注射液 500~1 000 mL 等,1 次静脉注射。

(6)心脏衰弱时,可用 10%安钠咖注射液 10 mL 或 10%樟脑磺酸钠注射液 20 mL,静脉或肌肉注射。

(7)病初可试用中药大戟散,处方见前胃弛缓。

(8)切开胃疗法:重症而顽固的积食,应用药物不见效果时,可行瘤胃切开术,取出瘤胃内容物。

六、瘤胃膨胀

牛瘤胃膨胀又称为气胀,是因为过量食用易发酵的草料引发本病。按气的性质分为泡沫性与非泡沫性;按发病原因又分为原发性和继发性。

(一)病因

(1)饲喂大量幼嫩多汁青草豆科植物,如新鲜的苜蓿、草木樨、紫云英、豌豆藤等。

(2)食入雨后或带霜露的饲草。

(3)腐败发酵的青贮饲料以及霉败的干草等。

(4)继发于食道阻塞、前胃弛缓、创伤性网胃炎及腹膜炎等疾病。

(5)犊牛喂食多量的变质鲜奶,可导致臌气。

(6)泡沫性瘤胃臌气多是由于采食多量的豆科牧草所致。

(二)症状和诊断

牛采食易发酵的草料后不久,左肷部急剧膨胀,膨胀的高度可超过脊背(见图 2–1)。病牛痛苦不安,回头顾腹,后肢不时提举

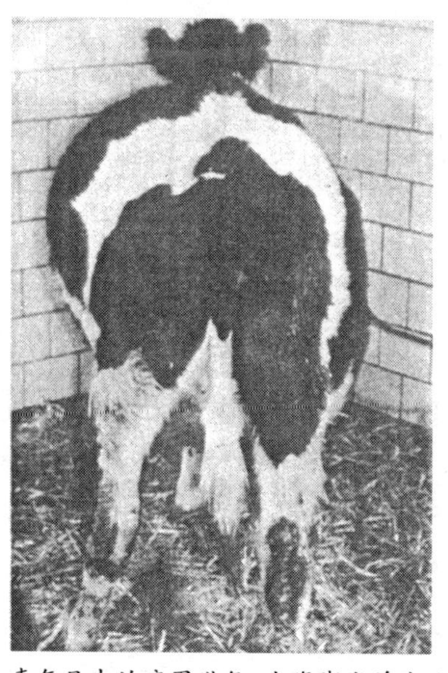

图 2–1 青年母牛的瘤胃臌气,左腹膨胀并波及背中线

踢腹。食欲、反刍和嗳气完全停止，呼吸困难。严重者张口、伸舌呼吸、呼吸心跳加快，如果呼吸每分钟 60 次以上，脉搏每分钟达 100 次以上，病情发展，多示心力衰竭。眼结膜充血，口色暗，行走摇摆，站立不稳，一旦倒地，臌气更加严重，若不紧急抢救，病牛可因呼吸困难、缺氧而窒息死亡。慢性瘤胃臌气，多为继发性因素引起，病情缓慢，间歇性出现臌气，食欲、反刍减退，渐进消瘦。肉牛泌乳量显著减少。

（三）防治

防止贪食过多幼嫩多汁牧草，尤其由舍饲转入放牧时，应先喂干草或粗料，适当限制在牧草幼嫩、茂盛的牧地和霜露浸湿的牧草地上放牧时间。发病后迅速排除瘤胃内气体和制止发酵。

(1)排除牛瘤胃内气体

① 胃管排气（为顺利排出胃内气体，应使病畜站立在坡地上，头向上坡）。

② 瘤胃穿刺术：在左肷部膨胀部最高点，以碘酊消毒后用套管针迅速刺入，慢慢放气。

(2)制止瘤胃内容物继续发酵产气，对轻度膨胀的牛，服用制酵剂，如内服鱼石脂 15~20 g 或松节油 30 mL；对泡沫性胃瘤胃膨气，可选豆油、花生油、棉籽油 250 mL 灌服，消泡效佳；也可给牛服消泡剂：聚合甲基硅油剂或消胀片 30~60 片。

(3)排除瘤胃发酵内容物可给病牛灌服泻剂，如硫酸钠 400~500 g 和蓖麻油 800~1 000 mL。

(4)消胀止酵可用中药

① 枳实 120 g、香附 120 g、木香 25 g，研细，加液状石蜡（或清油）5 000 mL，灌服。

② 炒莱菔子 30 g、枳实 30 g、木香 30 g、青皮 30 g、玉片 15 g、

二丑 25 g,共为末,加清油 300 mL,水冲服。

(5)单方:清油 250~400 mL。

口衔木棍法:用一木棍或粗柳条,涂以松馏油,横放口中。两端用绳固定角上。在慢慢驱赶的情况下牛不断咀嚼,可以促进胃内气体排出。

慢性瘤胃臌气:用急性臌气的药物疗法虽可缓解臌气症状,应积极查明和治疗原发病。

七、瓣胃阻塞

由于前胃机能障碍,瓣胃收缩力减弱,内容物滞留,水分被吸收而干涸。多发于冬春季节。

(一)病因

长期采食了大量坚硬含粗纤维多的、带泥沙不洁的糟、糠及经霜冻的冻饲料,加之饮水量不足。继发于前胃弛缓、瘤胃积食、真胃阻塞、扭转等病。

(二)症状和诊断

初期与一般消化不良相似。病期 1 周后体温上升,饮、食、反刍停止,鼻镜干燥无汗甚至龟裂、伴有呻吟。排粪减少呈顽固性便秘,排算盘珠或栗子样干便、附有黏液。

(三)治疗

增加瓣胃蠕动,软化干硬内容物促使其排出,同时对症治疗。

(1)内服硫酸镁 300~500 g、龙胆酊 20~50 mL、番木别酊 10~30 mL、芳香亚酯 20~40 mL,混合,加水 3 000~5 000 mL,此方成年牛一次用量;或用液状石蜡 500~1 000 mL、双醋酚汀 1.5~2.0 g,加水内服。

(2)瓣胃内注射 25%硫酸镁液 500~1 000 mL。

(3)静脉注射 10%高渗氯化钠注射液 200~300 mL、20%安钠咖注射液 10 mL。若鼻镜干燥、体质虚弱,10%葡萄糖注射液 1 000~2 000 mL、10%维生素 C 注射液 10~20 mL。

(4)可选用如下中药方剂

黄芪散:适用于体弱的原发性瘤胃积食继发瓣胃阻塞。

处方:黄芪 60 g、黄芩 15 g、大黄 150 g、芒硝 200 g、厚朴 30 g、枳壳 30 g、玉片 20 g、二丑 20 g、滑石 30 g、千金子 30 g、甘草 9 g,煎水 3 000 mL,加清油 250 mL,灌服。

(四)预防

从加强饲养管理着手,做到草净、料净、槽净,勤饮水,夏季补喂适量食盐。保持圈舍、运动场卫生,经常清理牧场废物。

八、真胃(皱胃)变位

真胃位于右侧第 8~11 肋骨弓稍向上方, 离开这个位置即为变位。大多数病例是它通过腹底部移入左侧腹下。近 10 年来,该病在肉牛上报道甚多,为肉牛常见的内科病之一。

(一)病因

真胃变位的确切病因尚不清楚。可能与以下因素有关。

(1)现代肉牛日粮中含有高水平的酸性成分如青贮玉米和易发酵成分;

(2)一些代谢性或感染性疾病如低血钙、酮病、胎衣滞留等及消化不良会引起胃肠停滞;

(3)现代肉牛育种一直选育后躯硕大的品种,腹腔变大增加了真胃的活动性;

(4)妊娠期间膨大的子宫从腹底将瘤胃抬高并将真胃向前左方推移到瘤胃左侧下方,分娩后,重力突然解除,瘤胃下沉,而真胃不能立即恢复原位，导致该病发生，它与真胃弛缓有关。

（二）症状和诊断

（1）真胃左方变位：病牛食欲减少、消化紊乱，粪少呈糊状，酮尿，但血糖正常。右侧腰窝下陷，左侧腹第 11 肋弓下方膨大（见图 2-2），后肢踏步、踢腹。直检可发现瘤胃背囊向正中移位，而右侧空而无压力。最有临床诊断意义的方法是借助听诊与叩诊相结合，先从左腹侧中部最后几个肋间听诊真胃蠕动音，若真胃变为在此区叩诊可发现有像钢管音响的铿锵音（见图 2-3）。必要时可在该区穿刺检查，若胃液呈酸性反应，pH 为 1~4，棕褐色，缺乏纤维等，可诊断为真胃变位。当牛站立时可发现左侧最后 3 个肋间显著膨大。

（2）真胃右方变位：真胃向后顺时针转到瓣胃的后方，置于肝脏和右侧腹壁之间，常呈现亚急性扩张、积液、膨胀、腹痛、碱中毒和脱水等幽门阻塞综合征。右腹部膨胀，冲击触诊可听到一种液体振荡音。在右侧膨胀部，将听诊器紧密地切在右侧腰旁窝内至前方最后二肋骨上以手指叩打，可听到高朗的乒乓音。

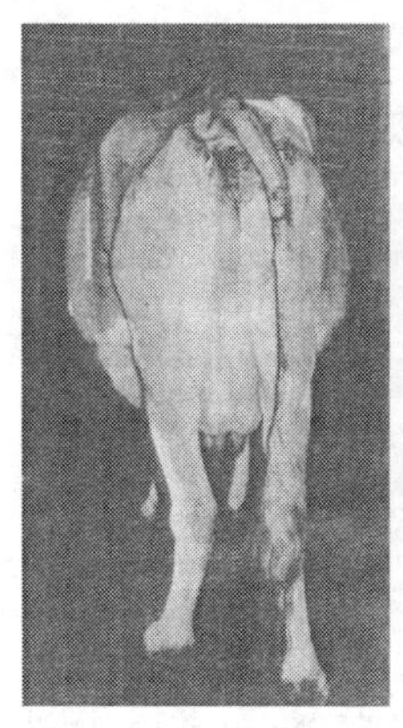

图 2-2 真胃左方变位时出现肋弓突起

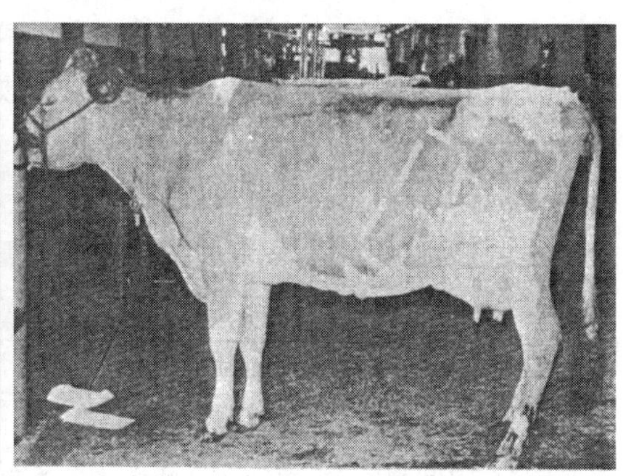

图 2-3 真胃左方变位时鼓音叩击区后移

（三）治疗

1. 保守疗法

药物疗法对于单纯的真胃变位，可以服轻泻剂、促反刍剂、抗酸药或拟胆碱药，以促进胃肠蠕动和加速胃肠道排空。存在低血钙者可静脉注射钙制剂。投服氯化钾明胶胶囊（30~120 g），每日经胃管投服以纠正低血钾；或推荐使用 190~370 g 咖啡与温水混合后经胃管灌服。

“滚转法”亦是治疗单纯性真胃左方变位常见的非手术疗法。首先，使病牛向一侧横卧，在 2~3 人的协助下使牛转成仰卧姿势再轻轻地向左右两侧摆动，每次回到正中位置（背部着地）时静止 2~5 min，此时真胃应该“悬浮”于腹中线并回到正常位置。其次，再将牛转为左侧横卧，使瘤胃与腹壁紧密接触，以防止复发，然后马上使牛站立。本法不适用真胃右侧变位。

药物治疗或者加上滚转法，治疗后让牛尽可能多地采食干草填充瘤胃，以防复发。在食欲完全恢复之前日粮中的酸性成分应逐渐增加，若存在并发症如子宫炎、酮病等应同时进行治疗，否则药物治疗难以奏效。药物治疗虽不如外科手术那样有效，但对单纯性的真胃变位，可值得一试，常作为首选方法。

2. 外科手术疗法

有数种手术方法，各有优、缺点，简介如下。

（1）右腹正中旁真胃固定术：该法易于检查真胃并使之复位。如果手术顺利，真胃会被永久性地固定于腹壁，应使用非吸收性缝合线进行真胃固定术，以确保效果持久。本法不足之处是需要使病牛滚动和仰卧保定。

（2）右腹网膜固定：病牛站立式保定并进行手术，需要极小的协助即可将真胃复位，又不会发生食物反流。缺点是常难以检查到整个真胃，网膜撕裂或网膜上脂肪过多致使固定不确实。

（3）左腹真胃固定术：可用于矫正左方变位。手术站立操作，也可与真胃固定术结合进行，即在胃大弯连续缝合后，两端留出较长的非吸收性缝合线并与两支针连接，通过右腹正中旁适当位置将两针穿出腹壁，将真胃复位后由助手结扎缝合线。

（4）盲针真胃固定术：牛需仰卧保定，在右腹正中旁叩诊和听诊确定膨胀的真胃。手术部位稍经处理后用系有非吸收性缝合线的大号弯针穿过腹壁进入真胃再穿出结扎，如此可缝合 1 针或数针。除盲针真胃固定术外，与此类似的还有套索针真胃固定术。这些手术虽速度快，费用低，但弊端较多，可能导致严重的并发症。

九、真胃右方变位继发真胃扭转

本病又称真胃右方转位，是一种可致肉牛死亡的严重疾病，其特征是中度或重度脱水，低血氯，低血钾，代谢性碱中毒，真胃机械性排空障碍。

（一）病因

病牛发生真胃右方变位出现臌气和积液，若未能及时处理极可能继发真胃扭转。多数真胃扭转发生于产犊后 6 周内，发病高峰与真胃变位相一致。

（二）症状和诊断

真胃扭转时病牛厌食、不安和脱水症状较变位严重得多。从尾侧观察常可见膨胀的真胃导致右腹膨大或肋弓突起，膨胀区域甚至延伸至第 13 肋之后，在右肷窝可发现或触摸到弦月状或半月状隆起。肋弓下叩诊存在大的鼓音叩击区。右腹冲击触诊可发现扭转的真胃内有大量液体。少数病例叩击区波及整个肷窝，可能提示网膜已经撕裂、真胃与前胃脱离。

真胃扭转时直肠检查易摸到膨胀的真胃，膨大的胃大弯在腹内手可触及的距离处紧靠右胁腹壁。

典型的真胃变位存在血液黏稠，中度至重度的低血钾、低血氯、代谢性碱中毒。

真胃扭转的方向尚存在争议。病理剖检证实扭转发生在胃小弯，并波及整个真胃、瓣胃和网胃，结果导致瓣胃移至真胃中部，网胃移至瓣胃之后、真胃中部。

（三）治疗

治疗方法包括外科手术整复、药物纠正脱水和代谢性碱中毒。外科矫正方法有右腹网膜固定术和右腹正中旁真胃固定术，可根据具体情况选用。右腹手术操作时腹内张力较小，可以直接处理皱胃，导出皱胃内的气体和液体，能较容易地将瓣胃和真胃恢复至正常的解剖位置。上述提及的两种手术中，向瓣胃加压均有助于扭转的整复，将瓣胃向右上方推或提起可以使瓣胃和真胃复位。复位时应使用负压装置吸去皱胃内气体，若积液超过10 L，则需施行皱胃切开术。对于早期的皱胃扭转可在术后调整电解质、酸碱平衡，严重病例应在术前进行适当的体液疗法，术后继续调整电解质紊乱，可用高渗盐水、氯化钾生理盐水静脉注射。

多数病例若能及早做出诊断和矫正（病程 12 h 以内），则预后良好；病程超过 24 h 手术矫正者 50%预后良好；若超过 48 h，则预后不良。

十、瘤胃酸中毒

瘤胃酸中毒亦称反刍兽乳酸中毒，农民俗称“丰收病”。本病是因采食了过量的谷物精饲料，从而引起瘤胃乳酸的异常发酵，破坏了胃内正常的微生物群落，致使消化不良和酸中毒。

（一）病因

病因主要为过量采食含碳水化合物的谷物，如小麦、大麦、玉米、稻谷、高粱或多次饲喂大量谷物浓厚饲料等。

（二）症状和诊断

病初多呈瘤胃积食症状。常在食后 4~8 h 发病，一般经 2~3 d 死亡。多表现为精神沉郁、喜卧，食欲和反刍减少或废绝。瘤胃胀满，充有多量液体。多数病例体温升高，脉搏和呼吸增数，严重脱水，眼球下陷，皮肤损失弹性，尿量减少，血液黏稠呈深紫色，瘤胃内容物 pH 在 5~6，病程中可伴发蹄叶炎和瘤胃炎。

（三）防治

（1）严格按肉牛和育肥牛的精料标准喂养。增加精料时，应逐渐增加饲喂量。加强饲养管理，防止牛偷食过量谷物，一旦发病，应早期治疗。

（2）发病后应限制饮水量，对病牛迅速进行如下治疗：排出胃内容物，中和瘤胃酸度，可用 5%碳酸氢钠溶液，反复洗胃，并排出胃内容物。待洗胃后，灌服石灰水（生石灰 1 kg 加水 5 kg，搅拌取上清液）1 000~5 000 mL（按牛体格大小而决定灌水量），调配瘤胃内容物 pH 至 7 为宜。输液缓解脱水，强心利尿可用复方氯化钠 2 000 mL、5%葡萄糖生理盐水 2 000 mL、10%氯化钠注射液 300 mL、10%樟脑磺酸钠注射液 20 mL，混合 1 次静脉注射，每日 2~3 次。消导下泻，兴奋胃肠蠕动，可用液状石蜡 500 mL，1 次灌服。伴发蹄叶炎可用苯海拉明、扑尔敏等治疗。

十一、创伤性网胃腹膜炎

创伤性网胃腹膜炎是由于金属异物混杂在饲草料内，被采食后吞咽进入网胃，刺伤胃壁或穿透网胃壁，并刺伤膈肌和腹膜而致病。临床表现为急性或慢性前胃弛缓，反复性、慢性或间歇性瘤胃臌气，消化不良，以及继发腹膜炎等特征。

(一)病因

病因主要是由于将尖锐的铁钉、铁丝、缝针、钩针、发针、回形针等混夹在饲草料中被牛误食，随饲料进入胃后，因网胃体积小收缩力量强，异物刺伤、穿透网胃壁，从而发生网胃或网胃腹膜炎，由于异物长短不一及刺入方向的不同，常可损伤其他脏器，如肝脏、脾脏、膈肌、肺脏甚至心脏等，引起上述脏器的炎症。

(二)症状和诊断

病初一般多呈现急性前胃弛缓、顽固性消化不良、慢性或间歇性瘤胃臌气、反刍吞咽异常，病情逐渐加重，久治不愈。随着网胃、腹膜或胸膜受金属异物损伤的程度不同，临床上常呈现各种异常表现。站立时常呈现肘关节外展、拱背，一前肢或两前肢常前置于高处形成特异姿势。前拉行走，不愿走下坡路、急转弯。卧地起立时，痛苦呻吟，小心谨慎，肘部肌肉颤动，先起两前肢(见图2-4)。叩诊网胃区及剑状软骨区左侧后腹壁，呈现不安、躲避或抗

图 2-4　牛患创伤性网胃腹膜炎的典型症状：不安、弓背站立、虚弱

拒。用一根木杆在剑状软骨区向上抬举,急性病例疼痛反应明显。临床检查体温、呼吸、脉搏,一般无明显变化;当网胃穿孔时,最初几天体温可升至40℃以上。若伴有急性弥漫性腹膜炎或全身脓毒败血症时则病情恶化。

(三)防治

(1)防止尖锐铁器混入饲草料,在饲草场及饲料加工厂增设电磁铁装置,清除混入饲料中的铁器。严禁在牛舍、运动场、饲料仓堆铁器废料杂物,不在垃圾地放牧,牛场可给牛系带磁铁鼻环。定期应用金属探测器检查牛群。必要时,可应用金属异物摘除器从瘤胃和网胃中摘除异物。

(2)应早期诊断,采取手术疗法,施行瘤胃切开术,清除网胃和瘤胃金属异物。保守疗法,可使用青霉素、磺胺类药物治疗,为了减轻症状,可采取对症治疗。

十二、真胃(皱胃)炎

皱胃炎是反刍兽的一种多发病。本病不仅可并发于与肠道有关的疾病,而且也可单独发生。常见于犊牛和成年牛,衰老体弱的牛更易发生。

(一)病因

病因主要由饲料粗硬、处理不当、腐败发霉、品质不良等引起。肉牛长期饲喂糟粕,缺乏蛋白质和维生素。饲喂不定时,饥饱不均,更换饲料;或因长途运输、紧张恐惧而引起消化机能障碍,导致皱胃炎的发生。青贮玉米秸秆铡得过长,未充分咀嚼的玉米秆随反刍食团进入皱胃。

(二)症状和诊断

皱胃炎呈现消化不良,伴有呕吐现象。急性者,精神不佳,呆立无神，当胃壁穿孔会继发弥漫性腹膜炎，病畜痛苦，拱背、头颈伸展，喜卧地，站立时则后肢向前方收缩，食欲废绝，空嚼磨牙，瘤胃顽固性间歇臌气。触及皱胃区疼痛明显。肠音缓慢或废绝，粪便秘结，呈球状并附有黏液。体温无变化，至末期病情急剧恶化，伴有肠炎，循环虚脱，昏迷卧地。慢性者，表现长期消化不良，异嗜，口色苍白或黄染，舌有白苔，口腔甘臭，瘤胃收缩无力，肠道蠕动弛缓，粪球干小，后期贫血、腹泻、虚弱或昏迷。

（三）治疗

应清理胃肠，消炎止痛，对症治疗。急性病例可先饿 1~2 d，用植物油 500~1 000 mL；或用人工盐 300~500 g（配成 6%溶液），灌服清理胃肠；用安溴注射液 100~150 mL，静脉注射，增强中枢神经系统保护抑制作用。

为了提高效果，可用 70%酒精 50 mL，进行瓣胃注射，每日 1 次，连用 3~4 d；亦可用氧化酶合剂（氧化酶 60 g、重质碳酸镁 60 g、颠茄酊 60 mL，加水 1 000 mL，混合均匀）100 mL，灌服、每日 1 次，连用 3 日。犊牛可用链霉素 2 g、酵母片 50 片、普鲁卡因粉 2 g，加水适量，1 次灌服，连用 3~5 d。对严重病例，可用 5%葡萄糖生理盐水 2 000 mL、20%安钠咖溶液 10~20 mL、40%乌洛托品溶液 40 mL，混匀 1 次静脉注射。

病情好转，可应用复方龙胆酊 80 mL，豆蔻酊 50 mL、酵母片 100 片，灌服；健胃助消化，亦可用保和丸加减：焦三仙 200 g、莱菔子 50 g、鸡内金 30 g、延胡索 30 g、大黄 50 g、川楝子 50 g、厚朴 40 g、焦槟榔 20 g、青皮 60 g，水煎灌服。

十三、真胃（皱胃）阻塞与扩张

皱胃阻塞是皱胃内容物滞积、胃壁扩张、体积增大、形成阻塞、食糜变干,进而引起消化机能极度障碍,瘤胃积液、自体中毒和脱水的严重病理过程,常可导致死亡。

(一)病因

一般多因冬春缺乏青绿饲料,多用铡碎的黄秸秆喂牛,发病率较高。由于消化机能性和代谢性扰乱,发生异嗜癖,成年母牛吞食胎盘,犊牛啃食破布、木屑、刨花以及塑料皮,可引起机械性皱胃阻塞。哺乳犊牛可因过食和消化不良使大量乳块滞积而发病。继发性常见于前胃弛缓、幽门痉挛、肠梗塞、皱胃与腹膜粘连、创伤性网胃腹膜炎、皱胃炎、皱胃溃疡、肝或脾脓肿、肠积沙等疾病的过程。

(二)症状和诊断

一般发病后病情缓慢,阻塞后 3~5 d 才被发现,病畜精神沉郁、鼻镜干燥、食欲和反刍停止,左侧腹卧地,痛苦呻吟。粪便逐渐减少,变干,有的带有黏液或血丝,尿量减少,胃肠蠕动减弱以至废绝,瘤胃内容物充满、坚硬,与此同时,致使皱胃体积增大,胃壁扩张。在病程中可继发顽固性瘤胃臌气,或瘤胃内积液出现冲击性拍水音,瓣胃蠕动音消失。重剧的病例,视诊右侧中腹部向后下方局限性膨隆,听诊可出现皱胃和肠麻痹,触诊以拳头击抵皱胃区,病牛表现有抗拒、蹴后肢或抵角等敏感行为,病至中后期体温上升至 40℃左右。心律达每分钟 100 次以上,心力衰竭,体质虚弱,皮肤丧失弹性,眼球下陷,结膜发绀,舌质皱缩,血液紫黑色,呈现严重的脱水和自体中毒症状。

直肠检查,体格小的牛,可摸到坚实或松软的皱胃后壁。在右侧腹底隆起部硬实处穿刺,皱胃内容物 pH 为 1~4。犊牛因多量的酪蛋白凝块引起皱胃阻塞,或引起持续性下痢,使体质消瘦,冲击膨大部可听到异常的流水响声。

(三)治疗

依其病情应以消积化滞为主,防腐制酵,缓解幽门痉挛,促进胃内容物排泄,防止脱水和自体中毒。必要时可进行手术探诊和皱胃切开术,急救病畜。

消积化滞,可用硫酸镁300~400 g,液状石蜡或植物油500~1 000 mL,鱼石脂 20 g,酒精 50~60 mL,加水 5 000~8 000 mL,溶解混合,1 次灌服;在病的后期发生脱水时,忌用盐类泻剂。为了缓解幽门痉挛,促进胃内容物排泄,强心改进血液循环,防止脱水和自体中毒,可用 10%氯化钠溶液 200~100 mL,混合 1 次静脉注射。根据脱水程度和性质进行大输液。必要时,可用维生素 C 500~1 000 mg 肌肉注射。防止感染可用抗生素或磺胺类药物。在用药后宜在皱胃区施行摩擦,促进胃肠蠕动。

临床用药效果不佳,宜早期确定诊断,施行手术治疗。可进行瘤胃切开术,排出瘤胃内容物,然后用胃管插入网瓣孔,用胃管灌注温生理盐水冲洗瓣胃,以达到治疗目的。手术后应用抗生素或磺胺类药物治疗,同时兼用大柴胡汤加减:柴胡 20 g、黄芩 12 g、白芍 15 g、延胡索 15 g、川楝子 15 g、木香 12 g、蒲公英 20 g,腹腔感染加银花 20 g、连翘 15 g、黄连 9 g、黄柏 15 g,腹胀加大腹皮 12 g、厚朴 15 g;淤血严重者加桃仁 15 g、生蒲黄 9 g、五灵脂 9 g 或三七粉 9 g,加水煎汤 3 000 mL,1 次灌服。

十四、胃肠炎

胃肠炎是胃肠黏膜的重剧炎症。主要病理变化为严重消化不良,常发生黏膜充血、出血、肿胀,甚至化脓坏死等。全身表现为胃肠机能严重障碍和不同程度的自体中毒。牛则以肠炎为主。本病分原发性胃肠炎与继发性胃肠炎。

（一）病因

（1）饲料质量不好，如腐败、发霉、变质、带泥沙与霜冻的块根等伤害胃肠黏膜。

（2）饲养管理不当，如饲料变化突然、饥饱不均、饲喂次序打乱等，致使消化机能紊乱，消化液减少，胃肠内异常发酵。

（3）前胃弛缓、创伤性网胃炎、子宫炎、乳房炎等疾病的继发。

（二）症状和诊断

该病多为突发，剧烈而持续腹泻。食欲、反刍减弱、口渴，腹痛不安，耳角根及四肢末梢变凉。病初体温增高，可高达40℃以上，肠音旺盛、后期变弱、排便失禁时眼窝很快下陷，脱水，四肢无力，起立困难，呈现酸中毒症状。

（三）治疗

首先要查明和消除病因，综合对症进行治疗，如果怀疑有传染性应予隔离。

1. 清肠止泻（用于病初）

液状石蜡 500~1 000 mL，鱼石脂 15~20 g，混合加温水灌服；或用人工盐 200~400 g，陈皮酊50 mL，鱼石脂 20 g，加温水 3 000~5 000 mL，灌服。

2. 腹泻不止

可用药用炭 100~200 g 加水灌服；亦可用炭银片 30~50 g，鞣酸蛋白 20 g，碳酸氢钠 40 g，加水适量，1 次灌服。

3. 制止炎症

可用青霉素 240 万 IU，链霉素 200 万 IU，肌肉注射，每日 2 次；或用磺胺脒 35~45 g，一日 2~3 次，灌服。抗菌消炎亦可用诺氟沙星、黄连素等。

4. 补液

脱水严重时进行输液疗法，用5%葡萄糖生理盐水1 000~3 000 mL，1次静注，可根据脱水程度，重复应用；或用葡萄糖酸钙注射液250~500 mL，静脉注射。保护心脏，加10%樟脑磺酸钠20 mL或安钠咖，酸中毒时可加碳酸氢钠注射液。

5. 中药治疗对胃肠炎有较好效果

可选用白头翁辅葛根芩连汤加减：葛根25 g、黄芩15 g、黄柏15 g、黄连12 g、白头翁30 g、秦皮25 g、金银花20 g、连壳20 g、赤芍12 g、丹皮12 g，高热抽搐加石菖蒲、钩丁各25 g，腹胀血多加枳壳、大黄各15 g，水煎灌服。发热轻，粪中白色黏液多、血液少者用胃苓汤加减：苍术、厚朴、陈皮、茯苓、薏仁各20 g，木香9 g、黄连15 g，煎水灌服。

十五、肠套叠

肠套叠是某段肠管伴同肠系膜套入与之相连接的另一上段肠管内，形成双层肠壁重叠现象。临床表现为剧烈腹痛，排粪停止，局部肠管淤血、肿胀和坏死，并且迅速死亡。

(一)病因

本病多见于冬春季节，耕牛和乳牛均可发生，亦可见于哺乳犊牛。在病因学方面多因饲养管理粗放，饲料变质，导致消化不良，或因暴饮冷水，使肠管受到刺激发生痉挛性收缩所致。哺乳犊牛肠管套叠可见于母乳浓稠或变质，成年牛亦见于肠道内寄生虫侵袭及腹腔肿瘤或炎性增生物的影响。

(二)症状和诊断

一般是突然腹痛不安，踢腹，摇尾，频频起卧。后肢站立时，背部低沉，特别是胸腰椎关节部位低沉(见图2-5)。发病1 d左右，腹痛减轻或消失，病牛委顿、虚脱，体温通常正常，在肠坏死及腹膜炎时，体温升高至 39.5℃或 40℃以上，脉搏每分钟 80~120 次，呼吸浅表，间或表现喘息。病初阶段可排出一些黏液样粪便，继则可排松馏油样粪便。

触诊时，右腹壁敏感。直肠检查，套叠部肠段伸展如套带，粗如手臂，压之感痛，肠系膜紧张、肠缠结或套叠（见图 2–6）。直肠内可发现大量黏液或带血的黏液及纤维蛋白性棕褐色胶冻样粪便，有时带腐败臭味。右腹下穿刺，可见腹腔有淡红色渗出物。

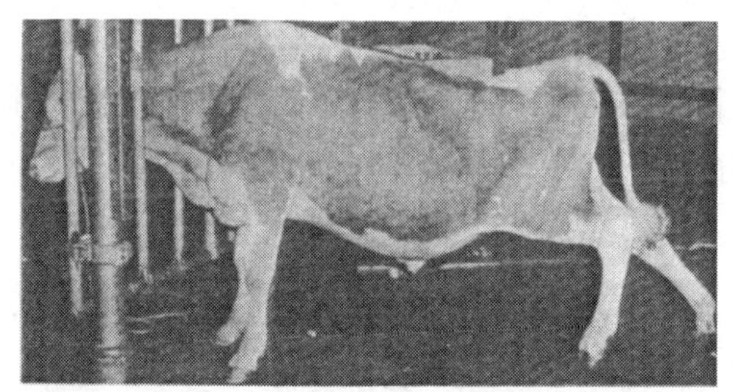

图 2–5 发生肠套叠的牛背部下沉，显示严重腹痛

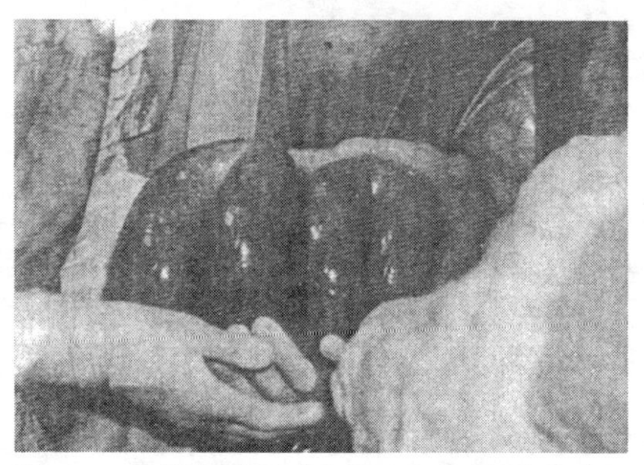

图 2–6 牛患肠套叠时患部小肠呈典型螺旋状外观

（三）治疗

应以镇痛抗痉、润肠通便为主，兼施消炎，兴奋胃肠蠕动。

10%氯化钠溶液 200~300 mL、10%安钠咖注射液 20 mL、10%氯化钙注射液 80~100 mL,混合 1 次静脉注射,兴奋胃肠蠕动;30%安乃定注射液 30~40 mL 或氯丙嗪 0.10~0.15 g，皮下注射;或 10%溴化钠注射液 50~100 mL,静脉注射;液状石蜡 300~500 mL,鱼石脂 15 g、酒精 50 mL,另加中药厚朴 30 g,炒莱菔子 50 g、枳壳 20 g、桃仁 15 g、赤芍 15 g、大黄 15 g、二丑 20 g、芒硝 25 g,加水煎至 500 mL,与上述药物灌服,润肠通便;2%盐酸普鲁卡因 20 mL,生理盐水 100 mL,青霉素 200 万 IU,溶解后腹腔注射消炎止痛。

若药物治疗无效,病程延长,腹痛不止,排粪停止,肠音废绝,可剖腹探诊,进行手术治疗。

(四)预防

禁忌使用腐败变质和冰冻的饲料喂牛。对哺乳犊牛应供给鲜乳喂养,并做到定时、定量、定温,预防消化不良的发生。发病后确切诊断,药物治疗无效,立即手术。

十六、肠嵌顿和肠绞窄

肠嵌顿是一段肠管坠入与腹腔相通的天然孔或后天性病理破裂口内,肠管遭受机械性挤压闭塞,并产生疼痛、肠管淤血、水肿、肿胀,甚至发生组织坏死。肠绞窄是某段肠管被某些腹腔韧带绞窄,病理过程与肠嵌顿具有相似的结果。

(一)病因

本病常见于犊牛脐疝和成年牛腹股沟疝。此外,可见于腹肌创伤性裂孔以及先天性或后天性肠系膜、大网膜、膈肌损伤破裂时,肠管坠入破孔或大网膜与肠管粘连,都可形成肠管嵌顿或绞窄。乳牛在难产之后或严重的子宫炎后,往往与小肠某段粘连而引起肠绞窄。

(二)症状及诊断

持续剧烈的腹痛是肠嵌顿和肠绞窄的临床特征症状。严重的病例,病牛频频起卧,回首顾腹,站立后肢踢腹,或呈现某种特殊姿势。病初,病牛采食、反刍停止,精神沉郁,排粪减少或不排粪,继发瘤胃臌气。有的病例,若发生于夜晚至翌晨,其腹痛症状不被畜主发现而忽视。轻度肠嵌顿,肠管可自然恢复,腹痛症状可消失,病畜表现正常。如肠嵌顿未发生粘连,肠腔依然保持通畅,病牛可能长期生存,但却表现慢性消化不良、消瘦、衰竭,并丧失生产和使役能力。病畜随着肠嵌顿和肠绞窄发生的部位不同,其临床症状表现也有差异。膈疝可运用听诊进行确诊,在病牛的胸腔左侧部位可听到网胃蠕动音,心脏位置前移,瘤胃间歇性臌气,呼吸表现困难。

直肠检查,对该病诊断意义重大,在腹腔可发现蒂状肿胀,蒂的基部不呈现索状, 并可触诊到嵌顿或绞窄肠管的某一部分,按压病变部,病牛反应敏感,若施行腹腔穿刺,可发现有淡红色腹腔渗出液。本病可与肠痉挛混淆,当应用镇痛解痉药时,肠痉挛很快见到疗效,而肠嵌顿或肠绞窄时,镇痛药常常不奏效。

(三)治疗

应早期诊断,及时进行外科手术整复肠管,闭合病理孔。

(四)预防

保持牛群健康,严防冰冷的刺激而诱发肠蠕动亢进。

十七、肝硬变

肝硬变(肝硬化)又称慢性间质性肝炎或肝纤维化,是在致病因素作用下,引起慢性、进行性、弥漫性肝细胞变性、坏死、再生,诱发广泛纤维组织增生,肝小叶结构破坏,重建,形成假小叶及结构增生，逐渐发展而成硬化的一种慢性肝脏疾病。本病各种牛都可发生，呈散发性，有时亦呈地方性流行。

（一）病因

肝硬化的病因多种多样，一般可分为原发性和继发性。原发性肝硬化多为慢性中毒或机体内的有毒物质中毒，饲喂含有毒质的青草或干草以及腐败变质或霉烂的饲料、糟粕、油饼等。此外，饲料中缺乏蛋白质与维生素，使肝营养不良，促进了肝硬化的发生和发展。

继发性肝硬化见于结核病，犊牛副伤寒、肝片吸虫病、肝脓肿等，都能引起本病的发生。

（二）症状和诊断

本病初期诊断较为困难，在此阶段可见有食欲改变、胃肠卡他现象。病牛具有前胃弛缓和慢性瘤胃臌气，并逐渐出现黄疸，下痢与便秘交替发生。其后逐渐消瘦，体质衰弱。犊牛陷于昏睡状态。当萎缩性肝硬化，常见有腹水。在肝脏血管受到压迫时，血液循环发生障碍，则病情显著恶化。尿呈黄色，含有尿胆素、胆红素。腹部叩诊，肝脏浊音区向后扩大。肝脏增大、松弛时，可达到右侧腰旁凹窝或下降到肩关节水平线。相反，当肝脏萎缩时，常常发现肝浊音区面积变小。直肠检查时，体格较小的病牛，可触摸到肿大的肝脏，质地坚实，同时亦可确定脾脏的肿大状态。

根据病程、消化不良、消瘦、可视黏膜黄染等临床表现，结合血液及尿液检查可做出诊断。

（三）治疗

本病治疗，首先着重消除致病原因，加强护理，改善饲养，供给富有蛋白质、易于消化、含有多种维生素的饲料，增强肝细胞功能。清理胃肠，疏肝利胆，可用硫酸钠和人工盐 300~500 g，1 次灌服,隔日 1 次,连用 3 次。健胃可用酵母粉 250 g、红糖 300~500 g、陈皮酊 60 mL,1 次灌服,连用 3 日。解毒强心,可用 25%葡萄糖溶液 500~1 000 mL,静脉注射,或用维生素 A、维生素 B、复合维生素 B、维生素 B_{12} 及维生素 K 等治疗。早期亦可用胆碱、胱氨酸抗脂性药物。消除腹水,可应用强心利尿剂。

中药治疗宜清热利湿,可用茵陈蒿四苓汤加减:茵陈 60 g、山枝 20 g、黄柏 15 g、苍术 20 g、茯苓、猪苓、厚朴、枳实各 20 g;便秘加大黄 30 g,尿少加车前子、滑石各 18 g,食欲减少加陈皮 25 g、麦芽 30 g、半夏曲 20 g,加水煎汤,灌服,或研细水调灌服。

(四)预防

加强饲养管理,防止有毒植物中毒,严禁饲喂腐败和霉烂的饲料,防止慢性中毒和消化不良;加强卫生防疫,积极防治传染病和寄生虫病的侵害。

十八、腹膜炎

腹膜炎是腹膜壁层和脏层炎症的统称,是腹膜局限性或弥散性的炎症。

(一)病因

本病多见于腹壁创伤、手术感染(创伤性腹膜炎);腹膜腔或骨盆腔器官的深层组织发生炎症时,病原菌侵入腹腔而引起。例如胃肠炎、肠嵌顿、肠套叠、子宫炎、肾炎、膀胱炎或膀胱破裂、直肠穿孔、瘤胃穿孔和穿刺感染、腹壁抵伤、腹壁疝气等。可继发于腹腔肿瘤、化脓棒状杆菌病、结核病、脓毒败血症以及腹腔寄生虫病等。

(二)症状和诊断

本病初期临床症状表现不明显,易被人们忽视。病牛表现精神沉郁，食欲减退或废绝，瘤胃蠕动停止，间歇性慢性瘤胃臌气，便秘。体温变化不明显。有时表现磨牙、呻吟，拱背站立，不愿行走，步态小心，喜欢卧地。创伤性腹膜炎时，初期体温升高，其后无体温变化，病牛逐渐消瘦。当膀胱破裂时，腹围增大，腹壁穿刺有大量渗出液和漏出液。直肠检查时，直肠中蓄粪较多、干燥，腹膜粗糙、腹壁紧张。

当继发感染时，常常呈现原发性疾病的症状。

（三）治疗

应使病畜保持安静，给予易消化的饲料，消炎止痛，防止炎性渗出，促进炎性渗出物吸收，强心解毒，增强病畜抵抗力，治疗原发病。

消炎止痛可用磺胺类和抗生素药物治疗，同时应用 0.25%普鲁卡因溶液 300 mL、5%葡萄糖溶液 500~1 000 mL、青霉素 240 万 IU、链霉素 200 万 IU，加温 37℃左右，1 次腹腔注射，亦可重复应用。

防止渗出、促进炎性渗出物吸收，可用 10%氯化钙 100~150 mL、40%乌洛托品溶液 20~30 mL、生理盐水 1 000 mL，混合，1 次静脉注射。

便秘可用液状石蜡 500 mL，灌服。自体中毒可用 5%碳酸氢钠注射液 300~500 mL，静脉注射。

心力衰竭可用安钠咖、樟脑水。疼痛时可用复方安基比林、安痛定治疗。腹腔积液过多时可穿腹引流，出现内毒素休克危象者按中毒性休克实施抢救。

（四）预防

严防腹腔及骨盆腔的脏器破裂和穿孔。在母畜助产、腹腔和瘤胃穿刺、腹腔手术时，遵守操作规程，防止感染。积极治疗继发病。

第二节 呼吸系统疾病

一、气管炎和支气管炎

本病是气管及支气管黏膜的炎症，临床以咳嗽和流鼻液为特征。

(一)病因

病因主要原因是受寒感冒。

牛机体抵抗力降低,吸入刺激性物质,饮水或吃草时误咽入气管内,或经口投药误灌入气管内等引发本病。流感、口蹄疫、恶性卡他热等病继发。

(二)症状和诊断

气管炎以流鼻液和咳嗽为特征。

牛患病初期,咳嗽声音短暂,3~4 d 后,咳声冗长,并有时咳出灰白色或黄色痰液。触诊喉头和气管时,病牛表现敏感并可引起咳嗽,听诊时,气管内有呼噜音,肺部无变化,全身症状不明显。

当牛患大支气管炎时,流鼻液、咳嗽较重,胸部听诊时有蜂鸣声、锯木音或有水泡音,体温比常温升高 0.5~1.0℃。食欲稍减退,脉搏稍增快。

当牛患细支气管炎时,牛在呼气时表现用力,称为呼气性呼吸困难,但咳嗽弱,咳嗽后呼气困难不减轻,鼻液量少,胸部听诊有杂音(干、湿啰音),体温升高至 39.5℃左右,食欲明显减退,脉搏增数。

(三)防治

防治原则是消除病因,祛痰、镇咳、消炎,应用抗生素和抗过敏药物。

(1)将牛饲养在温暖无贼风、通风良好的牛舍内,避免饲草有尘土和饲草过于干燥,最好拌水饲喂,以减少尘埃对牛呼吸道的刺激。

(2)消炎,10%磺胺噻唑钠溶液 100~150 mL,加入糖盐水中静脉注射。也可用青霉素 240 万~360 万 IU,肌肉注射,每日 2~3 次。病情严重的可用四环素或土霉素 1~2 g,溶解在 5%葡萄糖溶液 500 mL 中,静脉注射,每日 2 次。

(3)祛痰,氯化铵 10~20 g,内服,每日灌服 2~3 次。也可灌服杏仁水 30~60 mL,每日 1~2 次。或碳酸氢钠 20~30 g、远志酊 30~40 mL,加水 500 mL,灌服。或氯化铵 20 g、碘化钾 2 g、甘草末 10 g,加水 500 mL,灌服。

(4)抗过敏,咳敏 250~300 mL,内服,每日 2~3 次;或用盐酸异丙嗪 0.25~0.50 g,肌肉注射,每日 1 次。

(5)在牛患病中、后期内服碘化钾 5~10 g,每日 1 次 ,或 5%碘化钾 30~50 mL,静脉注射,促进炎性渗出液的吸收。

(6)中药方法。初发咳嗽,全身症状不严重,可服用射干麻黄汤加减:射干 18 g、麻黄 15 g、细辛 9 g、桔梗 30 g、前胡 15 g、陈皮 18 g、杏仁 18 g、五味子 24 g、苏叶 20 g、甘草 15 g,研末灌服。

二、感冒

感冒是由于冬春季节气候多变,牛体受寒而引起的全身性疾病。若及时治疗,可迅速痊愈。

(一)病因

在冬春季节,气候剧变,如寒夜露宿,受风雪袭击;或久卧湿地,受贼风侵袭;或时至深秋,身遭雨淋等,均可引起发病。

（二）症状及诊断

本病的发生多与受寒因素有关。病牛精神沉郁，头低耳耷，被毛竖立，拱背颤抖；食欲减少或废绝，鼻镜干燥，鼻端、耳尖发凉，皮温不均，肌肉震颤；结膜潮红，呈枝状充血，轻度肿胀、咳嗽、流泪；口色青白，有薄白苔；有热候者，舌质红赤；呼吸加快，呼吸音粗厉，脉搏增数，体温高达 39.5~40.0℃以上，鼻孔流浆性清涕。听诊肺区呼吸音增强，亦可出现湿啰音。瘤胃蠕动减弱，粪便干燥。

（三）治疗

保证饮水，供给易消化的饲草饲料。病初应用解热镇痛剂，多能收到良好效果。可选用复方氨基比林注射液（或安痛定）20~40 mL，或 30%安乃定液 10~30 mL，或复方奎宁注射液 20~30 mL（孕畜禁用），每日 1 次，肌肉注射。病重者可进行大输液疗法，应用 5%葡萄糖生理盐水，或复方氯化钠和葡萄糖注射液等，以支持机体能量。

发热轻，怕冷重，治疗宜祛风散寒，应用杏苏饮加减：杏仁 18 g、桔梗 30 g、紫苏 30 g、半夏 15 g、前胡 25 g、枳壳 30 g、茯苓 25 g、甘草 15 g、生姜 20 g，研末水调灌服。发热重，怕冷轻，宜发表解热，应用桑菊银翘散加减：桑叶 45 g、菊花 25 g、金银花 25 g、连翘 24 g、杏仁 15 g、桔梗 15 g、牛子 30 g、薄荷 18 g、甘草 15 g、生姜 30 g，研末，水调灌服。

（四）预防

加强御寒锻炼，增强机体抵抗力。做好越冬防寒保暖工作，防止受寒。

三、支气管肺炎

支气管肺炎是支气管、细支气管及其所属的个别和多个肺小叶同时发生炎症，因此也称小叶性肺炎。

（一）病因

引起支气管炎的病因，特别是寒冷的刺激，可引起支气管肺炎。支气管肺炎亦继发于上呼吸道疾病和某些传染病，如牛传染性胸膜肺炎、牛痘等以及其他化脓性疾病如胃肠炎、乳房炎、子宫内膜炎等。

（二）症状及诊断

病初有急性支气管炎的症状，全身症状严重，病牛精神沉郁，黏膜充血，发绀，食欲和反刍减少或停止。呼吸浅表而加快，呈现混合性呼吸困难，肋间隙煽动。咳嗽短粗，低沉嘶哑；痛苦低头伸颈。转为湿性咳嗽后，疼痛减轻。鼻流黏性鼻涕，少数病例见有黏脓性鼻涕。病初 3~4 d 体温升高至 40℃以上，呈弛张热型。

胸部听诊病灶部，病初肺泡呼吸音减弱，可听到捻发音。以后可听到干啰音或湿啰音。当小叶肺炎病灶互相融合，肺泡呼吸音消失，出现支气管呼吸音，肺的健康部分肺泡呼吸音增强。心音增强，第一心音混浊而延长，第二心音较高朗。脉搏加快，每分钟可达 60~100 次。

胸部叩诊，如病灶区在肺表面时，有小片浊音区，其病变部多在胸壁前下方区域内。变化在肺深部，叩诊变化不明显。肺叶炎症病灶融合，则出现大片浊音区。一侧肺炎，对侧肺叩诊音高朗。叩诊因震动胸壁，病畜表现痛苦不安，或引起咳嗽。

（三）治疗

本病治疗原则是加强护理，消除炎症，祛痰止咳，制止渗出，促进炎性渗出物吸收和排出。

消除炎症，可使用抗生素和磺胺类药物，方法同于支气管炎治疗。

制止渗出和促进炎性渗出物吸收，应用10%氯化钙溶液100 mL,静脉注射,每日1次,或用葡萄糖氯化钙溶液100 mL,静脉注射,每日1次;亦可应用利尿剂如醋酸钾10~15 g,加水灌服,或氨茶碱注射液4~8 mL(1~2 g),1次肌肉注射。祛痰止咳剂的应用与支气管炎相同。

若高热不退可用柴胡注射液30 mL,肌肉注射。

中药可用麻杏石甘汤加减:麻黄12 g、生石膏120 g、杏仁18 g、甘草9 g、桑白皮20 g、贝母20 g、勾藤12 g、僵蚕12 g,焦山枝、黄芩、半夏各15 g,蜂蜜为引,共为末,加水煎汤约1 000 g,1次灌服。

(四)预防

预防本病同于支气管炎。

四、异物性肺炎

异物性肺炎又称吸入性肺炎,是异物(如食物、呕吐物或药物)误吸入肺脏而引起的炎症。

(一)病因

强迫灌药操作不当,将部分药误入气管;患咽炎、咽麻痹、食道阻塞、破伤风、麻醉或昏迷等可发生本病;幼畜吸入胎水等。

(二)症状和诊断

(1)发病快、咳嗽、不安、惊恐及肺炎症状。

(2)病初呼吸急速而困难,腹式呼吸,长声带痛性咳嗽。

(3)体温升高呈弛张热型,伴有寒颤出汗,肺部听诊有湿啰音,叩诊肺区下部呈浊音。

(4)发生肺坏疽时,则呼气恶臭,两鼻孔流出恶臭而污秽的鼻液,呈褐灰色带红或淡绿色,在咳嗽或低头时常大量流出。

(三)治疗

(1)药液进入气管时,立即使患畜在前低后高的位置,将头放低,注射兴奋呼吸的药物,并及时皮下注射 2%盐酸毛果芸香碱注射液 5~10 mL,促使异物排出。

(2)青霉素、链霉素各 200 万~300 万 IU 肌注,每日 2~3 次,连用数天。

(3)乳糖酸红霉素 200 万~300 万 IU 溶于 5%葡萄糖注射液 1 000 mL 中,1 次静注,每日 2 次,连用 5~7 d。也可用 10%磺胺嘧啶钠注射液 100~150 mL, 加入 500~10 mL 葡萄糖氯化钠注射液中,静注,每日 2 次,连用 5~7 d。

(四)预防

由于本病发病迅速,病情难以控制,临床上常疗效不佳,死亡率很高,因此本病以预防为主。

(1)通过胃管给药时,必须确认胃管正确插入食管后方可灌入药液。对严重呼吸困难或吞咽障碍的动物,不应强制性经口投药。麻醉或昏迷的动物在未完全清醒时,不应让其进食或灌服食物及药物。

(2)经口投服药物时,应尽量把头部放低,每次少量灌服,且不可太快,让动物及时吞咽,不至于进入气管。

(3)药浴时,浴池不能太深,将头压入药水中的时间不能过长,以免动物吸入液体等。

五、外源性超敏性肺炎

外源性超敏性肺炎是动物反复吸入各种具有抗原性的有机粉尘、低分子量化学物质,引起的一组弥漫性间质性肉芽肿性肺脏疾病。

（一）病因

牛在冬季舍饲期因采食发霉干草时吸入霉菌粉尘而引起变应性肺泡炎。本病属Ⅲ型超敏反应。

（二）症状和诊断

1. 急性型

接触抗原后 4~6 h 出现症状，主要是厌食、咳嗽、呼吸困难，听诊肺部有细湿啰音、心动过速、发热、寒颤、血液检查白细胞显著增多；脱离过敏原后症状很快消失，再次接触抗原后再次出现症状。

2. 慢性型

慢性型是长期少量接触抗原的结果，于数日内逐渐出现症状，咳嗽，呼吸增强加快。

（三）治疗

（1）立即停喂发霉草料。

（2）必要时应用抗过敏肾上腺素、苯海拉明、异丙嗪等药物和对症治疗。

第三节　心血管系统疾病

创伤性心包炎

本病多由于误食尖锐异物，异物由网胃经膈肌刺入心包而引起心包的炎症。其临床特征为急性前胃弛缓，胸壁疼痛，间歇性臌气，心包摩擦音、心区浊音区扩大为特征。

（一）病因

创伤性心包炎是异物损伤心包致使心包发炎的一种疾病。多由随同饲料进入网胃、瘤胃的尖锐金属异物（如铁丝、钢丝、缝针、发卡、铁片等)引起,因网胃收缩,异物可刺破或损伤胃壁,如果异物经横膈膜刺入心包,则发生创伤性网胃心包炎;异物穿透网胃或瘤胃胃壁时,亦可损伤脾、肝、膈肌、肺等脏器,发生腹膜炎及各部位的化脓性炎症。

(二)症状及诊断

发病时,病牛精神沉郁,食欲减少,反刍缓慢或停止,鼻镜干燥,行动谨慎,表现疼痛,拱背,不愿意转弯或走下坡路。触诊,用手冲击网胃区及心区,或用拳头顶压剑状软骨区时,痛牛表现敏感、疼痛、呻吟、躲闪、肘头外展、肘后肌肉震颤出汗,常继发前胃弛缓、慢性瘤胃臌气。

血液学检查有助于诊断,白细胞总数增多,每立方毫米可达20 000 个以上,嗜中性粒细胞增至 70%以上,核左移。淋巴细胞减少,出现淋巴细胞和嗜中性粒细胞的倒置现象。病后期白细胞数趋于下降,核左移变化不明显。

创伤性心包炎时,病畜心动过速,每分钟 70~110 次。并可发生颈静脉怒张,粗如拇指,颌下、肉垂、胸下及胸前等处发生水肿(见图 2-7)。体温升高,脉搏增数,呼吸加快。叩诊心浊音区增大,

图 2-7 牛患创伤性心包炎的典型症状:不安、弓背站立、虚弱

上界可达肩端水平线,后方可达第 7~8 肋间;出现心包摩擦音及拍水音,此时心音和心搏动明显减弱。病程后期,常发生胸膜粘连、心包化脓和脓毒败血症。

根据临床症状和病史,结合金属探测仪及 X 射线透视检查,即可确诊。

(三)治疗

应早期治疗,确诊后采取手术疗法,施行瘤胃切开术,以清理排除瘤胃和网胃中的金属异物。如病程发展到心包积脓阶段,常以淘汰而告终。

保守疗法,为了减轻症状,可采取对症治疗,消除炎症,可用青霉素 240 万 IU、链霉素 200 万 IU,肌肉注射,每日 2 次;磺胺嘧啶钠首次量 30~40 g、维持量 15 g,碳酸氢钠加入等量,灌服,每日 1 次,连用 1 周以上。用药期间应给以充足饮水。亦可止酵、泻下、健胃及镇痛等。

(四)预防

同创伤性网胃炎。

第四节　泌尿系统疾病

一、肾炎

肾炎是指肾实质(肾小球、肾小管)或肾间质组织发生炎性病理变化的统称。临床以肾区敏感和疼痛,尿量减少及尿液中出现病理产物,严重时伴有全身水肿为特征。

(一)病因

继发于某些传染病如炭疽、口蹄疫、结核、牛病毒性腹泻、出血性败血症等,也可由邻近器官炎症转移蔓延而引起,如肾盂肾炎、膀胱炎、子宫内膜炎等。脓毒血症和各种毒物中毒,也是发生肾炎最常见的原因。外源性毒物主要是采食有毒植物、霉变饲料、误食被农药和重金属(如砷、汞、铅、镉、钼等)污染的饲料及饮水、误食有强烈刺激性的药物(如斑蝥、松节油等);内源性毒物如重剧胃肠炎、肝炎、代谢性疾病、大面积烧伤或烫伤时所产生的毒素、代谢产物或组织分解产物等。营养不良、受寒感冒、过劳均可成为肾炎的诱发因素。另外,有些情况下肾间质对某些药物(如二甲氧青霉素、氨苄青霉素、先锋霉素、噻嗪类及磺胺类药物)呈现超敏反应,可引起间质性肾炎等。

(二)症状及诊断

急性肾炎在病初就有发热症状,病畜精神委顿,食欲减退或废绝。严重时可发生尿毒症,出现意识障碍、阵发性痉挛。

肾炎的主要症状是肾区的疼痛反应。病牛腰背拱起,四肢叉开或集于腹下,不愿走动;若强使行走,则后肢举步不高,步态强拘,小步行走。以拳捶击肾区,表现疼痛不安;经直肠触压肾脏,疼痛更为明显。严重时,在眼睑、胸下、腹下、四肢下部等处发生水肿。

血管变化比较显著。血液循环有障碍或全身性淤血,发生水肿和体腔积液。

肾炎时,排尿和尿液的变化最明显。尿量减少或尿闭。尿液混浊、黏稠、深黄或茶褐色。尿液检查,出现蛋白质及多量的肾上皮细胞、尿圆柱、红细胞、白细胞和细菌等。这是肾炎的特征,也是诊断肾炎的重要依据。

(三)治疗

1. 护理

加强饲养管理和护理,对防治肾炎具有重要意义。给予易消化的草料,不喂食盐,适当限制饮水。

2. 消除炎症

首先消除传染或其他致病因素,可及早应用抗生素,如青霉素240万IU、链霉素200万IU,肌肉注射,每日2次,连用5 d。

3. 利尿及尿路消毒

可静脉注射10%~25%葡萄糖溶液500 mL,同时给予消除水肿和提高泌尿机能的利尿药,如醋酸钾10~30 g或利尿素5~10 g,灌服;当肾机能障碍时,不宜用上述利尿药,可灌服可尿噻5~10 g,或灌服双氢可尿噻0.5~1.0 g,或肌肉注射25%氨茶碱注射液4~8 mL。

尿路消毒药可灌服萨罗10~15 g,乌洛托品10~20 g,灌服,或静脉注射40%乌洛托品注射液50 mL;若有尿中毒症时,可静脉放血,给予水合氯醛或溴剂,也可用25%硫酸镁溶液50~100 mL,肌肉注射,或静脉注射10%氯化钙溶液100 mL,以及使用强心剂等。

4. 出现顽固性水肿和大量蛋白尿

可配合激素疗法,效果良好。醋酸可的松100~250 mg,肌肉注射,或氢化可的松200~300 mg,静脉或肌肉注射,至水肿消退、蛋白质减少或消失时,逐渐减少到最少维持量。

5. 中药宜温脾暖肾、利水消肿、止痛

(1)知柏汤:黄柏24 g、知母24 g、山萸24 g、丹皮24 g、泽泻35 g、茯苓35 g,煎汤灌服。

(2)防己散(用于急性肾炎):防己18 g、黄芪30 g、白术15 g、陈皮15 g、知母15 g、黄柏15 g、苍术15 g、泽泻15 g、木通15 g、没药12 g、金银花26 g、茵陈20 g,煎汤灌服。

(四)预防

加强管理,严防家畜受寒感冒,以减少病原微生物的侵袭和感染。注意饲养,防止饲料发霉变质以免中毒。对具有刺激性和毒性的药物,应用时要严格控制剂量并遵守使用方法。对早期急性肾炎的病畜及时治疗,彻底消除病因以防复发或慢性化或转为间质性肾炎。

二、膀胱炎(尿淋漓)

膀胱炎为膀胱黏膜表层及黏膜下层的炎症。临床特征为疼痛性频尿,尿液中出现较多的膀胱上皮、脓细胞、血液以及磷酸铵镁结晶等。按炎症的经过,可分为急性和慢性两类。临床上以急性为多见,且常发生于牛。

(一)病因

一般由两个途径引起膀胱炎:肾盂肾炎过程中所引起的,叫下行感染;由尿道和阴道炎所引起的,叫上行感染。另外,尿道阻塞、膀胱结石及细菌也可引起膀胱炎。膀胱炎发生的主要病因是经血液、尿液或尿道侵入的微生物,引起膀胱炎。肾炎、输尿管炎、尿道炎,尤其是母畜阴道炎、子宫内膜炎等,极易蔓延至膀胱而引起膀胱炎。另外,牛蕨中毒时因毛细血管通透性升高,引起出血性膀胱炎等。

(二)症状和诊断

膀胱炎的主要症状是排尿异常和尿液发生变化。急性膀胱炎的主要症状为尿急、尿频、尿痛。由于炎症刺激膀胱黏膜,病畜常做排尿姿势,不断努责,但排出尿量很少,尿淋漓。有时疼痛不安,后躯摆动,摇尾。经直肠触压膀胱,表现疼痛、膀胱空虚。

尿液混浊,常混有大量黏液、血块及浓汁。显微镜检查尿沉淀物,以出现多量膀胱上皮细胞和磷酸铵镁结晶为诊断本病的主要依据,其他成分对分析炎症性质等也有一定的价值。膀胱炎严重时,可出现全身反应,如体温升高、精神沉郁、食欲显著减少或废绝。

根据典型临床表现如尿频，排尿疼痛，膀胱空虚和尿液实验室检查，不难诊断，必要时可进行膀胱镜检查。

（三）治疗

治疗原则是加强护理、抑菌消炎和对症治疗。病畜应减少精料，给予充足的饮水。

1. 抗菌消炎

对重剧的膀胱炎，应及时应用抗生素，并且内服乌洛托品10~15 g，或静脉注射40%乌洛托品溶液50 mL，一般效果好。

2. 局部疗法

母牛常用的方法是冲洗膀胱。将导管送入膀胱，排出尿液，先用微温的生理盐水反复冲洗，然后可选下列药液冲洗，如0.1%高锰酸钾溶液、0.1%雷夫诺儿溶液、0.5%~2.0%硼酸溶液或鞣酸溶液等。最后将微温的青霉素、链霉素溶液，或0.5%~1.0%磺胺噻唑钠溶液100~300 mL，灌入膀胱内，每日1~2次，效果较好。同时肌肉注射抗生素配合治疗。

3. 中药以清热利湿为宜

（1）知柏加减汤：知母30 g、黄柏35 g、滑石30 g、茵陈30 g、木通20 g、荜澄茄20 g、泽泻24 g、扁蓄25 g、瞿麦21 g、牛膝15 g、玉片15 g、竹叶9 g、灯心草9 g、甘草9 g，研末冲服。

（2）石苇汤：石苇30 g、车前子15 g、生地黄25 g、滑石30 g、扁蓄25 g、瞿麦25 g、焦栀子30 g、木通18 g、甘草9 g，研末冲服。

三、血尿

尿中混有血液叫血尿。血尿不是一种独立的疾病，而是泌尿器官发生出血性疾病的共同症状。

(一)病因

常见的原因是肾脏的某些疾病、尿路病(出血性炎症、结石、肿瘤和黏膜损伤)等引起;也可见于其他疾病,如血斑病、焦虫病、败血症等过程中。另外,应用大量的磺胺、庆大霉素、水杨酸钠等药物以及由汞、棉籽饼、菜籽饼、蕨类植物中毒等导致的泌尿系统血管损伤,也可引起血尿。此外,也见于炭疽、白血病等疾病过程中。

(二)症状和诊断

血尿是一种现象,如何通过现象确定出血部位,这就需要进行全面分析。

若发病急剧,尿色鲜红,且混有血凝块,病畜表现疼痛不安,此为泌尿器官损伤性出血的特征。每次排出均匀一致的红色尿液,镜检尿液有大量红细胞、肾上皮细胞和尿圆柱,且表现肾炎症状,为肾性血尿的特点。膀胱出血的特点是在一次排出的尿中,开始色淡,最后混有血液,且带凝血块,有时出现腹痛,镜检尿液有多量膀胱上皮细胞。尿道出血的特点是血液与尿混合不均,仅于排尿之初有血,而后则无。血尿时常伴有疼痛、排尿困难和原发病的症状。根据尿中混有血液,结合临床症状,可做出诊断。

(三)治疗

根本疗法是治疗原发病,单纯性血尿,采用下列疗法效果较好。

1%仙鹤草素溶液 10~30 mL,每日 1 次,肌肉注射;维生素 K_3 注射液(4 mg/mL)5~20 mL,肌肉注射;兽用止血针,大家畜每次 25 mg,严重病例每日 2 次,肌肉注射;卡洛磺钠注射液(新安络血注射液)100~200 mg, 肌肉注射;1%刚果红溶液 100~150 mL,静脉注射,每日 1 次,连用 2 日;0.5%普鲁卡因溶液 100 ml,10%硫酸镁溶液 100~250 mL,先后分别静脉注射,每日 1 次,可连用 4 日,效果显著。

中药一般采用清热凉血、除湿利尿、止血之剂，可选用下列处方。

（1）秦艽散：秦艽 30 g、瞿麦 25 g、车前子 15 g、当归 15 g、黄芩 21 g、赤芍 21 g、炒蒲黄 25 g、焦山栀 25 g、阿胶 18 g，竹叶、灯心草为引，共为末冲服。

（2）蒲黄散：小蓟 20 g、藕节 60 g、炒蒲黄 30 g、木通 25 g、滑石 30 g、生地黄 30 g、当归 25 g、焦山栀 30 g、甘草 15 g、竹叶9 g，共为末冲服。

（四）预防

加强肉牛饲养管理，及时查明病治疗原发病，使用导尿管导尿时，应小心谨慎，防止损伤尿道。

四、尿石症

尿石症又称尿结石，是指尿路中盐类结晶凝结成大小不一、数量不等的凝结物，刺激尿路黏膜导致频频排尿，引起出血性炎症（血尿）和泌尿路阻塞性疾病。根据形成尿石的部位和引起功能障碍的部位不同，又有肾结石、膀胱结石及尿道结石等。

（一）病因

形成尿结石的因素较多，主要是尿液的胶体和晶体之间的比例异常、尿液的酸碱度和酸碱性质的变化、形成尿石的核心物质的存在（如上皮细胞、尿圆柱、血凝块及纤维蛋白等），构成这些因素的具体条件比较复杂，如饲料、饮水中某些无机盐类的含量偏高等，改变了尿液的性质，饮水不足，维生素 A 缺乏及甲状旁腺机能亢进等都可能是尿石形成的具体条件。

尿石主要是在肾盂、膀胱及公牛的尿道等部位形成。尿结石的主要成分是碳酸钙、碳酸镁和磷酸钙等。

(二)症状和诊断

本病主要症状为尿淋漓或尿闭。尿结石常可引起肾盂炎、膀胱炎,甚至引起膀胱破裂。肾盂和膀胱中的尿结石,在剧烈运动时,病畜表现步态紧张,易发生血尿或腹痛。肾盂结石的病畜,有时触诊肾区表现敏感。膀胱中的结石,在排尿之际,阻塞或不完全阻塞膀胱颈部、尿道某段时,则出现尿液淋漓、排尿困难或尿闭症状。外部和内部(经直肠)触诊尿道、膀胱(尿石存在的部位、敏感程度等),比较容易确定发生症状的原因。并可利用导尿管检查尿道的通畅性。在结石未引起刺激和阻塞作用时,常不显现明显临床症状。

(三)治疗

(1)尿道被尿结石完全阻塞者,应及早做手术取出为佳。

(2)肾盂和膀胱的尿结石或尿沙,可试用中药疗法,具有一定疗效。

① 金钱草汤:金钱草 100 g、海金沙 50 g、滑石 50 g、甘草 30 g,煎水灌服,连用 3 剂。

② 排石汤:金钱草 100 g、鸡内金 30 g、冬葵子 40 g、车前草 60 g、瞿麦 40 g、甘草 30 g、琥珀 25 g、怀牛膝 30 g、泽泻 20 g,煎水灌服,连用 3 剂。

(四)预防

合理调配饲料日粮:应特别注意日粮中钙、磷、镁的平衡,尤其是钙磷平衡。保证有充足的饮水,适当补充钠盐和铵盐;对泌尿器官炎症性疾病应及时治疗,以免出现尿潴留等。

第五节　神经系统疾病

一、日射病

日射病指动物在炎热的季节，头部持续受到强烈的日光照射而引起的中枢神经系统机能严重障碍性疾病。

（一）病因

在炎热湿闷的天气条件下，强烈日光长时间直射于动物头部脑区，使颅内、脑膜及脑实质的血管充血所致。

（二）症状和诊断

日射病的诊断，除询问有无受日光长时间照射的病史外，尚需注意以下临床症状：多表现精神沉郁，突然发病，全身无力，衰弱出汗，黏膜潮红，颅区有热感；当发生脑和脑膜炎时，则多呈兴奋状态，惊恐，呼吸喘粗，步态不稳；口色紫红干燥，脉搏紧数，体温升高达 41~42℃。重危者全身轻瘫，倒地，肌肉颤动、痉挛；瞳孔无反射，舌体变软，口色青灰，常因呼吸麻痹而死亡。

（三）治疗

（1）消除热源，置病畜于阴凉的地方。亦可对头部或全身用冷水淋浴，或经直肠灌入大量冷水，或给头部遮阳，保护脑部。

（2）维持心脏机能，可给强心剂，10%樟脑磺酸钠注射液 20 mL，1 次肌肉注射；呼吸迫促者，如有肺充血、肺水肿，可行静脉放血，牛可 1 次放血 500~1 000 mL；不安者再用 2.5%盐酸氯丙嗪溶液 10~20 mL、5%葡萄糖生理盐水 1 000~2 000 mL、20%安钠咖溶液 10 mL，静脉注射，效果显著。

（3）若循环虚脱，可用 25%尼可刹米注射液 10~20 mL，皮下注射；若自体中毒可用 5%碳酸氢钠注射液 500~800 mL，1 次静脉注射。

二、脑及脑膜炎

脑及脑膜炎是脑实质和脑膜发生急性或慢性炎症,并伴有严重脑机能障碍的疾病。临床以高热、一般脑症状、局部脑症状和脑膜刺激症状为特征。

(一)病因

外界因素有脑震荡、强烈日光照射头部、畜舍闷热及颅骨发生创伤等。脑邻近组织器官发病波及脑和脑膜,如颅骨外伤、角坏死、额窦炎、眼球炎等都可能使炎症扩散到脑及脑膜。

体内一些条件性病原菌,如双球菌、坏死杆菌、葡萄状霉菌及病毒。当机体抵抗力降低时,在一定条件下,引起脑及脑膜炎。继发于其他各种疾病,如结核病、多头蚴包囊病、溃疡性心内膜炎等。也见于一些寄生虫病,如脑包虫病、脑脊髓丝虫病、普通圆线虫病等。

(二)症状和诊断

该病发生时,有的以兴奋为主,有的以沉郁为主,或者兴奋与沉郁交替发生。

初期,全身无力,行走困难,摇晃不稳。食欲丧失,不能咀嚼,饮水不下咽。意识紊乱,不听使唤,头低耳耷,眼睛半闭,呆立于槽边、棚角,或啃咬槽桩。若以兴奋为主,表现横冲直撞,不易控制,遇到障碍物也不能回避,或烦躁不安、就地转圈,或急进急退、突然跌倒。牛常摇头、跳跃、摆尾、哞叫,转圈倒地后发生搐搦,口流泡沫样唾液。若以沉郁为主,表现对外界刺激反应减弱,呆立或卧地。呼吸节律紊乱而粗厉。双目视力丧失,衰竭出汗。重危者牙关紧闭、瞳孔散大,呈昏迷状态。体温可升高到 39.5~41.0℃。脉搏快速,严重者快而细紧。

(三)治疗

本病治疗的原则是抗菌消炎、降低颅内压和对症治疗。

先宜将病畜放置在安静、通风的地方,避免声、光刺激。若病畜体温升高者,可用冷水淋头、太阳穴放血等。剧烈兴奋者,可给镇静剂,盐酸氯丙嗪注射液120~250 mg,1次肌肉注射,或溴化钠10~25 g,1次口服。

减轻颅内压, 可用40%乌洛托品或10%氯化钙注射液100~150 mL,每日1次,静脉注射;2%毛果芸香碱注射液2~3 mL,皮下注射;还可用20%甘露醇或25%山梨醇注射液250~500 mL,静脉注射(速度要慢)。亦可用泻剂,如硫酸镁或硫酸钠、大黄等。

消炎抑菌,可用磺胺类和抗生素类药物,如20%磺胺嘧啶注射液100 mL与25%葡萄糖注射液1 000~15 00 mL, 静脉注射。青霉素240万IU、链霉素200万IU,肌肉注射。

中药治疗可用石膏龙胆汤加减:生石膏20 g、酒黄连18 g、酒黄芩15 g、酒黄柏15 g、龙胆草30 g、酒知母45 g、焦山枝20 g、木香9 g、茵陈30 g、桔梗15 g、木通15 g、厚朴21 g、大黄30 g、芒硝120 g、甘草9 g,共末,再加清油500 mL、蛋清5个,灌服。加减:暴躁者,去厚朴、甘草,加朱砂15 g、琥珀9 g、天竺黄6 g、连壳30 g;沉郁者,去厚朴、大黄、芒硝,加党参20 g、当归20 g、煅石决明18 g、菊花15 g、石菖蒲15 g。

第六节 营养代谢病

一、营养代谢病的基本知识

(一)营养物质及其代谢过程

肉牛所需的营养物质,按其化学特性和生理功能可归纳为6

大类,包括蛋白质、糖类、脂类、无机物、维生素、水。其中一些必须由饲草料和饮水供给,另一些则可在体内合成。必需物质的需要量是指以最少量即能维持机体正常机能。采食的饲草料进入消化器官,在消化液等的作用下,转变为单糖、氨基酸、脂肪酸、甘油与水、盐、维生素等被吸收入血,到达肝脏和周围组织被重新合成和利用。机体的自身物质,亦随时分解提供能量或合成新的物质。物质在体内的一系列生物化学反应和调节受基因控制。中间代谢所产生的物质,除一部分被机体储存或者重新利用外,最后以水、二氧化碳、含氮的物质或其他代谢产物,经肺、肾、肠道、皮肤黏膜排出体外。通过动物新陈代谢,使机体同环境之间不断进行物质交换和转化,体内物质又不断进行分解、利用与更新,为个体的生长发育、繁殖和维持体内环境的恒定提供物质和能量。如果代谢停止,就意味着动物体死亡。营养物质不足,过多或比例不当,都会引起营养代谢性疾病。体内某种物质在合成和分解代谢过程中,如某一环节障碍,则引起代谢疾病。因此,动物营养代谢病包括营养疾病和代谢疾病,两者关系密切,往往并存,彼此又有一定的影响。

(二)营养代谢病的诊断

营养代谢病在某些情况下,在牛群中某一年龄段具有群发的特点。诊断上要尽可能找出病因和诱因,发病的主要环节,疾病的发展阶段和具体的病情。营养代谢病除有特有的症状外,检查时应注意发育营养状态、体形体重、骨骼、被毛、皮下脂肪、四肢、眼结膜、视网膜、视力和听力以及舌、齿等,在临床实践中对一些不明原因的症状要进行仔细的检查。初步诊断除根据首要线索外,还须从现病史中详细了解发病因素、病理特点、每日饲养管理情况,包括日粮的数量和质量等,进行全面的综合分析才能获得。实验室和有关的其他检查是明确营养代谢病的主要依据,可能根据实际情况选用血、尿、粪及其他体液的生化检查,X 线检查,试验性治疗,病理剖检和组织学检查以及微生物和寄生虫的检查。

(三)营养代谢病的防治原则

(1)日粮的合理搭配:根据不同的年龄阶段和不同的生理需求,合理地搭配饲料。这是首要的。

(2)加强饲料管理,防治影响营养物质消化吸收的消耗性疾病。

(3)病因和诱因的防治:营养病和由环境因素所引起的代谢病,多数能进行病因防治。以先天性代谢缺陷为主的代谢病,一般只能针对诱因和发病机理进行治疗。

(4)尽早采取预防治疗措施,使病情不致恶化,甚至不出现症状。

(5)针对发病机理和对症治疗:包括避开和限制环境发病因素,补充某一代谢过程所缺乏的物质,如维生素等。

二、软骨病

软骨病是由饲料中钙、磷缺乏或比例不当等引起的成年牛骨骼进行性脱钙导致的一种骨营养不良性疾病。临床特征是消化紊乱、异嗜癖、跛行、骨质软化及骨变形。

(一)病因

日粮中的钙、磷和维生素 D 缺乏,或钙、磷比例不当是引起本病的主要原因。常常因饲料、饮水中磷含量不足或钙含量过多,导致钙磷比例不平衡而发生。

(二)症状和诊断

症状主要呈消化障碍和异嗜,如舔墙吃土、啃嚼石块,或舔食铁器、垫草等异物；四肢强拘，运步不灵活，出现不明原因的一肢或多肢跛行或交替出现跛行；拱背站立，行走时后躯摇摆，经常卧地，不愿起立；骨骼肿胀、变形、疼痛；尾椎骨移位、变软，肋骨与肋软骨结合部肿胀，易折断。临床血液学检查，发现血磷浓度下降，血清碱性磷酸酶水平升高。

(三)治疗

治疗主要应用磷制剂。口服磷酸二氢钠 80~120 g；维生素 E 每日 1 次，连用 3~5 d；20%磷酸二氢钠液 300~500 mL，或 3%次磷酸钙液 1 000 mL，静脉注射，每日 1 次，连用 3~5 d。若同时使用维生素 D 400 IU，肌肉注射，1 次/周，连用 2~3 次，效果更好。

预防：调整草料内磷钙含量和磷钙比例。加强管理，适当运动，多晒太阳。

三、佝偻病

佝偻病是以生长期肉牛体内维生素 D、钙/磷缺乏所致的一种骨营养不良性代谢病。临床上以消化紊乱、异嗜癖、骨骼变形及跛行为特征。病理性特征是成骨细胞钙化作用不足，持久性软骨肥大与骨骺增大的暂时钙化作用不全。常见于犊牛。

(一)病因

该病属先天性病因，主要见于妊娠母体内矿物质和维生素不足或缺乏，影响胎儿生长发育致使幼畜出生后即表现出骨钙化不良症状。原发性病因主要见于饲料中维生素 D 缺乏和钙磷缺乏或比例不当，日光照射不足等；圈舍拥挤、潮湿、阴暗和污浊，犊牛消化严重紊乱，营养不良，维生素 C 缺乏都可成为该病发生的诱因。当维生素 D 缺乏时，直接影响机体对钙、磷的吸收及血液中钙、磷的调节，引起骨骼钙化不足，并使骨硬度与坚韧性显著下降,发生软化,容易弯曲变形。

(二)症状和诊断

1. 先天性佝偻病

牛一出生即出现不同程度的衰弱，数天后仍不能自行站立，辅助站立时背腰拱起,四肢弯曲不能伸直,多向一侧扭转,躺卧时亦呈不自然姿势。

2. 后天性佝偻病

病初特征症状不明显,诊断比较困难。随后病畜表现精神沉郁、消化不良、喜卧、异嗜。肢体软弱无力,站立时,四肢频频替换负重,行走步样僵拘,甚至出现跛行。当症状进一步发展,出现骨骼变形时,关节肿大,骨端粗厚;肋骨扁平,胸廓狭窄,脊柱弯曲,肋骨与肋软骨结合部膨大隆起,形成串珠状;头骨颜面部均肿大;四肢管状骨弯曲变形,呈内弧(O 形)或外弧(X 形)姿势等则诊断不难。病畜发育迟缓,消瘦、贫血、便秘或下痢,或二者交替发生。一般体温、脉搏及呼吸无明显变化。根据病史、临床症状、X 光检查和血液化学检查(如血钙、血磷、碱储的测定),即可确诊。

(三)治疗

药物可用维生素 D 注射液,犊牛用 4~6 mL,肌肉注射,每日 1 次,连用 5~7 d(1 个疗程),必要时也可连用;鱼肝油 10~15 mL,灌服,每日 1 次,维生素 A、维生素 D(维丁胶性钙)2~6 mL,肌肉注射,每周 1 次;维生素 D 液 40 万~80 万 IU,肌肉注射,每周 1 次;乳酸钙 5~10 g,灌服,每日 1 次。同时,要治疗犊牛消化不良和慢性呼吸道疾病。

(四)预防

加强和改善对幼畜、孕畜和哺乳母畜的饲养管理,是预防本病的基本措施。应注意饲料日粮的搭配,增加维生素和微量元素添加剂，注意圈舍卫生、通风。增加幼畜的日照时间，加强运动，及时驱虫，对胃肠炎进行有效的治疗等。

四、维生素 A 缺乏症

维生素 A 缺乏症是由维生素 A 或其前体维生素 A 原（胡萝卜素）缺乏或不足所引起的一种营养代谢病。犊牛常见，成年牛很少见。

（一）病因

饲草收刈、加工、储存不当，如有氧条件下长时间高温处理或烈日暴晒饲料以及存放过久、陈旧变质的饲料，其中的胡萝卜素受到破坏，长期饲喂便可致病。干旱年份，饲草中胡萝卜素含量低。北方地区天气寒冷，冬季缺乏青绿饲料，又长期不喂维生素 A 时易引起发病。犊牛母乳中维生素 A 含量低下以及代乳品饲喂，或断奶过早，都易引起维生素 A 缺乏。日粮中缺乏青绿饲料和胡萝卜素造成，如连续、单独地饲喂质量不良的干草、蒿秆和精料而发展起来，或长期患有消化不良时即使给全价的饲料日粮也可能发生此病。

（二）症状和诊断

病初呈夜盲症，在月光或微光下看不见障碍物。以后角膜增厚及云雾状形成，羞明流泪。皮肤干燥，有时呈麸皮样痂块；被毛粗乱，掉毛，蹄表干燥。运动障碍，步样不稳，运动失调。体重减轻，营养不良，生长缓慢。母牛易发生流产，常产出死胎，产后常有胎衣不下现象。

犊牛发病多表现生长和发育停滞，或发生胃肠炎、支气管炎和支气管肺炎，且常并发于各种传染病如大肠杆菌病、副伤寒等。或病犊牛因抵抗力下降而继发感染某些传染病等。

(三)治疗

(1)更换饲料,多喂青草、优质干草、胡萝卜及黄玉米等富含维生素 A 的饲料。必要时,在饲料内滴加适量的鱼肝油。

(2)药物可用鱼肝油 20~60 mL,内服,每周 2 次,连用 3 周;或用维生素 A 注射液 5 万~7 万 IU,肌肉注射,每周 1 次,连用 3周。

(3)应用胡萝卜素每 100 kg 体重每昼夜母牛 80 mg,泌乳牛 80~100 mg,犊牛(6 个月)70 mg,1 次灌服。

(4)对于病情较重的病例,还应给予消炎止痛的药物,同时补充维生素 D、维生素 E、维生素 K 和复合维生素 B 等。

(四)预防

改善营养,对妊娠母牛应注意多喂青绿饲料、优质干草及胡萝卜等。舍饲期冬季多运动,多晒太阳,夏季应进行放牧,以获得充足的维生素 A。

五、白肌病

白肌病是由于硒和维生素 E 缺乏所引起的一种以骨骼肌、心肌纤维以及肝组织等发生变性、坏死为主要特征的疾病。

(一)病因

病因主要是由于土壤、草料中缺乏硒和维生素 E 所致。肉牛场常因青贮饲料发霉变质或黄秸秆质量较差,青绿饲草供给极少或缺乏,加之饲料日粮营养不全。犊牛多发。常呈地区性发生。

(二)症状和诊断

根据病程分急性、亚急性和慢性 3 种类型。

1. 急性

病牛常突然死亡。主要表现为心肌营养不良,多见于年幼的犊牛。

2. 亚急性

病牛精神沉郁，背腰发硬，步样强拘，后躯摇晃，后期常卧地不起。臀部肿胀，触之硬固。呼吸加快，脉搏增数，犊牛可达120次/min以上。初期心搏动增强，以后心搏动减弱，并出现心律失常。

3. 慢性

生长发育明显迟缓，典型的运动机能障碍，心功能不全，并有顽固性腹泻。病牛运动缓慢，步样不稳，喜卧。精神沉郁，食欲减退，有异嗜现象。被毛粗乱，缺乏光泽，黏膜黄白，腹泻多尿。脉搏增数。呼吸加快。

关于本病的诊断，依据病史、基本症状、特征性病理变化和流行病学特点，必要时通过补硒治疗性诊断或做土壤、饲草料、毛、血、肝脏、肾脏等硒含量分析测定可确诊。

（三）治疗

（1）在加强饲养管理的同时，使用硒制剂或维生素E。对急性病例通常使用注射剂，对慢性病例采用饲料中添加的办法。

（2）常用0.1%亚硒酸钠注射液肌肉或皮下注射，犊牛每次8~10 mL，间隔10~20 d重复注射1次；维生素E肌肉注射，犊牛50~70 mg，每日1次，5~7 d为1个疗程。

（3）可进行对症治疗，如强心、消炎、止泻、收敛等。

（四）预防

加强对妊娠母牛、哺乳期母牛和犊牛的饲养管理，尤其是在冬春季节，在饲料中添加含硒维生素E粉，或肌注0.2%亚硒酸钠和维生素E。在低硒地带饲养的犊牛或饲用由低硒地区运入的饲粮时，必须补硒。

六、母牛肥胖综合征

母牛肥胖综合征亦称牛脂肪肝病，是母牛分娩前后发生的一种以厌食、抑郁、严重的酮血症、脂肪肝、末期心率加快和昏迷以及致死率极高等为特征的脂质代谢紊乱性疾病。其发生常与奶产量高、摄食量减少和怀孕期间过度肥胖等因素密切相关。

（一）病因

根据发生的原因，可分为营养性或饲料性、外源性或机体内部因素引起的内源性肥胖症。

营养性或饲料性的是由于摄取了超过必需消耗能量的饲料，如脂肪、碳水化合物成分过多，加之运动不足而发病。

内源性多见于摄取脂肪的分解机能减退及内分泌疾病，如脑下垂体、甲状腺、松果体、生殖腺等机能减退，或者因胰岛素分泌过剩所致。有人认为完全是由于遗传因素所引起的，如牛的肥育型和乳用型。脂肪积聚也可能由于砷、铅、酒精及其他某些有毒物质对机体的毒害影响而发生。

（二）症状和诊断

病牛异常肥胖，脊背展平，毛色光亮。临床常表现体躯圆形丰满，皮下脂肪非常丰富，手捏皮肤，可形成厚的皱襞，体形改变。种牛性机能下降，性反射消失、精液数量减少。母牛患本病卵巢萎缩，配种困难，泌乳量下降，或怀孕发生死胎、胎儿发育不良。病牛表现体力减弱、萎靡、迟钝、行走无力，多汗，严重酮尿。心音减弱、脉搏加快，呼吸困难，表现气喘。瘤胃及肠蠕动减弱，易患前胃弛缓、便秘、臌气。发病牛对传染病的抵抗力下降，易引发乳房炎、子宫炎和沙门氏菌病等，酮病和生产瘫痪等发病率也大大增高，有的还伴发关节疼痛和韧带及筋腱疾病等。本病均发生于肥胖母牛，肉牛多发于产犊前；肝功能损害、酮体含量增高及肝脏脂肪含量升高等特征，不难诊断。

（三）治疗

限制饲料饲喂量，停止脂肪供给，减少碳水化合物量，供给蛋白质，适当加强运动。可用丙酸钠，1 d 用量 200~300 g，分为 2 次，加水溶解胃管送入；或灌服甘油 500 mL，加水 500 mL，灌服，连用 3 日。生殖腺机能减退时，可应用性激素制剂己烯雌酚 15~16 mg，1 次肌肉注射；调理胃肠机能可应用人工盐和泻剂。对病牛灌服健康牛瘤胃液 5~10 L，或喂给健康牛反刍食团，有助于恢复。同时注射多种维生素有助于病牛的康复。

（四）预防

消除引起本病的病因，科学配制日粮，切勿饲喂大量的碳水化合物和脂肪性饲料。

给予适当的运动，畜舍要通风和宽敞。积极预防内分泌机能障碍疾病。建议对妊娠后期母牛进行分群饲养，防止过度肥胖；对分娩后的牛尽快恢复食欲，防止体脂过多动用；对产后某些疾病，如真胃变位、子宫内膜炎、酮病等，应及时治疗等。当血糖浓度下降时，除静脉滴注葡萄糖外，还应使用丙二醇促进生糖，可减少体脂动员。

七、营养衰竭症

营养衰竭症是全身营养代谢障碍、机体营养物质同化与异化过程呈现负平衡，引起新陈代谢和生理功能低下、紊乱和机体衰竭的一种疾病。该病的本质是营养物质储备过度消耗，由此可致动物丧失生产能力以及由此病促进其他的疾病发生或大批死亡，而对养殖业造成很大的经济损失。

(一)病因

营养衰竭症的主要原因是长期使用单调、不全价饲养与饮水不足,或长期处于半饱,致使机体在能量付出的同时,饲料中的营养成分不能补偿机体的分解引起;也可能由于长期的消化紊乱,或由其他许多非传染性疾病(肾脏、肝脏病)、寄生虫病(肝片吸虫等)和传染性疾病(结核、副结核病)而引起。

(二)症状和诊断

本病可形成群发性和散发性发病过程,其病因多与不良的饲养管理有关。可继发于寄生虫病和传染性疾病的流行过程。明显的症状是渐进性消瘦,被毛枯焦、失去光泽;易于脱落,皮肤丧失弹性,捏之成褶,眼和肛门凹陷,可视黏膜苍白或黄染,体温在正常范围下限或降低;体表骨骼突起部显露,肋骨可数。病畜表现委顿、无力,对疼痛及外界刺激反应减弱;采食减少,咀嚼无力,反刍减少。眼眶、胸前、腹下、四肢下端浮肿,体表突起部因卧地而发生褥疮;严重时,卧地不能起立,常并发肺炎和败血症;死后剖解,全身脂肪变性,呈冻胶状,胸腔、心包腔、腹腔积液,器官体积萎缩,胃肠容积变小,并且常见有肺炎病灶和肺水肿现象。

依据病情发展的严重程度可分为轻度、中度、严重三型:轻度者,体重降低 15%~20%;中度者,体重减轻 20%~25%,临床表现全身衰弱,被毛蓬乱,黏膜苍白或黄染,胃肠消化机能降低,可发生腹泻;严重者体重丧失 30%~40%,长期躺卧,不能站立,体表出现多处褥疮,拒绝采食,饮欲停止,皮肤和腱反射降低或消失。

(三)防治

1. 预防

加强饲养管理,做好越冬抗灾保畜工作;大力推广秸秆青贮,合理调配日粮。供给足量饮水,足量全价饲料。圈舍、棚栏、运动场要保持干燥，通风、卫生良好。有计划地做好驱虫、防疫工作。

2. 治疗

首先，应保证动物营养，采取食饵疗法，注意改善胃肠活动。其次，进行对症综合治疗，积极治疗并发病。供给容易消化、营养丰富的青干草或苜蓿干草，在日粮中增加添加剂。严重病例，宜进行补液疗法，25%葡萄糖注射液 500~1 000 mL、10%氯化钙注射液 100~150 mL、10%氯化钠注射液 300 mL，混合 1 次静脉注射；皮下注射 20%安钠咖注射液 10~20 mL。及时进行褥疮外科处理。

八、青草搐搦

本病是反刍兽放牧于幼嫩的青草或谷苗地之后，不久突然发生的一种高度致死性营养代谢病，又称青草蹒跚。临床上以兴奋不安、强直性和阵发性肌肉痉挛、惊厥、呼吸困难和急性死亡为特征。常见于乳牛、肉用牛。以春夏季节多见。

（一）病因

本病主要发生在春、夏季节，生长迅速的青嫩多汁牧草，一般含镁量较少，当放牧或舍饲的牛采食这类牧草，使其血液中镁和钙含量急剧减少所致。当牧草和饲料中含钾过多，可抑制镁的吸收，或者饲料中钙含量不足使动物血钙偏低，均可促进本病的发生。

（二）症状和诊断

急性病例，呈现突然发病，停食、竖耳、吼叫、共济失调。明显的神经症状，兴奋不安，颈、背、四肢肌肉震颤，对刺激敏感；牙关紧闭或磨牙，嘴唇附有白色泡沫；瞬膜突出，眼球震颤。严重时尾肌和四肢乃至全身肌肉发生阵发性痉挛。重症者，狂奔乱跑，或倒地四肢划动，经常在数小时内死亡。

亚急性病例，病情较轻，步态强拘、尿频、感觉敏感，当痉挛发作时，体温升高、心率和呼吸加快。

慢性病例，病初症状不明显，经一段时间突然表现兴奋不安，或精神沉郁、呆立；亦可出现体质衰弱、发育和增重缓慢、泌乳性能降低等现象。后期感觉丧失，陷入瘫痪状态。

（三）治疗

常用25%硫酸镁注射液50~100 mL、10%氯化钙注射液100~200 mL、10%葡萄糖注射液500~1 000 mL，1次静脉缓慢注射。亦可配合注射强心剂，如樟脑磺酸钠、安钠咖等。

（四）预防

春夏季节由舍饲转为放牧时宜逐渐过渡，合理放牧，适当补充镁和钙。土壤低镁区，应常年适当补饲镁盐制剂。

第七节　中毒性疾病

一、中毒的概念和基本知识

（一）基本概念

1. 中毒

由于某种毒物进入动物体内，通过吸收、分布、代谢和排泄等转运过程，损害机体的组织和生理机能，引起相应的病理过程时，称作“中毒”。

2. 毒物

在一定条件下，一定量的某种物质进入机体后，由于其本身的固有特性，在组织器官内发生化学或物理化学的作用，从而破坏机体正常生理功能，引起机体的机能性或器质性病理变化，表现出相应的临床症状，甚至导致机体死亡，这种物质称为毒物。毒物的种类繁多，但主要是通过化学作用，对动物机体发生毒害影响。这里不包括寄生虫、微生物等生物体产物的毒素，也不包括体内代谢紊乱所引起的毒血症、碱血症等自体毒物中毒(内中毒)。

3. 药物中毒

在医疗上由于用药失误或剂量(包括药物的禁忌证等)过大所致的毒性反应，是药理学中主要解决的问题。

4. 体内元素的中毒

动物体所需的一些常量元素、微量元素或物质，如食盐、氟、铜、硒等，正常情况下是身体必需的，但在一些情况下如果摄入过量，亦可引起中毒。这里应该引起注意，不是添加越多越好，由于一些添加剂添加过量或在饲料中搅拌不匀，造成中毒的病例已屡见不鲜。

(二)中毒病的主要症状

中毒性疾病可呈现下列的病型。

最急性型：自摄入毒物至发生中毒死亡，经过仅 1~2 d，或仅数小时，常呈“不明原因的暴死”，在临床观察或尸体剖检时无显著异常。

急性型：显露临床病状后，病情急剧发展，全病程数天至 1 周左右，常有各种毒物中毒所特有的明显症状。

慢性型：经过可达数周或更久，病情呈渐进性发展，其所表现的症状常较固定，也有某些毒物在多次少量摄入的情况下，常经过较长的“潜伏”阶段，而一旦出现临床症状，病情顿时呈猛烈发作的特殊形式。

上述各型中，急性型无疑受到较多的注意，这可能同其呈有较典型的症状，从而可较易识别有关。通常多见的中毒症状如下。

1. 消化道症状

消化道症状主要表现为呕吐、腹痛、腹泻、便秘、臌气以及采食、咀嚼、反刍、胃肠蠕动机能的变化等。

2. 神经症状

神经症状表现为异常的兴奋或抑制,多种形式的肌肉痉挛或震颤,以及视觉、听觉、触觉机能的异常等。

3. 血液变化

血液变化如溶血而发生血红蛋白尿和黄疸,正常血红蛋白转化为高铁血红蛋白而使血色变为棕褐色,并呈现显著的呼吸困难;也有由于造血机能障碍而发生血细胞成分的各种变化,或因中毒而发生血液凝固性的降低等。

4. 心血管病状

心血管病状可表现为心动、脉搏的次数和性质的各种变化,血压的异常变动,皮肤、黏膜发绀,或则发生出血等。

5. 肝脏病变

肝脏病变表现为黄疸和伴有消化障碍、神经病状,严重者可发生腹水和肝性昏迷。

6. 肾脏病变

肾脏病变表现为泌尿量和次数,及其尿液性质的各种变化,严重者可发生皮下水肿和体腔积液。

7. 其他

对不明原因的消瘦、减重、流产、死胎或胎儿孱弱、早死以及皮疹等,亦不能轻易排除为中毒的可能。

(三)中毒病发病特点和诊断依据

(1)中毒在群体中具有群发的特点。

(2)有接触或吃入毒物的病史,一般来说对急性中毒而言,那些强壮、胃口大的动物,由于吃得多,越容易死亡。

(3)有特征性的临床症状和病理变化,通常体温不高,这是与传染病区别之处。

(4)中毒病的确诊,一般要有毒物检验的证明。即采取可疑带毒的饮水、饲料及胃内容物,粪、尿、血液、乳汁、被毛或尸体的器官、组织等材料,经检验以确定某种毒物的存在及其含量。

(5)毒物的动物回归试验:即用可疑带毒的材料经过必要处理后,对试验动物或本类动物进行人工复制试验,阳性者可确诊。

(6)发生中毒病时,采用特效解毒药,如果有确实的疗效,也可作为重要的诊断依据。

(四)中毒病的治疗原则

1. 消除毒物

立即严格控制可疑的毒源,不使继续接触或摄入毒物。

2. 排除毒物

(1)外用毒物:已黏附体表而尚未被吸收者,根据毒物的性质,选用肥皂水或清水洗涤体表,以排除毒物。

(2)内服毒物:尚未被吸收者,在胃内可用 0.1%高锰酸钾溶液洗胃,也可用瘤胃切开术;当毒物已进入肠道,则可根据毒物的性质,选用油类或盐类泻剂,以排除毒物;当毒物已被吸收入血液,则可静脉放血并结合用发汗剂或利尿剂,以排出毒物。

(3)特效解毒疗法:毒物已被吸收,除上述紧急措施外,应尽快投服特效解毒剂,如有机磷中毒时,注射阿托品或解磷定等。

(4)支持和对症疗法:目的在于维持机体生命活动和组织器官的机能,包括预防惊厥,维持呼吸机能,维持体温,抗休克,调整水与电解质平衡,增强心脏机能,减轻疼痛等。如大多数中毒病的体温都偏低,体温过低可用羊毛毯子和热水袋保温,而体温过高的需用冷水或冰袋降温等。

3. 治疗

(1)缓解以至消除中毒的病理损害:如对异常兴奋病例应用镇静剂;对有严重出血者采用止血剂;对有严重胃肠炎者采用黏膜保护剂以及输液、强心、安胎等,对抢治危急病例尤其具有现实意义。

(2)保护体力:加强机体解毒机能,提高消化机能,必要时加用抗感染疗法,对于帮助病牛耐过中毒损害,常具有良好效果。

(3)加强护理:保持病牛安静,注意牛舍保温和干燥,充分供给鲜嫩青草、优质干草和清洁饮水。对于异常抑制或卧地不起的病牛,铺干净垫草,定时翻转躯体等,可有利于病体康复等。

二、有机磷中毒

有机磷中毒是肉牛接触、吸入或误食了某种有机磷杀虫剂后发生的中毒性疾病。临床上以副交感神经兴奋,呈现腹泻、流涎、肌群震颤为特征。有机磷杀虫剂是一种高效、广谱、分解快、残效期短的化学杀虫剂,具有触杀、胃毒、熏杀等内吸作用,是农业上应用较多的一类高效杀虫剂。由于农业生产中使用量大,污染环境严重,动物中毒事例屡屡发生。通常引起家畜中毒的有机磷制剂有1605(对硫磷)、1059(内吸磷)、3911(甲拌磷)、敌百虫和乐果等。

(一)病因

有机磷可经消化道、呼吸道侵入机体,另外,因有机磷化合物具有高度的脂溶性,易经皮肤侵入机体。误食喷洒有机磷农药的青草或庄稼,误饮被有机磷农药污染的饮水,误用配制农药的容器当作饲槽或水桶来喂饮家畜,滥用农药驱虫或因纠纷而人为投毒等。进入机体的有机磷对胆碱酯酶有一种特殊的亲和力,可使此酶磷酰化而丧失了活性,从而失去酶解乙酰胆碱的能力,乙酰胆碱逐渐积聚,达到一定程度后,可出现神经兴奋现象。

(二)症状和诊断

家畜或牛在食入或沾染了达到中毒量的有机磷,20 min 至数小时后,即出现以神经和消化系统症状为主的中毒症状。

为便于观察病情和掌握用药量, 将有机磷急性中毒分为轻度、中度和严重中毒 3 种类型。

轻度中毒:精神沉郁或略显不安,全身无力,食欲减退、轻微出汗,呼吸稍增数,口腔湿润或流涎,肠音增强,排稀粪;血液胆碱酯酶活性下降到正常值的 70%左右。

中度中毒:食欲废绝,瞳孔缩小,呈恐怖状,兴奋时企图向前猛冲。肌肉呈纤维性震颤(是估计中度中毒的重要症状),先自眼睑、颜面等部的小肌肉开始,逐渐发展到全身肌肉纤维性震颤;出汗,首先是胸前、肘后及会阴部,以后则全身大汗。口腔大量流涎,肠音亢进,不断排稀粪,腹痛,起卧不宁;呼吸、脉搏加快,体温升高;血液胆碱酯酶活性下降到 50%左右。

重度中毒:发病后很快出现全身战栗、狂暴不安、横冲直撞,有时突然倒地后又呈昏迷状,四肢做游泳动作;全身大汗,瞳孔缩小呈线状,粪、尿失禁,剧烈腹痛,粪中混有黏液、血液等;心跳急速,黏膜发绀,呼吸极度困难,此时多已继发肺水肿;突然倒地,几乎来不及抢救而很快死亡;血液胆碱酯酶活力降到 30%以下。

(三)治疗

立即将病牛与毒物脱离开, 停止饲喂可疑的饲料和饮水,并立即用肥皂水(忌用热水)和 2%的碳酸氢钠彻底洗胃或口服盐类泄剂。紧急使用阿托品与解磷定进行综合治疗。

(1)大剂量使用阿托品(一般用量的 2 倍),0.06~0.20 g,皮下或静脉注射,每隔 1~2 h 用 1 次,可使症状明显减轻。

(2)解磷定或氯磷定 5~10 g,配成 2%~5%水溶液静脉注射,每隔 4~5 h 用药 1 次。有效反应:瞳孔放大,流涎减少,口腔干燥,视力恢复,症状显著减轻或消失。另外,双复磷比氯磷定效果更好,剂量为 10~20 mg/kg。

(3)严重脱水的病牛,静脉补液;心功能差的病牛,应使用强心药。

(4)对于经口吃入毒物而致病的牛,早期洗胃;对因体表接触引中毒的病牛,进行体表刷洗。

(5)治疗过程中注意保持患病动物呼吸道通畅,防止呼吸衰竭或麻痹等对症治疗措施。

(四)预防

健全农药的保管使用制度;用农药处理过的种子和配好的溶液,不得乱放;配制及喷洒农药的器具要妥善保管;喷洒农药最好在早晚无风时进行;喷洒过农药的地方,应插上"有毒"的标记,1 个月内禁止放牧或割草;不滥用农药来杀灭家畜体表寄生虫;敌百虫驱虫要注意用量、切忌和碱性物质配伍。

三、氟乙酰胺中毒

氟乙酰胺为有机氟内吸性杀虫剂,亦称敌蚜胺、"1081",是一种用于杀灭棉铃虫的剧毒农药。氟乙酰胺为白色针状结晶,无味、无臭,易溶于水,有吸湿性,不易挥发,其水溶液无色透明。本药如使用不当常污染饲草,也被作为鼠药应用,易混入饲料被牛误食。另外,也有人将其用于投毒,致使近年来,牛氟乙酰胺中毒病例屡屡发生。

(一)病因

氟乙酰胺是用于防治农作物蚜虫及草原鼠害的剧毒农药,残效期长。牛误食(饮)被氟乙酰胺处理的或污染的植物、种子、饲料或饮水时,即会发生中毒。

(二)症状和诊断

突然发病死亡型病牛死前无明显的前驱症状，中毒后 9~18 h,牛突然倒地并剧烈抽搐、惊厥或角弓反张,而后迅速死亡。此类型又称牛暴死症。

潜伏发病型牛中毒 5~7 d,仅表现食欲减退,不反刍,不合群,靠墙站立或卧地不起,有的可逐渐康复,有的则在卧地后不久即死亡;有的病牛在中毒后第二天,表现为精神沉郁,食欲减退,反刍减少,3~5 d 后,稍受外界刺激即尖叫、狂奔、全身颤抖、呼吸迫促,持续 3~5 min 后症状消退,但可反复发作。经多次发作后,牛在抽搐中因呼吸抑制和心力衰竭而死亡。牛氟乙酰胺的口服致死量为 0.15~0.62 mg/kg。

(三)治疗

(1)解氟灵每日 0.1 g/kg,肌肉注射,首次用量为每日用药量的一半。一般注射 3~4 次,至牛的抽搐现象消退为止。

(2)白酒 250~400 mL,1 次灌服;或用 96%无水酒精 100 mL,10%葡萄糖注射液 500 mL,混合后静脉注射。

(3)对症治疗:有惊厥症状者,氯丙嗪 300~500 mg,肌肉注射;有呼吸困难症状者,25%尼可刹米 8~10 mL,肌肉注射。

(4)若食入毒物不久者,先用 0.1%高锰酸钾溶液反复洗胃,忌用碳酸氢钠,然后投入鸡蛋清、次硝酸铋,保护胃肠黏膜。

(四)预防

(1)禁用氟乙酰胺污染饲草和水喂牛。

(2)若被该药喷洒过的农作物饲草,必须在收割后贮存 60 d 以上,使其残毒消失后才可用来喂牛。

四、砷中毒

砷中毒是指有机和无机砷化合物进入机体后释放砷离子，通过对局部组织的刺激以及与多种酶蛋白的巯基结合而使酶失去活性，影响细胞氧化与呼吸及机体正常代谢，从而引起以消化功能紊乱、实质性脏器和神经系统损害为特征的中毒性疾病。有机砷常作为杀虫剂、杀菌剂和灭鼠剂的含砷农药，常用的有三氧化二砷（砒霜、信石）、亚砷酸钠、砷酸钙、砷酸铅、退菌特、甲基胂酸钙（稻宁）、甲基胂酸铁铵（田安）、甲基胂酸锌（稻脚青）和甲砷钠等；作为药物的砷化物，常用的有 新胂凡钠明(914)、二硫化二砷（雄黄）、氨苯砷酸和氨苯砷酸钠等。

（一）病因

家畜误食了含有农药、毒药的种子、青草、蔬菜、农作物、毒饵、或者应用砷制剂治疗疾病方法不当、剂量过大等，均可引起中毒。

（二）症状和诊断

1. 急性中毒

病牛主要呈现重剧的胃肠炎症状。病牛流涎，呕吐，腹痛，腹泻，粪便混有黏液、血液等，恶臭难闻。食欲废绝、饮欲增进、胃区触诊敏感，有时排血尿。脉搏细弱、呼吸促迫。后期常伴有肌肉震颤、运动失调、瞳孔散大等神经症状；最后昏迷，多 3 d 内死亡。

2. 慢性中毒

病牛精神沉郁、食欲减退、营养不良、被毛粗乱、缺乏光泽、容易脱毛，黏膜潮红、眼睑水肿、口腔黏膜红肿，持续腹泻、粪便潜血阳性、久治不愈，皮肤感觉减退、迟钝或神经麻痹，牛剑状软骨有疼痛感，偶见有化脓性蜂窝织炎。

（三）治疗

排出胃肠内毒物，用水、生理盐水或 2%氧化镁液反复洗胃并冲洗口腔，接着灌服牛奶或10%鸡蛋清水1.0~2.5 L，或灌服硫代硫酸钠25~50 g，稍后再灌服缓泻剂。对症治疗包括补液、强心、保肝、利尿等措施。

保护胃肠黏膜，可用黏浆剂，但禁用碱性药物，以免形成可溶性亚砷酸盐而促进吸收。及时应用特效解毒剂。

(1)5%二巯基丙磺酸钠液，每千克体重5~8 mg，肌肉或静脉注射，第一天3~4次，第二天2~3次，第三天至第七天1~2次，1周为1个疗程，停药数日后，再进行下1个疗程。

(2)5%~10%二巯基丁二酸钠液，每千克体重20 mg，静脉缓慢注射，每日3~4次，连续3~5 d为疗程，停药数日后，再进行下1个疗程。

(3)10%二巯基丙醇液，每千克体重5 mg(首次量)，肌肉注射，以后每隔4~6 h注射1次，剂量减半，直至痊愈为止。

(4)10%~20%硫代硫酸钠液100~300 mL，静脉注射。每日3~4次。

(四)预防

严禁在喷洒过含砷农药的地边、田埂和下风地段放牧，处理好用农药拌过的种子，以防牛误食。医用砷制剂，应注意用法、用量以避免动物中毒。积极治理工业企业引起的砷环境污染，一般土壤含砷量不超过40 mg/kg，饮水砷含量不得超过0.05 mg/L。

五、氢氰酸中毒

氢氰酸中毒是由于家畜采食富含氰甙的青饲料，在胃内酶和盐酸作用水解或瘤胃水解酶的作用，产生游离的氢氰酸，发生以呼吸困难、黏膜鲜红、肌肉震颤、全身惊厥等组织缺氧为特征的中毒病。

(一)病因

高粱幼苗、玉米幼苗、木薯、亚麻、豌豆、蚕豆、三叶草等植物,含有较多氢氰酸的衍生物氰甙,牛如果大量采食,即可引起中毒。

误食氰化钾、氰化钠、钙腈酰胺等氰化物农药,也可引起氰化物中毒。

(二)症状和诊断

有采食富含氰甙类植物史。突然发病,通常在采食过程中或采食后 30 min 左右出现症状。病牛站立不稳、呻吟苦闷、表现不安,流涎、呕吐;可视黏膜潮红,血液鲜红;呼吸极度困难,抬头伸颈、张口喘鼻,呼出气有苦杏仁味;肌肉痉挛,全身或局部出汗,体温正常或低下;以后则精神沉郁,全身衰弱无力、卧地不起;结膜发绀、血液暗红;瞳孔散大,眼球震颤;皮肤感觉减退,脉搏细数无力,全身抽搐,很快因窒息而死。闪电型病程,一般不超过 2 h,最快者 3~5 min 死亡。

据病史和发病原因可初步诊断,再根据黏膜和血液呈鲜红色可与亚硝酸盐中毒相区别,通过毒物分析确诊本病。

(三)治疗

立即应用如下特效解毒剂。

(1)先静脉注射 1%亚硝酸钠液,经 2~3 min 后再静脉注射 10%硫代硫酸钠液,每千克体重 1 mL。

(2)1%美蓝液,每千克体重 1 mL,静脉注射,经 2~3 min 再静脉注射 10%硫代硫酸钠液,每千克体重 1 mL。

(3)为阻止胃肠内氢氰酸的吸收,可向瘤胃内注入硫代硫酸钠 30 g。也可用 0.1%高锰酸钾液或 3%过氧化氢液洗胃。

(4)中草药:绿豆(去壳)250 g、金银花 120 g。煎汤,灌服。

（四）预防

（1）禁用高粱幼苗和玉米幼苗（特别是再生幼苗）等富含氰甙类植物喂牛，如用亚麻籽饼作饲料时，必须彻底煮沸，且喂量不宜过多，同时搭配其他饲料。

（2）防止误食氰化物农药。

（3）内服桃仁、李仁、杏仁等含氰甙类中药，剂量不宜过大。

六、亚硝酸盐中毒

亚硝酸盐中毒是动物摄入过量含有亚硝酸盐的植物和饮水，引起血液中生成大量高铁血红蛋白的一种疾病。临床表现为皮肤、黏膜发绀及其他缺氧症状。本病常发生于各种动物，以突然发生、抢救不及时可造成死亡为特征。亚硝酸盐对牛的最低致死量为 0.15~0.17 g/kg。

（一）病因

白菜、油菜、菠菜、芥菜、韭菜、甜菜、萝卜、南瓜藤、甘薯藤、燕麦秆、玉米秆、苜蓿等青绿植物，是喂牛的好饲料，但又都含有数量不等的硝酸盐。这些含有硝酸盐的饲料，在饲喂前贮存、调制不当或采食后在瘤胃内可被还原成剧毒的亚硝酸盐引起中毒。近年来，使用除莠剂或植物生长刺激剂，可使甜菜叶中硝酸钾含量升高，经喂甜菜叶可引起中毒。在生产实践中，如将幼嫩青饲料堆放过久，特别是经雨淋或烈日暴晒者，极易产生亚硝酸盐。反刍动物采食的硝酸盐，可在瘤胃微生物作用下形成亚硝酸盐，也可因误饮含硝酸盐过多的田水或割草沤肥的坑水而引起中毒。

（二）症状和诊断

通常在大量采食后 5 h 左右突然发病。病牛流涎，呕吐，腹痛、腹泻；可视黏膜发绀，呼吸高度困难；心跳疾速，血液呈咖啡色或酱油色；耳、鼻、四肢以至全身发凉，体温低下，站立不稳，行走摇晃，肌肉震颤。严重者很快昏迷倒地，痉挛窒息而死。

根据病史，结合饲料组成状况以及血液缺氧等特征的临床症状进行诊断。也可在现场做变性血红蛋白检查和亚硝酸盐简易检验，以确定诊断。

（三）治疗

立即应用特效解毒剂美蓝或甲苯胺蓝，同时应用维生素 C 和高渗葡萄糖。1%美蓝液（美蓝 1 g，纯酒精 10 mL，生理盐水 90 mL），每千克体重 0.1~0.2 mL，静脉注射；5%维生素 C 100~260 mL，静脉注射；50%葡萄糖液 300~500 mL，静脉注射。亦可采用甲苯胺蓝每千克体重 5 mg，制成 5%溶液，静脉注射。向瘤胃内投入抗生素和大量饮水，阻止细菌对硝酸盐的还原作用。

（四）预防

（1）防止突然过食富含硝酸盐的青绿饲料。实践证明，无论生、熟青绿饲料，采用摊开敞放，可有效预防亚硝酸盐中毒。

（2）当饮水和饲料中含有较多的硝酸盐时，应在饲料中加碳水化合物。

七、棉籽饼中毒

棉籽饼中毒是家畜长期或大量摄入含游离棉酚的棉籽饼粕，引起以出血性胃肠炎、全身水肿、血红蛋白尿和实质器官变性为特征的中毒性疾病。本病多见于犊牛，少见于成年牛。

（一）病因

棉籽饼是一种富含蛋白质的良好饲料，但其中含有毒物质棉酚，如果未经脱酚或调制不当，大量或长期饲喂，可引起中毒。成年牛对棉酚的毒性抵抗力强，而犊牛和怀孕牛比较敏感。肉牛配合日粮中钙和维生素不足或缺乏时，亦能促进本病的发生。

（二）症状和诊断

本病常零星不断地发生，病情比较复杂和重剧，必须结合病史调查与饲养管理进行分析和判定，才不致发生误诊。一次喂给大量的棉籽饼，可引起牛的急性中毒。病牛食欲废绝，反刍停止，瘤胃内容充盈，蠕动弛缓，排粪量少而干，患病后期牛可能拉稀粪，排尿时可能带血；病牛眼窝下陷，皮肤弹性下降，严重脱水和明显消瘦。

因棉酚能导致犊牛维生素 A 和钙缺乏症，表现为食欲减退，消化系统紊乱，尿频、尿淋漓或形成尿道结石，使牛不能排尿。用棉籽饼喂牛 5~6 个月，可引起犊牛的夜盲症。病牛可表现羞明流泪，眼睑肿胀，口流黏稠唾液，有时咳嗽，并流出黏脓性鼻漏。死亡牛只，胸腹腔有淡红色的透明液体；肺水肿，支气管内具有黄色泡沫状液体；心肌变软，心内外膜出血；胆囊肿大，肝脏脂肪变性；膀胱黏膜有条纹状出血并且腔内蓄有血尿。

本病根据临床表现和棉酚含量测定以及动物的敏感性，可确诊。

（三）治疗

（1）消除致病因素，停止饲喂棉籽饼，用 0.1%高锰酸钾洗胃，也可用 5%小苏打溶液洗胃。

（2）将硫酸镁或硫酸钠 300~500 g 溶于 2 000~3 000 mL 水中，灌服。

（3）并发胃肠炎，将磺胺脒 30~40 g，鞣酸蛋白 20~50 g，溶于 500~1 000 mL 水中，灌服。

（4）硫酸亚铁 7~15 g，1 次灌服。

（5）有脱水症状且心功能不好时，用 5%葡萄糖注射液 500~

1 000 mL,10%安钠咖注射液 20 mL,10%氯化钙注射液 100 mL,静脉注射。注射维生素 C、维生素 A、维生素 D 制剂。

(6)加强管理,病牛增喂青绿饲草及胡萝卜,有助于病牛的康复。

(四)预防

限量限期饲喂棉籽饼,防止 1 次过食或长期饲喂。用棉籽饼作饲料时,要加温到 80~85℃并保持 3 h 以上,弃去上面的漂浮物,冷却后再饲喂;或将棉籽饼用 1%氢氧化钙液或 2%熟石灰水或 0.1%硫酸亚铁液浸泡 1 昼夜,然后用清水洗后再喂。牛每日饲喂量不超过 1.5 kg,犊牛最好不喂。霉败变质的棉籽饼更不能用作牛饲料。

八、尿素中毒

尿素中毒是由于家畜采食尿素后,在胃肠道中释放大量的氨所引起的高氨血症。临床上以肌肉强直、呼吸困难、循环障碍、新鲜胃内容物有氨气味为特征。本病主要发生在反刍动物,多为急性中毒,死亡率较高。尿素是农业上广泛应用的一种速效肥料,它又可以作为牛的蛋白质饲料,也可用于麦秸的氨化。1 kg 含氮量为 42%~46%的尿素,相当于 26~28 kg 谷物饲料中的蛋白质,故在养殖业中常用尿素作为饲料的添加剂。牛的精料中尿素总量超过 3%时,可发生尿素中毒。

(一)病因

尿素喂量过多,或喂法不当,或被大量误食而中毒。

(二)症状和诊断

(1)牛过量采食尿素后 30~60 min 即可发病。

(2)病初表现不安、呻吟、出汗、流涎,肌肉震颤、躯体摇晃、步态不稳;继而反复痉挛、呼吸困难、脉搏增数,从鼻腔和口腔流出泡沫样液体。

(3)后期全身痉挛、眼球震颤、肛门松弛、四肢划动,几小时内窒息死亡。

(4)据采食尿素的病史,临床上强直性痉挛、呼吸困难、循环障碍等,新鲜瘤胃内容物有氨臭味,可初步诊断。测定血氨浓度,达到 8.4~13.0 mg/L,即可确诊。

(三)治疗

(1)立即灌服食醋或醋酸等弱酸溶液:1%醋酸 1 L,糖 250~500 g,加水 1 000 mL,或食醋 500 mL,加水 1 000 mL,1 次内服。

(2)静脉注射 10%葡萄糖酸钙注射液 200~400 mL,或静脉注射 10%硫代硫酸钠注射液 100~200 mL, 同时应用强心剂、利尿剂、高渗葡萄糖等疗法。

(四)预防

(1)严格化肥保管使用制度,防止牛误食尿素。

(2)用尿素作饲料添加剂时,严格掌握用量,体重 500 kg 的成年牛,用量不超过 150 g/d,以拌料饲喂为宜,不得化水饮服或单喂,喂后 2 h 内不能饮水。如日粮蛋白质已足够,不宜加喂尿素。犊牛更不宜使用尿素。

九、黑斑病甘薯中毒

本病是牛吃入了一定量的黑斑病甘薯或黑斑病甘薯的秧苗而引起的中毒。临床以呼吸困难、急性肺水肿及间质性肺气肿,并于后期引起皮下气肿为特征。

(一)病因

甘薯也叫红薯、白薯或地瓜,贮存不当时,常污染甘薯黑斑病真菌，甘薯霉烂变质，产生甘薯酮、甘薯醇、甘薯宁和羟甘薯宁等毒素，牛吞食了这些霉烂的甘薯，即可发生中毒。

（二）症状和诊断

有采食黑斑甘薯史，并且在现场有腐烂的甘薯存在。结合临床症状，不难确诊。病初病牛精神沉郁，食欲减退，呈轻度前胃弛缓症状；继而食欲废绝，反刍停止，瘤胃蠕动音减弱，内容物黏硬，粪便干硬色暗，附有黏液和血液。有明显不同程度的呼吸困难，是本病的特征症状。群众称此病为“牛喘病”或“象皮病”。呼吸迫促，次数增加可达 80 次/min 以上，随病期延长，呼吸次数渐渐减少；病牛呼吸音粗厉，如同拉锯声或拉风箱声，远外都可听见；头颈伸展，眼球突出，鼻翼扇动，张口大喘，肷肋起伏；胸部听诊可听到各种啰音；肺泡破裂，气体窜入肺间质，引起间质气肿，气肿的气体可从肺间质窜入颈部和背部皮下组织以致肩胛部、颈部、肘部、背部乃至全身皮下气肿，触压呈捻发音；严重病例 2~3 d 死亡。

（三）治疗

治疗原则：排除牛吃入的毒物，解毒和缓解呼吸困难，减少牛的活动，对症治疗。

（1）排除毒物：当牛吃入毒物尚停留在瘤胃时，可采用洗胃方法将其洗出，必要时做瘤胃切开术取出吃入的毒物。也可内服氧化剂（1%高锰酸钾 1 500~2 000 mL，或 1%过氧化氢 500~1 000 mL，1 次灌服），当毒物进入牛肠道时，口服泻剂（硫酸钠 500~700 g，补液盐 200~300 g，加水 6 000~7 000 mL，混合后 1 次灌服）。

（2）缓解呼吸困难：用 3%过氧化氢 125~250 mL，生理盐水 400~500 mL，混合后缓慢地静脉注射。也可用 5%~20%硫代硫酸钠注射液 200~300 mL，维生素 C 1~3 g，混合后静脉注射。

(3)减轻肺的水肿用10%氯化钙注射液100~150 mL,50%葡萄糖注射液500 mL,20%安钠咖注射液10 mL,混合后静脉注射。

(4)呈现酸中毒时应用5%碳酸氢钠注射液250~500 mL,一次静脉注射。胰岛素注射液150~300 IU,1次皮下注射。

(四)预防

禁止用霉烂甘薯喂牛。黑斑病的甘薯,应集中处理,防止被牛采食。为防止甘薯患黑斑病,在收获甘薯时,应尽量不擦伤表皮;贮藏甘薯时,地窖应干燥密封,温度控制在15℃以内。

十、栎树叶中毒

栎树叶中毒是牛大量采食栎树叶后,引起的以前胃迟缓、便秘或下痢、胃肠炎、皮下水肿、体腔积水及血尿、蛋白尿、管型尿等肾病综合征为特征的中毒病。栎树叶中毒病是一种世界性动物疾病,也是我国栎树林区常见的一种地方性、季节性动物中毒病。多年来在我国贵州、河南、陕西、宁夏等14个省、自治区、直辖市都有发生。

(一)病因

本病主要发生于林区、荒坡和耕地交错地带有栎树丛生的地方。常因前一年干旱、涝灾造成饲草饲料缺乏、贮草不足,或翌年春季干旱,牧草发芽生长较迟,牛放牧于栎树生长丰富区,因采食大量栎树叶而发病,在肉牛少见。

(二)症状和诊断

一般在采食青栎树叶后5~6 d发病。病牛呈现精神沉郁、厌食青草、喜食干草,随之采食、反刍减少,很快伴发腹痛症状;病牛表现磨牙、不安、回头顾腹或后肢踢腹等;病至中期在胸前、腹下、下颌部出现水肿,尿量减少、次数增多;粪便干燥呈算盘珠状,并带有黄色黏液。至后期，拉黑色稀粪，卧地不起而死亡。死亡病例，胸腹腔积有大量淡黄色渗出液，心冠状沟脂肪呈冻胶样，肝肾肿大，肠壁水肿增厚。

根据采食栎树叶病史，发病的地区性和季节性以及消化机能紊乱、皮下水肿，肝、肾功能障碍，血性腹泻等可做出诊断。

（三）治疗

可灌服菜籽油 300~500 mL，并用 1%食盐水 1 000~2 000 mL，瓣胃注射；解毒剂可用硫代硫酸钠 8~15 g，配成 5%溶液，1 次静脉注射，每日 1 次，连用 2~3 次；对症疗法，可用复方氯化钠注射液、10%葡萄糖注射液、安钠咖注射液等，进行输液，强心利尿。若继发炎症可注射抗生素或内服磺胺类药物。

十一、菜籽饼粕中毒

菜籽饼粕中毒是家畜长期或大量摄入油菜子榨油后的副产品，由于含有硫葡萄糖苷的分解产物，引起肺、肝、肾及甲状腺等器官损伤，临床以急性胃肠炎、肺气肿、肺水肿、肾炎和甲状腺肿大为特征的中毒病。菜籽饼粕是家畜蛋白质饲料的主要来源之一，具有丰富的营养成分，其蛋白质含量为 32%~39%。但由于含有多种有毒物质，如芥子苷、芥子酸、芥子碱等，当在酶的作用下，芥子苷可水解成异硫氰酸丙烯酯等，对家畜具有较强的毒性。

（一）病因

本病发生的主要原因是给家畜饲喂了霉败变质的菜籽饼，或饲喂未经去毒处理的菜籽饼比例过大，而引起家畜中毒。

（二）症状和诊断

本病主要以饲喂菜籽饼的病史，结合临床特征症状如胃肠炎、血尿、兴奋、狂暴、视力障碍，可作出初步诊断；必要时进行毒物分析，即可确诊。病畜可表现一系列的症候群，具有肺气肿和肺水肿，常出现呼吸困难；消化道受到侵害则表现前胃弛缓、瘤胃积食、腹痛、腹泻或便秘；神经系统损伤可出现兴奋、狂暴、失明。因溶血及肾功能破坏，尿排出落地后溅下形成泡沫状尿。

（三）治疗

对已发病的牛只，可进行对症治疗。根据临床经验，采用樟脑制剂强心，结合补液下泻、消炎等药物综合治疗。

（四）预防

关键在于通过测定当地所种菜籽饼粕的毒物含量，严格掌握饲喂用量。亦可对菜籽饼粕进行去毒处理，目前国内推广应用的去毒法：坑埋法，将菜籽饼埋在 1 m^3 土坑内，过 2 个月后，再饲喂家畜，可去毒 99.8%；应用发酵剂，发酵、中和其有毒成分，先用温水浸泡 12 h，再用清水漂洗后饲喂。

十二、酒糟中毒

酒糟是酿酒工业在酿造加工蒸馏提酒后剩余的糟渣副产品，可作饲料利用，除喂猪外，常亦用来喂牛。酒糟的组成成分极为复杂，酿酒工艺最广泛地利用各种谷物杂粮，以至野生植物资源作为原料，因而酒糟的成分直接受原料品种和质量的影响。各种真菌毒素可含于霉败的酒糟。酒糟的堆放方式和所处的温度、湿度条件以及受杂菌污染的程度不同，即使是同一批酒糟亦可能有不同的毒性反应。此外，当保存不好而发酵变质，可合成许多游离酸如醋酸、乳酸、酪酸以及杂醇类等有毒物质，其中醋酸是最常见的有毒成分。

（一）病因

酒糟中毒的原因，各地和各场不尽相同。根据利用酒糟饲喂的习惯以及发生中毒过程的不同,常与以下因素有关:酒糟堆放不善,使其发生严重的霉败变质;突然加大酒糟的饲喂量;长期饲喂酒糟,并缺乏与其他饲料进行适当搭配;虽然在饲料中添加酒糟比例不高,但在饲喂时未能充分搅拌,使牛采食不均。

(二)症状和诊断

急性中毒的病例,病初病畜表现兴奋不安,相继出现胃肠炎症状,如腹痛、腹泻。食欲废绝、心动加速、脉搏细微、呼吸急促、步态不稳或卧地不起,最终因中枢神经麻痹而死亡。

慢性中毒的病例,呈现消化不良,可视黏膜潮红,黄染;发生皮疹及皮炎,病变部皮肤肿胀或坏死,有时见有血尿;牙齿松动以至脱落,骨质疏松变脆,孕畜可能发生流产。剖检可见,胃肠黏膜发生充血和出血;肺脏充血和水肿,肝、肾发生肿胀,质地变脆;心内外膜有出血斑。

(三)治疗

立即停止饲喂酒糟,应用碳酸氢钠溶液灌服或灌肠。与此同时,可静脉注射葡萄糖注射液。对便秘的可内服缓泻剂。胃肠炎严重的应消炎。兴奋不安应使用镇静剂,如静脉注射硫酸镁、水合氯醛、溴化钙注射液。积极恢复肝脏、肾脏、肺脏的机能等综合措施。

(四)预防

妥善保管酒糟,切勿堆放过厚,使阴凉通风干燥,以防发酵变质。饲喂量不宜过多,酒糟占日粮总量的 1/3 为度。用石灰水加入酒糟中,防止酸败的发生,杜绝使用严重变质的酒糟喂牛。

十三、马铃薯中毒

马铃薯中毒是由于家畜大量采食发芽马铃薯、腐烂块根或花果期茎叶后发生的一种中毒病。临床以出血性肠炎和神经损害为特征。马铃薯中含有生物碱龙葵素,龙葵素主要含于马铃薯的花、茎以及块根幼芽内,其含量在马铃薯植株各器官中差异较大。据测定报道,幼芽含龙葵素0.5%,绿叶含0.25%,花含0.73%,成熟的块根含0.004%。随着马铃薯保存期延长,其毒素含量亦随着增高。当保存不当引起发芽、变质腐烂时,含量可达4.76%。此外,马铃薯茎叶中含有硝酸盐,并可转化为亚硝酸盐,当马铃薯腐烂可产生一种腐败素。由此可见,龙葵素、亚硝酸盐、腐败素等均可使机体产生中毒。

(一)病因

病因主要是由于马铃薯保存贮藏不当,使其腐烂发霉,或保存时间延长使其发芽,用上述含毒量较高的马铃薯作饲料喂牛而引起。

(二)症状和诊断

重剧的病例,多呈急性经过,神经症状明显,病初兴奋不安,后期表现沉郁;运动步态摇晃、共济失调、后躯无力,甚则麻痹;濒危期眼结膜发绀,呼吸次数减少浅表,心力衰竭,瞳孔散大。一般经2~3 d死亡。

轻度的病例,口腔流涎、黏膜肿胀。当发展为胃肠炎时,呈现剧烈腹泻、粪中带血;患畜极度衰竭、精神沉郁、肌肉弛缓。孕畜可发生流产。常可见到马铃薯性斑疹症状,表现为口唇周围、肛门、尾根、四肢的凹部以及母畜的阴道和乳房基部发生湿疹性病灶或水泡性皮炎。

(三)治疗

当发现有马铃薯中毒的征象时,应立即停止饲喂马铃薯,并更换饲料。

为排出胃肠内容物,可用0.5%高锰酸钾溶液或0.5%鞣酸液洗胃,同时用盐类或油类泻剂缓泻。若狂暴不安,可采用镇静剂如溴化钠 15~50 g,1次灌服,或者应用 10%溴化钠注射液 50~100 mL,静脉注射。解痉亦可用氯丙嗪和硫酸镁治疗。解毒可用葡萄糖或葡萄糖生理盐水注射液,静脉注射。对继发胃肠炎的患畜,可用磺胺脒和收敛剂鞣酸灌服。

十四、霉玉米和霉亚麻饼中毒

玉米和亚麻饼是养牛的主要精饲料,是配合日粮的主要成分。近年来在肉牛饲养中常遇到因玉米和亚麻饼发霉变质而引起发病,玉米发霉最易感染黄曲霉菌,产生黄曲霉毒素。而亚麻饼中含亚麻配糖体,在水解酶的作用下,可产生氢氰酸,可使动物致病,同时这些饲料又常被曲菌、青霉菌、白霉菌等污染,各种霉菌具有不同的毒力,家畜吃了会引起中毒。

(一)病因

病因主要由于突然更换劣质的精料而引起。精料中玉米和亚麻饼发霉变质,玉米潮湿松软,呈灰白色,并附有黑斑。亚麻饼呈灰色,黏结成团,表面附有霉菌丝。

(二)症状和诊断

常呈群发性,多在更换料后 1~2 d 内出现症状。病初患畜精神沉郁,食欲减少或废绝,前胃弛缓,腹泻,体温无变化,心律增快至每分钟 80 次,呼吸加快,口流浆性唾液;相继出现眼圈浮肿,浮肿可蔓延至头面部、颈部、胸前、四肢下部,触压如面团状,无热感,尿量减少。严重者,眼结膜发绀,鼻孔干燥、喉头过敏,颈部淋巴结肿胀,头部和颈部肌肉痉挛,消化紊乱、排粪减少、粪便恶臭、附有黏液、腹痛起卧、瘤胃轻度臌气。濒危病例,可视黏膜苍白、步态不稳、惊厥、心力衰竭,脉搏每分钟达 120 次以上,呼吸麻痹,常因窒息而死亡。

剖检变化：皮下水肿，肿胀局部有清亮渗出液，胸腔、腹腔有红色的液体；胃肠黏膜充血、出血，心内外膜有点状出血，肺间质增宽、水肿；肝脏硬实，颜色变淡，胆囊肿胀，脾脏点状出血，脑和脊髓充血和水肿。

（三）治疗

应排除毒素，对症治疗，强心解毒，抑制渗出，抗菌消炎。排除毒素可用白陶土 50 g（或药用炭 100 g）、液状石蜡 500 mL、淀粉 100 g、磺胺脒 30 g，混合加水 1 000 mL，灌服。强心解毒可用 10% 硫代硫酸钠注射液 100~200 mL，10%葡萄糖酸钙注射液 150~200 mL 或 10%氯化钙注射液 50~100 mL，5%葡萄糖生理盐水注射液 1 000~1 500 mL，静脉注射；维生素 C 注射液 500~1 000 mg，1 次肌肉注射；皮下注射 0.1%肾上腺素液 2~3 mL。体温升高时，可用青霉素和链霉素。贫血时可用维生素 B_1 注射液。防止泌尿感染可用乌洛托品 20 g、萨罗尔 15 g，苍术、甘草粉各 30 g，混合加水 1 次灌服。

（四）预防

把好饲料加工的检验关。禁止使用发霉变质饲料配制日粮或喂养家畜。

十五、草木犀中毒

草木犀中毒是由于采食发霉的草木犀所致，其有毒成分是双香豆素。草木犀中毒的特征是机体组织广泛出血和在外伤及外科处理后严重失血。草木犀在我国种植的品种有白花草木犀和黄花草木犀，可作绿肥和植物蛋白饲料。植株有防风固沙、保持水土的作用。在荒漠和半荒漠地区常用草木犀干草作为反刍家畜的补充蛋白饲料，因味苦涩，有臭味，家畜适口性差。

（一）病因

各种家畜均可发生本病，但牛最常发病。本病主要是由于家畜采食了多量发霉的草木犀茎叶，每千克体重超过了 2 mg 双香豆素时，可引起中毒现象的发生。不同地区、不同生长期的草木犀其香豆素和双香豆素含量亦不尽相同。试验证实，当多量的香豆素进入家畜机体后，其潜在性毒害也不可忽视。

（二）症状和诊断

动物机体衰弱，黏膜苍白，心搏动数增加，心音明显，不愿活动。严重时表现皮下肌肉组织间和浆膜表面广泛充血、出血，疼痛不安。外伤或外科手术时，常出血不止，血液凝固不良。

（三）治疗

立即停止饲喂草木犀，为了止血可用维生素 K_3 注射液 2 000 mg，1 次静脉注射。输血效果最佳。

（四）预防

做好草木犀青贮工作，防止发霉变质。可将 1 份草木犀和3 份其他牧草混合饲喂比较安全，或用 1 份草粉加 8 份水，在 pH 为 8 的条件下浸泡 24 h 去水，可降低香豆素、双香豆素的含量。

十六、氨中毒

氨肥是农业生产中最普及的氮素肥料，通常有硝酸铵、硫酸铵、碳酸铵。氨水是化肥生产的副产品，故家畜氨水中毒在农村时有散在发生。

（一）病因

在田头，误饮施过氨肥的田水造成中毒；化肥管理不严，将硝酸铵误作食盐或硫酸钠应用；化肥厂的氮肥仓库或氨水放置池密闭不严时,致氨气外逸使邻近家畜受害。

(二)症状和诊断

因氨水有刺激性,故发病首先引起严重的口炎,整个口唇周围沾满唾液泡沫。病畜精神抑郁,步态蹒跚,食欲多废绝、呻吟,口腔黏膜潮红、红肿以至糜烂;胃肠蠕动停止,往往有腹痛或瘤胃臌气;因吸入氨气,可使咽喉发生水肿和糜烂,并且引起重剧的咳嗽,出现呼吸困难和肺水肿,肺部听诊有湿啰音。濒死期病畜挣扎、痛苦哞叫。氨气扩散,多致家畜结膜炎或使角膜混浊。

(三)治疗

治疗方法基本与尿素中毒治疗方法相同, 如有继发感染,可使用抗生素治疗。对眼部炎症可用生理盐水冲洗,滴点眼药软膏如红霉素眼药膏、珍珠明目液等。

十七、霉稻草中毒

牛霉稻草中毒是家畜由于采食发霉稻草而引起的中毒病。临床以肢端、耳尖和尾梢等末梢器官组织干性坏疽为特征的一种中毒病。该病主要见于耕牛。有些国家称牛苇状羊茅草烂蹄病。

(一)病因

本病由于稻草霉烂被某些镰刀菌(如三线镰刀菌、半裸镰刀菌、木贼镰刀菌等)污染后产生毒素丁烯酸内酯而引起感染致病。

(二)症状和诊断

诊断主要根据病史和临床症状,必要时可进行真菌分离。病牛精神萎靡不振,被毛粗乱,可视黏膜微红,皮肤干燥;一般体温、呼吸、脉搏变化不大;至中期个别病牛鼻黏膜有烂斑,鼻腔一侧流鼻血。

以蹄腿肿胀、溃烂为特点,肿胀先见于蹄冠,行步谨慎,举步有痛感，局部微热。肿胀可蔓延到腕关节或跗关节，此时跛行越明显。肿胀部皮肤变凉，有淡黄白色渗出液，其后肿胀破溃、出血、化脓、坏死，疮面久不愈合、腥臭难闻。亦见有蹄匣脱落。严重时，少数病例肿胀可扩散到后肢部或前肢肩胛部。肢端肿胀消退，可形成干性坏疽。肿胀消退后，皮肤硬结，如龟板样。常在腕关节和跗关节以下远端形成明显的坏死性皮肤，紧紧嵌固在骨骼上。除蹄腿部病变外，多数病例伴有耳尖、尾尖组织坏死，病变部干硬呈暗褐色，最后可使患部脱落。重症牛卧地不起，形成褥疮而常被迫淘汰。

（三）治疗

立即停用发霉稻草喂牛。抗菌消炎，抑制继发感染，可用抗生素和磺胺类药物治疗。对肿胀处宜进行外科处理，清洗消毒，可用双氧水或 0.1%高锰酸钾溶液清洗创口，涂擦红霉素软膏，并用灰黄霉素 7.5 mg/kg，每日 1 次灌服，亦可用葡萄糖及维生素 C 注射液等静脉注射。病初为了促进局部血液循环，对患肢进行热敷，灌服白酒 200~300 mL、白胡椒 20~25 g 等措施。

十八、无机氟中毒

无机氟中毒是指无机氟经饲料或饮水摄入或吸入含氟气体，在体内长期蓄积所引起的全身器官和组织的毒性损害的急、慢性中毒的总称。氟是动物体内必需元素之一。氟参与机体的正常代谢，可以促进牙齿和骨骼的钙化，对于神经兴奋性的传导和参与代谢的酶系统都有一定的作用。动物一般需要微量的氟，饲料中亦含微量的氟，饲料中不会缺乏，但氟过多可引起氟中毒，氟病是人、畜共患的疾病。犊牛比成年牛对氟更敏感。

(一)病因

本病的主要病因与自然环境、工矿区排放的高氟“三废”物的影响有关,如西北地区的部分盆地、盐碱地及沙漠周边地带,因地表土壤或盐碱中含氟量高而致使牧草、饮水含氟量亦随之升高,可达到中毒水平。在炼铝厂、磷肥厂、氟化盐厂、有色金属冶炼厂、大型砖瓦窑等周围地区,因工厂排出的废气、烟尘等污染植被、土壤和水系,对放牧的动物形成潜在危害。在牧区长期使用未经脱氟处理的过磷酸钙作为矿物质补饲,可引起氟病,肉牛因食入大量过磷酸盐而发生急性无机氟中毒。

(二)症状和诊断

氟中毒的诊断可依病史、流行特点、症状做出初步诊断,通过尸体剖检、定量测定可做出确切诊断。

急性氟中毒,多在食入过量氟化物 30 min 后出现临床症状。一般表现为厌食、流涎、腹痛、腹泻、呼吸困难、肌肉震颤或阵发性强直痉挛,最终虚脱而死。

慢性氟中毒最为常见。跛行是最常见的症状,先发生于一肢,其后四肢交替出现或呈“对角线”跛行。病牛腕关节肿大,前肢呈“X”形,骨质增生、关节坚硬、行步痛苦、步态短小,严重者卧地。亦见有蹄壳变形者。牙齿损伤十分明显,牙齿白如枯骨,无泽,齿釉质部分呈淡黄色,或者釉质出现碎裂和齿斑,牙齿磨灭不齐,乳齿一般无变化。幼畜在严重污染区 6 个月以上,在乳门齿看到少数黄褐色的斑纹,生长中的永久齿变化突出,斑釉齿左右对称,门齿切面磨损,同年龄很不相称。臼齿过早磨损,齿冠破坏,形成两侧对称的波状齿,牙齿松动、脱落,咀嚼和消化有障碍。有的病例发生齿漏,肋骨变粗、隆起。严重病例,腰椎下凹及骨盆变形。有报道指出,用氟化物添加的饲料中氟含量 20~30 mg/kg,可引起齿斑釉，高于 50 mg/kg，可引起跛行、食欲减少、泌乳量降低。断奶后的幼畜，表现被毛粗乱、干燥、发育缓慢，未老先衰，病畜常有异嗜癖，喜啃骨头。

（三）治疗

急性氟中毒，立即更换饲料，消除病因。应用 0.5%氯化钙或生石灰水上清液洗胃，排出胃内容物，内服乳酸钙 10~30 g、硫酸钙 30~60 g、葡萄糖酸钙 60 g，或静脉注射 10%葡萄糖酸钙注射液 300~500 mg/kg。配合应用维生素 B_1 和维生素 C 治疗。

对慢性氟中毒，首先更换放牧地，供给无氟饲料和饮水。每日供给硫酸铝、氯化铝、铝酸钙和硫酸钙。在饲料中添加生滑石粉制剂。

（四）预防

防止牛饮喝污水、乱吃杂物。妥善保管毒鼠药、驱虫药，以防止家畜误食发生急性中毒。对于慢性中毒预防，严禁在高氟区放牧，在低氟区和危险区进行轮牧不超过 3 个月，增加滤氟饮水设备，净化高氟水源，饲喂抗氟添加剂。治理工业“三废”污染。

十九、钼中毒

钼是人和动物机体必需的微量元素，在体内是黄嘌呤氧化酶、醛氧化酶、过氧化酶、亚硫酸盐氧化酶的构成成分。在钼矿附近及富钼地区，土壤、饮水和饲料中含钼量过高，或在饲料中过量添加了某些钼化合物，可引起动物钼中毒。临床以持续性腹泻和消瘦及被毛褪色为其特征。犊牛比成年牛敏感。

（一）病因

牛、羊对钼的耐受性比其他动物敏感，牧草中含 3~10 mg/kg 钼的可发生本病。如果硫酸盐摄取量高，而钼含量低至 1 mg/kg

的水平也可能发生中毒症状。牧草含钼量在 10 mg/kg 以上可认为是危险的。近年来有资料报道,工矿业长期排放含钼高的“三废”物污染本地牧草和饮水,或误食过多的钼化物是引起钼中毒的主要原因。

(二)症状和诊断

持续性腹泻是本病的特征症状。一般饲喂高钼饲料 8~10 d内可出现腹泻,粪便呈水样或污泥炭样。病牛消瘦,被毛脱色,皮肤变为红或灰,眼睛周围特别明显,如戴眼镜一样。此外,3 个月至 2.5 岁的青年牛常伴发骨质软化症,故不喜欢活动。母牛不发情,不易受孕,产犊难以存活。被冶炼厂烟尘污染的牧草地上放牧的牛血钼已达到了中毒剂量, 钼中毒病畜血钼高达 70~140 μg/100 mL(正常为 5 μg/100 mL),铜下降到 1~60 μg/100 mL(正常为 100 μg/100 mL)。

(三)治疗

硫酸铜具有较好的防治作用,小牛日服 2 g/d 左右,配成溶液拌入饲料中,5~7 d 为 1 个疗程;同时可灌服硫酸钠和硫酸钾。

(四)预防

治理工矿区“三废”污染。在饲草中含钼多的地区,在日粮中加入硫酸铜,使饲料中铜钼比例调整在 5:1 左右。放牧地区可采取高钼与低钼草地定期轮牧的方式。

二十、铜中毒

牛铜中毒是由于摄入过量的铜而发生的以腹痛、腹泻、肝功能异常和贫血为特征的中毒性疾病。

(一)病因

病因主要见于误食含铜的农业杀虫剂,应用含铜饲料添加剂过量或搅拌不均匀，或者铜的药物剂量过大及使用不当等。当成年牛 1 次投服铜剂量为 220~880 mg/kg，而犊牛投服 20~110 mg/kg 的铜，可发生急性中毒。在局部地区因受土壤、岩石等高铜的影响，使其牧草、饲料和水源等含铜量偏高，而牛每日摄入铜达到 3.5 mg/kg 时，可引起牛和犊牛发生慢性中毒。饲料钼含量偏低，是促使慢性铜中毒的隐性发生因素。某些植物如羽扁豆属、天芥菜属、地三叶草等含有肝毒性生物碱，可损害牛的肝脏机能，能促进肝源性慢性铜中毒的发生。在铜矿和炼铜厂周围因“三废”排放，致使牧草、饲料作物和水源被污染，引起家畜慢性铜中毒，在国内时有报道。

（二）症状和诊断

急性铜中毒，常见有剧烈腹痛、腹泻，流涎，脱水，心动过速，继而惊厥、麻痹和虚脱，最终死亡。因含铜绿素，粪便显深绿色。慢性铜中毒，多因铜在体内蓄积，铜被释放进入血液，可发生严重的溶血。病畜出现厌食或拒食、前胃弛缓等消化机能紊乱，可视黏膜黄染，血红蛋白尿，粪便变黑。死后剖解，可见急性胃肠炎、糜烂、溃疡。血管内溶血、贫血、黄疸、体腔积液，肝和胃等器官出血、变性。

（三）治疗

消除致病因素，加速毒物排出和解毒。中毒时可用 0.1%亚铁氰化钾溶液洗胃，其后投鸡蛋清、牛奶、豆浆或活性炭，保护黏膜以减少铜盐的吸收。在急性中毒时，解毒药物有乙二胺四乙酸钠钙、二巯基丁二酸钠、青霉胺等，均可酌情选用。

（四）预防

防止硫酸铜喷洒污染饲料。正确掌握铜制剂临床用药剂量和铜添加剂的使用量，使用添加剂拌料必须混合均匀。

二十一、食盐中毒

食盐中毒是家畜在饮水不足的情况下，因摄入过量的食盐或含盐饲料所引起的以消化紊乱和神经症状为特征的中毒性疾病。食盐是主要的饲料成分，但在生产中牛常因饲喂不当和食入过多时，则发生中毒。牛的一般中毒剂量为1.0~2.2 g/kg。

（一）病因

本病常见于饲料添加过量的食盐。盲目地使用酱油渣，饲喂量过大，或未同其他饲料搭配，从而引起中毒。亦见于长期缺盐饲养或在“盐饥饿”状态下，给家畜突然加喂食盐，特别是供给含食盐的饮水，而且未加限制时。

（二）症状和诊断

根据采食过量食盐的病史，无体温反应而突然出现神经症状如表现兴奋、不安、转圈、冲撞、后退等特点，进行分析判断。

病畜常表现口渴、饮欲增加，口角流少量白色泡沫，可视黏膜充血、发红、少尿；机体脱水，皮肤丧失弹性；出现腹痛、腹泻。严重者引起双目失明，后肢麻痹，昏迷衰竭。孕牛发生流产，分娩后引起子宫脱出。妊娠母牛慢性食盐中毒，可根据能引起所产犊牛发育受阻、眼内压升高和双眼失明等特征症状进行确诊。

（三）治疗

立即停喂食盐，促进食盐排出，恢复阳离子平衡以及对症治疗。

可用10%氯化钙溶液100~200 mL，静脉注射；或用5%葡萄糖酸钙溶液200~400 mL，静脉注射。为排出毒物，可用油类泻药。缓解脑水肿，降低颅内压，可静脉注射25%山梨醇溶液或高渗葡萄糖液。为缓解兴奋和痉挛发作，可用硫酸镁、溴化钾等镇静解痉剂。

（四）预防

正确合理地对畜群补喂食盐。利用含食盐制品和酱渣给家畜饲喂时，应注意饲喂量和其他饲料的搭配比例。特别是在饲喂盐分较高的饲料时，在严格控制用量的同时供以充足的饮水。

二十二、黄曲霉毒素中毒

黄曲霉毒素中毒是由于动物采食了被黄曲霉毒素污染的饲草饲料，所引起的以全身出血、消化功能紊乱、腹腔积液、神经症状等为临床特征的中毒性疾病。

（一）病因

黄曲霉毒素主要是由黄曲霉和寄生曲霉等产生的有毒代谢产物，其他曲霉、青霉、毛霉、镰孢霉、根霉的某些菌株也能产生少量的黄曲霉毒素。这些产霉菌广泛存在于自然界，主要污染玉米、花生、豆类、棉籽、麦类、大米、秸秆及其副产品如酒糟、油粕、酱油渣等，在最适宜的繁殖、产毒条件，如基质水分在16%以上，相对湿度在80%以上，温度在24~30℃时产生大量的黄曲霉毒素。牛多因采食上述产霉菌污染的花生、玉米、豆类、麦类及其副产品而致病。本病一年四季均可发生，但在多雨季节，温度和湿度比较适宜时，若饲料加工、贮藏不当，更易被黄曲霉菌所污染，使动物黄曲霉毒素中毒的发病率大大增加。

（二）症状和诊断

犊牛较成年牛对黄曲霉毒素更敏感，可表现为急性中毒，而成年牛对毒物的抗性较强，多表现为慢性经过。

急性中毒：多见于犊牛，主要表现为精神沉郁、食欲废绝、拱背、惊厥、转圈运动、站立不稳、易摔倒，耳部震颤、鼻镜干燥、口流泡沫、磨牙，下颌水肿，结膜炎、角膜混浊、黏膜黄染，对光过敏反应,出现一侧或两侧眼睛失明;腹泻、腹痛,里急后重,粪便中混有血凝块和黏液、脱肛、虚脱。大约 48 h 内死亡,死亡率高。

慢性中毒:犊牛表现食欲不振,生长发育缓慢,营养不良,被毛粗刚、逆立、多无光泽,鼻镜干裂,消瘦;惊恐,无目的徘徊,腹泻。成年牛表现精神沉郁、采食量减少、磨牙、黄疸、产奶量下降、前胃弛缓、瘤胃臌气、间歇性腹泻,死亡率较低。

对于本病的诊断,应从病史调查入手,并对现场饲喂的饲料样品进行检查,结合临床表现,如黄疸、出血、水肿、消化障碍及神经症状等,可初步诊断。确诊必须对可疑饲料进行产毒霉菌的分离培养及饲料中黄曲霉毒素含量测定,必要时还可进行生物学鉴定方法,即进行毒性试验等。一般牛的日粮中黄曲霉毒素的含量超过 100 μg/g,乳中超过 0.5 μg/g,即可确诊为中毒。

(三)治疗

对于本病目前尚无特效疗法。当已怀疑为黄曲霉毒素中毒时,必须立刻停喂现有饲料,改喂富含能量物质的饲料,如青绿饲料和高蛋白饲料,不喂或少喂高脂肪类饲料。仔细观察牛群,及时发现病牛并分群饲养,尽早治疗。

通常症状较轻的病牛只要加强护理,一般可在短期内恢复健康。但对于重症中毒病牛,应及时投服盐类泻剂以利于排毒。此外还要应用一些保肝、解毒和止血药物,如应用 20%葡萄糖酸钙注射液 500~1 000 mL;或应用 25%~30%葡萄糖注射液,维生素 C 制剂,1 次性静注。对于心力衰竭病牛,可皮下注射或肌肉注射樟脑磺酸钠(强心剂)。为了控制或避免继发感染,应酌情使用抗生素,如青霉素、链霉素等,但不能应用磺胺类药物。肌肉注射土霉素有一定疗效,每千克体重 10 mg,每日 1~2 次,连用 5 d。也可口服碱性活性炭促进黄曲霉毒素的肠道排泄,用 pH 为 7 的磷酸盐缓冲液稀释的活性炭,大量灌服;再配合类脂醇化合物 2 mg/kg,1次/d,肌肉注射,连用 5 d。也可应用半胱氨酸或蛋氨酸 200 mg/kg 进行治疗,1 次腹腔注射;或硫代硫酸钠,50 mg/kg,1 次腹腔注射。

(四)预防

本病的预防主要依靠防霉、去霉和定期检测。防止饲草、饲料被黄曲霉菌及其毒素污染;饲料应置阴凉干燥处,勿使受潮、淋雨。为了防止饲料发霉,根据条件使用化学熏蒸法或防霉剂,常用丙酸钠、丙酸钙,每吨饲料中添加 1~2 kg,可安全存放 8 周以上。结合实际情况采用连续水洗法、化学去毒法、物理吸附法或微生物去毒法去除饲料中的毒素。定期检测饲料中黄曲霉毒素的含量,我国 GB 13078—2001 饲料卫生标准,规定成年牛日粮含量≤0.01 mg/kg。

第八节 其他疾病

一、运输应激症

运输应激症是由于机体所处环境条件的改变或受各种刺激原的刺激,致使体内正常机能和结构被破坏所出现的具有适应意义的应答反应。

(一)病因

运输应激症的病因学是一个比较复杂的综合性问题。在牛的运输过程中,都涉及集中、编组、装卸、路途、饲养管理等多个环节,在此期间驱赶、混群、拥挤、斗架、离群、陌生、饥饿、关闭、饲养、惊恐等都有刺激原的作用,均可引起本病的发生。但是,由于刺激原的作用、强度、时间以及动物敏感性的差异,故即使是对同一性质的刺激因素,所产生的效应往往也不尽相同。应激过度或不足,都会使机体的适应性机制受到破坏。

(二)症状和诊断

牛的运输应激症是在完成运输的途中发生的,外贸部门称之为“途损”。

患牛精神沉郁、腹泻,粪便污秽带血、腥臭,结膜发绀,脱水,无尿,体温升高,脉微弱,经1~2 d,体温下降,昏迷倒地,全身痉挛而死亡。前胃疾病时患牛多见前胃弛缓、瘤胃臌气或瓣胃秘结等症状。瘫痪不能站立,患牛多因被同车厢内其他牛挤压、践踏致伤。

发病和死亡的牛多表现食欲废绝,体质瘦弱。突然倒毙,多因对噪音敏感和持续高热刺激下而发生,患牛高度惊恐,体温升高(40~42℃),突然昏迷倒下,张口喘息,呼吸极度困难,全身颤抖,常来不及抢救,十几分钟内死亡。

(三)治疗

目前国内外尚无公认的有效防治措施。

采用抗应激药物添加剂,如用降血压和安定镇静剂,血安平每千克饲料添加5.0 mg,于起运前连用3 d。途中可添加三溴合剂(溴化钠10 g,溴化钾10 g,溴化铵5 g)每头每次15 g,混入精料,从启运当天起,连用2~3 d。加喂碳酸氢钠,每头牛1次25 g,每日3次。

携带备用药械以便急救患畜:强心剂,如安钠咖、樟脑磺酸钠注射液;解热镇痛药,如安痛定、氨基比林;胃肠消炎药,如黄连素;消胀药,如消气灵、芳香胺酮;镇静剂,如氯丙嗪注射液;防止脱水药,如“口服补液盐”(每千克水加氯化钠3.5 g、碳酸氢钠2.5 g、氯化钾1.5 g,葡萄糖22 g);消毒剂,如酒精、碘酊、消毒灵。

药棉、纱布,注射器、注射针头、套管针,灌药瓶、静脉注射导管、胃管及开口器等。

(四)预防

要加强对牛只运输知识和操作技术的宣传和学习。工作人员必须恪尽职守,吃苦耐劳,严格执行技术要求,加强饲养管理。切忌收购时追赶、捕捉牛只。验质、称重、检疫时采用温和诱导法。编组时,尽量将来自相同地区熟识的牛编在一群,禁忌将多处的牛混群,防止斗架。保证饲料、饮水清洁卫生,补充食盐。装卸车辆要温和,切勿粗暴。严禁超装,坚持谁饲养谁押运,人牛同程,不打乱已形成的群体关系。改善设施,建设牛圈、围栏,保证饲喂、饮水,保定设施符合兽医卫生要求,修建上车、下站坡道行步板,制配途中饮水工具。严格执行《鲜活货物运输规则》,保证快速、安全、正点完成运输任务。

二、过敏反应

由各种过敏原激发Ⅰ型超敏反应,并在临床上表现一系列症状,统称为过敏反应。轻者于短时间内自愈,重者出现全身性强烈反应,甚至因过敏性休克而死亡。

(一)病因

过敏反应有药物过敏、饲料过敏、吸入物过敏、血清过敏及微生物过敏等。过敏原可通过食入、吸入、注射入和接触等途径进入畜体。

过敏原包括异体蛋白(如抗血清、激素、酶、昆虫毒素、微生物、饲料蛋白等)、多糖(如葡聚糖)和药物。细菌、病毒、真菌都能引起过敏性休克。牛接种钩端螺旋体、布氏杆菌、口蹄疫、狂犬病、牛出血性败血病等疫苗后,有时也出现过敏反应。黄蜂、大黄蜂等昆虫毒汁中含有组织胺,再次叮咬时可出现过敏反应。寄生在牛背皮下的皮蝇蛹若被人挤破,包虫囊在畜主体内破裂也能引起全身过敏,甚至休克死亡。造成药物过敏的药物多为半抗原,与宿主蛋白结合成为完全抗原。抗生素、维生素、皮质类固醇和促性腺激素都可引起过敏反应。植物粉尘、某些无机或有机化合物、动物皮毛屑偶尔也能引起过敏反应。

(二)症状和诊断

过敏原进入机体后数分钟或数十分钟内突然出现不安、肌肉震颤、出汗、呼吸迫促、心动过速、发绀、耳鼻四肢末端发凉、胃肠蠕动增强、频排粪尿、昏迷、惊厥。

牛以肺的症状为主。肺静脉损伤可发生肺水肿、肺出血、肺气肿和支气管痉挛,导致严重的呼吸困难,甚至休克死亡。有时由于膀胱和肠道平滑肌收缩,发生频排粪尿和胃肠臌气。如短时间内不虚脱死亡,则通常于 2 h 内康复。

(三)实验室诊断

1. 划痕试验

用三棱针或小刀在皮肤上划两道平行或交叉的伤痕，在伤痕上滴 1 滴待试抗原,15~20 min，划痕周围明显红肿者为阳性反应。

2. 斑贴试验

将待试抗原滴在皮肤上（母体抗原需先加 1 滴生理盐水调匀),待半干时,覆盖一小片不吸水的玻璃纸或塑料薄膜,再用纱布包扎。24~48 h,接触抗原的皮肤红肿、皮疹、溃烂者为阳性反应。

(四)治疗

(1)避免接触过敏原。

（2）抗过敏性休克药物 0.1%盐酸肾上腺素注射液，皮下或肌肉注射，牛 2~5 mL；静脉注射盐酸肾上腺素注射液，牛 1~4 mg，混 5%葡萄糖注射液 500 mL 中缓慢静脉注射；氨茶碱，静脉或肌肉注射，牛 1~2 g。

（3）抗组织胺类药物。盐酸苯海拉明注射液，肌肉注射，牛千克体重 0.5~1.1 mg/kg；盐酸异丙嗪（非那根）注射液，肌肉注射，牛 0.25~0.50 g。

（4）对症治疗。钙制剂、麻黄素等用于抗平滑肌痉挛和抗组织水肿以及抗继发感染疗法。

三、牛地方性鼻肉芽肿

（一）病因

牛地方性鼻肉芽肿（牛特应性鼻炎）本病属第Ⅰ型超敏反应。多发生在秋季。0.5~4.0 岁肉牛（娟姗牛和更赛牛）发病率可高达 30%~75%。植物花粉为变应原。螨对鼻腔的侵袭及分枝菌病也与发病有关。

（二）症状和诊断

（1）多呈慢性经过，但部分病例先有急性过敏发作，表现喷嚏、流泪、流鼻等急性鼻炎症状。典型症状是由两鼻孔向后 5~6 cm 处的鼻甲骨、鼻中隔、下鼻道的黏膜上出现直径 1~4 mm、淡红或橙黄色的肉芽肿性小结节。由于鼻腔阻塞而出现呼吸困难、鼾声、流黏脓性鼻液等症状，也不引起死亡。

（2）用皮肤内注射法或皮肤斑贴试验可筛选出易感的变应原。

（三）治疗

（1）及时确定变应原，并使变应原与易感牛脱离接触。

（2）对病牛尚无有效疗法，可酌情淘汰病牛。

四、乳汁变态反应

(一)病因

本病是由于自身乳汁滞留、乳腺充血、乳房内压力升高,使在乳房内合成的α-酪蛋白进入血液循环而引起的超敏反应。该病主要发生在牛,尤其是娟姗牛和更赛牛。

(二)症状和诊断

(1)最常见的症状是出现荨麻疹,有时仅发生在眼睑,有时则广布全身。

(2)病畜局部或全身被毛逆立、肌肉震颤、呼吸迫促、频频咳嗽、站立不安、用腿踢腹、狂舔身躯,甚至吼叫着狂暴向前冲。

(3)另一类型病畜表现迟钝,喜躺卧,行走时拖步而行,共济失调,最后卧地不起。

(4)自体乳汁 1:10 000 稀释后做皮内注射,数分钟内,若注射部位皮肤出现水肿性增厚,即可确诊。

(三)治疗

(1)出现超敏反应立即挤奶。

(2)早期重复应用抗组织胺类药物。

(3)防止乳汁滞留。

(4)淘汰具有家族性遗传特应性的病牛。

五、血清病

(一)病因

本病指动物在接受大量异种免疫血清后引起的Ⅰ型和Ⅲ型超敏反应,牛等家畜均可发生。非蛋白性药物(如青霉素、链霉素和磺胺类药)有时也会引起血清病样过敏反应。注入体内的异种蛋白是引起超敏反应的过敏原,非蛋白性药物则需与体内蛋白质结合成为完全抗原,才能致病。

(二)症状和诊断

(1)潜伏期决定于动物的免疫反应性。一般在注射异种血清后 7~14 d 出现症状。以前接受同一抗原注射的家畜,则潜伏期大大缩短。高度敏感的病畜,可在注射后数分钟至数小时内出现反应。

(2)由于多量异体蛋白诱发产生 IgE 抗体(第 I 型超敏反应),临床上可见荨麻疹、局部水肿,平滑肌痉挛,甚至过敏性休克。由于形成抗原–抗体复合物并激活补体,在复合物沉积的局部形成充血、水肿、细胞浸润、出血、坏死等反应。临床可见发热、关节肿痛、动脉炎、肾小球肾炎等症状。

(3)高度敏感的病畜可出现严重的咽喉水肿和肺水肿,表现呼吸困难、发绀、咳嗽、流涎、脉搏弱而急;有时出现神经症状,如肌肉震颤、痉挛、昏迷、粪尿失禁。耐过的病畜出现瘙痒性荨麻疹和局部水肿等症状。

(4)预后一般良好,有的病畜可因窒息而死亡。

(三)治疗

(1)治疗荨麻疹、关节肿痛可用糖皮质激素和抗组织胺类药,强烈瘙痒时用镇静药和局部止痒药。

(2)急性严重病例可按过敏性休克处理,静脉注射盐酸肾上腺素、氨茶碱等。

(3)对症治疗,酌情使用强心、解痉、退热、缓泻药。

(4)需要注射大量血清时,改为小剂量多次注射来脱敏,即:先注射 1~2 mL,未见不良反应者,每隔 0.5~1.0 h 渐次增加注射量,或在注射血清前先注射钙制剂。

六、荨麻疹

荨麻疹俗称风团或风疹块，是皮肤乳头层和棘状层浆液性浸润所表现的一种扁平疹，属Ⅰ型超敏反应性免疫病。

(一)病因

荨麻疹是一种局部或全身性的皮疹。各种家畜都可发生。多见于昆虫蜇咬，接触荨麻等有毒刺的植物或霉菌孢子，使用某些药剂(青霉素、磺胺类药、血清、疫苗)及冷、热、摩擦、挤压、搔抓等物理刺激。诱因包括突然更换饲料如高蛋白，病畜自主神经系统紊乱、胃肠道、黄疸、慢性肝炎和恶性肿瘤。亦可继发于其他超敏感性疾病、微生物感染和寄生虫侵袭等。

(二)症状和诊断

(1)有接触特定过敏原的病史。接触过敏原后数分钟至数小时内突然出现皮肤风团(皮肤浅层界限明显的水肿样隆起)，多见于颈、肩、躯干、眼、鼻镜、外阴和乳房；疹块扁平或呈半球状，豌豆至核桃大，突出于皮肤，顶部钝平或中央凹陷，质地柔软，分批出现，可迅速增大并互相融合。能自行消退，病程 1~2 d。慢性者可达数月至数年，反复发作。

(2)做皮肤划痕试验或被动转移试验可确定过敏原。被动转移试验的方法：取病畜血清 0.1 mL 给受试的健康家畜皮内注射使致敏；24 h 后，用待试抗原攻击同一部位，若出现风团、红肿者为阳性反应。

(三)鉴别诊断

应与血管神经性水肿、接触性过敏及特应性皮炎等病做鉴别诊断。荨麻疹是真皮水肿，血管神经性水肿波及真皮下组织，接触性过敏是急性皮疹。若持续接触变应原，可发展为慢性皮肤增厚。特应性皮炎呈红斑、水肿、丘疹、水疱、结痂等皮疹过程，以后转为亚急性或慢性,呈苔藓样,常分布于局面。

(四)治疗

(1)除去过敏原。

(2)非特异性脱敏治疗常用抗组织胺类药和拟肾上腺素药(参考过敏反应)。

① 静脉注射10%葡萄糖酸钙注射液200~600 mL;或5%~10%氯化钙注射液100~300 mL,或0.5%溴化钙注射液50~100 mL。

② 治疗剧烈瘙痒可静脉注射0.5%普鲁卡因注射液100~150 mL,或安溴注射液100~120 mL。

③ 局部止痒可用炉甘石洗剂、白色洗剂、2%醋酸液、2%酒精,或碳酸氢钠稀溶液。

白色洗剂配合比例:硫酸锌24 g,醋酸铅30 g,加水至500 mL。

炉甘石洗剂配合比例:炉甘石10 g、氧化锌6 g、石炭酸2 g、甘油10 g,加水至100 mL。

七、淋巴肉瘤

(一)病因

淋巴肉瘤通常呈典型的皮肤型。常见于6~24月龄的牛。皮肤损伤可能伴有淋巴结病。有无遗传性诱因以及是否与牛白血病有关均未确定。

(二)症状和诊断

淋巴肉瘤是牛最常见的肿瘤疾病之一。患皮肤型淋巴肉瘤的青年牛在颈和躯干部可发生弥散的小结状皮肤肿瘤(直径10~50 cm)。肿瘤数量会变得很多以至占据整个区域。肿瘤可能出现于身体各处的皮肤。外周淋巴结肿大。肿瘤局部可能出血。病牛患病6~12个月,在内脏可能会出现肿瘤的生长。

患淋巴肉瘤的成年牛,会有单个或多个皮肤肿瘤,并且有典型的淋巴结肿大和肿瘤生长部位的器官损伤。这种皮肤肿瘤较大,常呈板状,可见于颈、胸、躯干部或眼睑等处。

根据临床症状,结合细针吸取物或皮肤活组织检查异型性淋巴细胞是确诊淋巴肉瘤的最好方法。异型性淋巴细胞体积较大,富含胞浆,核圆,染色稍淡,常呈空泡状;有的呈淋巴细胞样瘤细胞,其胞浆较少,核圆而浓染等特征。

(三)治疗

皮质类固醇可以使肿瘤变小或得到短期缓解,但不能用于本病的治疗。因为肿瘤不能完全被控制,并且动物因治疗而受长期危害或发生药物并发症。

八、鳞状细胞癌

鳞状细胞癌是家畜较为常见的一种恶性肿瘤,多发生在皮肤和被覆鳞状上皮的口腔、唇、生殖道、眼部等处的黏膜。鳞状细胞癌生长较快,呈乳头状生长,有时会破溃,形成溃疡面。由于本病往往通过淋巴通路转移,引起其他部位的癌变,因此危害严重。

(一)病因

鳞状细胞癌是肉牛最常见的恶性皮肤肿瘤。黏膜与皮肤接连处的皮肤如牛的眼睑和外阴,这些部位缺乏色素,是最易感的。纯白的母牛或黑白花母牛都可能被感染,其中,荷斯坦牛患鳞状细胞癌的较多,爱尔夏牛、更赛牛和短角肉牛也易患本病,与色素分布有关。

太阳光照、年龄、遗传和牛乳头状瘤病毒感染都是引发鳞状细胞癌的因素。鳞状细胞癌除发生于黏膜与皮肤连接处外,偶尔还可由遭受慢性刺激的皮肤创伤经组织化生而发生。

（二）症状和诊断

在色素缺乏区域出现粉红色、凸起的圆石块状或成为溃疡的团块，这些临床症状是鳞状细胞癌的特殊病症。通常，在粉红的、多血管肿瘤表面覆盖有一层白色或黄色“糖霜混合物”样坏死物质，并能闻到坏死的气味。如果大量脓性物排出，易吸引蝇蛆。确诊宜进行活组织检查，比细胞学检查较优。

（三）治疗

小的鳞状细胞癌用很多方法治疗有效，如冷冻手术、射线热疗、放射、免疫疗法或外科手术摘除。一般地说，冷冻手术、射线热疗或放射疗法是治疗小肿瘤最好的方法，并且可以保留重要组织的正常结构。免疫疗法，特别是在肿瘤内注射卡介苗制剂，可能在将来结核病诊断时呈阳性，但对大肿瘤治疗可能有利。治疗的易难程度取决于肿瘤大小、部位及是否向局部淋巴结转移等情况。

九、肉牛猝死症

肉牛猝死症又称“暴死症”“急死症”，一般呈急性发病经过，病牛通常没有表现出任何症状就突然发生死亡。该病往往呈散发，且具有一定的地域性。该病通常对健壮肉牛产生较大的危害，容易在春季 3~5 月份和秋季 9~11 月份发生，其他时间段相对比较少发，必须给予足够的重视。

（一）病因

对于本病的病因研究，截至目前仍不明确。通常认为与代谢紊乱密切相关，长时间饲喂大量的品质低劣、不合格的青贮饲料，饲料品种过于单一，添加精料不合理，甚至一味过量饲喂，且饲喂较少甚至没有饲喂青干草，造成胃内酸碱度紊乱，常导致瘤胃 pH

降低，大量革兰氏阳性菌大量繁殖，释放大量内毒素，通过损伤的胃壁侵入血液发病。也有报道认为主要是A型魏氏梭菌及其毒素所致，同其他细菌如巴氏杆菌、假单胞菌，克雷伯氏菌和魏氏梭菌协同所致，还有产毒素性大肠杆菌等共同作用而致病。也有些报道认为由轮状病毒、冠状病毒或两者混合感染，也有报道氟乙酰胺蓄积性中毒所致，也有报道肉牛低血钙和非蛋白氮中毒引起的病例。也有人认为缺硒是造成猝死症的病因或者是主要诱导因素等。故该病既可看作是一种微生物所引起的疫病，也可看作是一种中毒，但其发病又有普通病的一些特点。

(二)症状

不同地区不同观察者所描述的发病症状有一定差异，但共同特征是无可见的前驱症状，突然发病、病程极短，从发病到死亡多为几分钟到几小时，绝大多数以死亡告终。病牛表现为颈后及胸侧被毛逆立，肩胛及后肢肌肉震颤，出汗、呼吸困难、心律不齐、心动过速、体温正常或偏低，突然倒地、四肢划动；口吐白色或暗红色泡沫，或频频哞叫。该病呈零星或局部地区散发，即使同一地区甚至同一肉牛群仍呈散发形式。发病无明显的季节性，但以春秋、天气多变时发病较多。在肉牛上以青壮年牛发病居多。

(三)解剖变化

剖检可见，心脏有斑状点状出血，心肌松软、肥大，心包积液呈清亮或浅茶色；肺淤血、水肿，肾色淡，有出血点或出血斑；肝肿大，胆汁充盈；肠黏膜点状、斑状出血，尤以小肠更为严重，出血严重时小肠呈红色，小肠内容物常有气泡，肠系膜淋巴结肿胀，有出血。

(四)诊断要点

(1)根据流行特点、临床症状、特点和大体病理变化做出初步诊断。

(2)实验室毒素检查:取一段小肠内容物,结扎后迅速在实验室进行毒素分离,用该毒素从后尾静脉注射小白鼠,若小鼠短期内死亡,可确诊。如果要进一步确定型别,可用魏氏梭菌 A、B、C、D 抗毒素血清进行小白鼠中和试验。

(3)采取病变小肠内容物涂片,经革兰氏染色,若发现多量魏氏梭菌也可确诊,此法比毒素检查要快得多。若有必要可进行其他细菌分离培养鉴定,做出诊断。

(五)预防

(1)加强饲养管理,饲喂富含全面营养的饲料,要根据不同日龄、体况和生理阶段来确定牛适宜的饲喂量,注意控制各类酒糟和青贮饲料的质量和喂量, 适当增加含有优质纤维青干草的喂量,以增强消化机能,提高机体抵抗力。

(2)对牛群定期使用 pH 试纸对尿液进行检测,一般来说正常尿液呈弱碱性,pH 在 8.0~8.2;如果检测发现尿液 pH 降低到 8 以下,要及时对饲料进行分析,从而及时进行调整。

(3)牛场内外环境需定期进行彻底清理,确保将传染源彻底消灭,一般每日要进行 1 次清理和消毒。全场先要进行 1 次全面的卫生清理,且牛舍墙壁、地板、运动场、食槽每日使用 0.7%消毒灵进行消毒,每日 2 次,连续进行 2 d。

(4)牛场保健用药时可适当使用魏氏梭菌比较敏感的抗生素,3 d 为 1 个疗程,注意不能长时间使用,避免造成瘤胃内的正常微生物菌群发生紊乱,为此可在使用抗生素的同时配合使用适量的微生态制剂等。

第三章　外科病

一、创伤

创伤是机体局部受到外力作用而引起的软组织开放性损伤，分为新鲜创和化脓性感染创。

（一）病因

由于金属利器，如犁耙、刀、铁片等的切割，或尖利的铁钉、竹屑、石块、玻璃等的刺伤；或两牛相斗，野兽或毒蛇的咬伤或车压、碰撞或摔跌等引起。

（二）症状和诊断

（1）新鲜轻度创伤，局部皮肤（黏膜）、肌肉破损，疼痛，出血，经一段时间后，血流可自止。

（2）重度创伤，伤口较大，疼痛剧烈，肌肉血管断裂，血流不止，甚至伤及内脏，造成内出血，发生急性贫血，虚脱甚至休克死亡。

（3）创口被细菌感染，则发生化脓腐烂，有脓汁流出。化脓感染严重，有时出现全身症状，如精神沉郁、减食，甚至体温升高或发生脓毒败血症。

（三）治疗

1. 新鲜创的治疗

（1）创伤止血：除压迫、钳夹、结扎等方法外，还可应用止血剂，如外用止血粉撒布创面，必要时可应用安络血、维生素 K_3 或氯化钙等全身性止血剂。

(2)清洁创围:用灭菌纱布将创口盖住,剪除周围被毛,用0.1%新洁尔灭溶液或生理盐水将创围洗净,然后用5%碘酒进行创围消毒。

(3)清理创腔:除去覆盖物,用镊子仔细除去创内异物,反复用生理盐水洗涤创腔,然后用灭菌纱布轻轻地吸蘸创腔残存的药物和污物,再于创面涂布碘酒。

(4)缝合与包扎:创面比较整齐,外科处理比较彻底时,可行密闭缝合;有感染危险时,行部分缝合;创口裂开过宽,可缝合两端;组织损伤严重或不便缝合时,可行开放疗法;四肢下部的创伤,一般应行包扎。若组织损伤或污染严重时,应及时注射破伤风类毒素、抗生素。

2. 化脓性感染创的治疗

(1)化脓创的治疗:①清洁创围;②用0.1%高锰酸钾液、3%双氧水或0.1%新洁尔灭液等冲洗创腔;③扩大创口,开张创缘,除去深部异物,切除坏死组织,排出脓汁;④最后用10%硫酸镁、10%硫酸钠、10%碘仿醚纱布条引流,或10%磺胺乳剂等创面涂布。必要时可扩创,用铋波糊剂(次硝酸铋1 g,碘仿2 g,液状石蜡20 mL,糊剂配法配制)引流;⑤有全身症状时可适当选用抗菌消炎类药,并注意强心解毒。

(2)肉芽创的治疗:①清理创围;②清洁创面,用生理盐水轻轻清洗;③局部用药,应选用刺激性小、能促进肉芽组织和上皮生长的药物,如松碘油膏、3%龙胆紫等。肉芽组织赘生时,可用硫酸铜腐蚀。

(3)对全身反应显现、局部损伤严重者,应用抗生素及磺胺类药物治疗。

二、脓肿

脓肿是一种由局部外科感染而引发形成的疾病,是在任何组织(如肌肉、皮下等)和器官(如关节、鼻窦、乳房等)内经过化脓性外科感染面形成的外有脓肿膜包裹,内有脓汁蓄积的化脓腔洞。

(一)病因

引起脓肿的致病菌,主要是葡萄球菌,其次是化脓性链球菌、大肠杆菌,绿脓杆菌较少见。此外,刺激性强的药液(如氯化钙、水合氯醛、高渗盐水等)在静注时误漏入皮下也可引起。

(二)症状和诊断

浅在性脓肿常发于皮下或肌间, 初期只有急性炎症症状,局部增温,呈显著的弥漫性肿胀且发红,疼痛明显,以后逐渐局限化,形成界限明显的坚实感肿块,随着脓液的形成,中央软化,出现波动,最后皮肤破溃流出脓汁。深在脓肿,由于脓肿位于深部,症状不明显,患部有轻微的炎性肿胀,指压留痕且有疼感,波动不显著,为了确诊,可行穿刺有否脓汁。

(三)治疗

(1)病初可用普鲁卡因青霉素病部周围封闭疗法。

(2)出现脓肿可涂布鱼石脂软膏,雄黄软膏(雄黄、鱼石脂各 40 g,樟脑、冰片各 20 g,凡士林 98 g,调成软膏)以及温敷疗法。为了促进脓肿成熟,可用中药五味消毒饮予以清热解毒、消散疮痈。五味消毒饮加减:取金银花 120 g、野菊花 60 g、蒲公英 150 g、紫花地丁 60 g、紫背天葵 30 g,煎汤加黄酒 120 mL,灌服;若高热,加板蓝根 60 g,连壳、黄芩各 20 g;肿胀加防风 20 g、蝉蜕 15 g;毒盛者加赤芍 25 g、丹皮 20 g、生地黄 30 g、重楼 15 g。

(3)脓肿已经成熟,波动明显时,应立即切开排脓。再以 0.1% 高锰酸钾或浓盐水冲洗脓腔,撒入磺胺结晶或青霉素粉。也可撒入樟脑白糖粉，必要时可以浸有青霉素鱼肝油的纱布条进行脓腔内引流。

(4)当脓汁少而长出肉芽时，按肉芽创处理。

三、挫伤

挫伤是机体在钝性外力直接作用下，而引起的软组织非开放性损伤。挫伤可因其发生部位不同，而引起不同的并发症，如脑震荡、骨折和内脏破裂等。

(一)病因

打击、冲撞、砸压、蹴踢和坠落于硬地上等。

(二)症状和诊断

病后患部皮肤可出现轻微的致伤痕迹，如被毛逆乱、脱落、皮肤擦伤等。挫伤的主要症状表现为溢血、肿胀、疼痛和机能障碍。挫伤发生的部位不同，出现的机能障碍也有不同。临床诊断时，主要根据牛体有无受钝性物体冲撞、挤压等病史，结合临床症状综合诊断。

(三)防治

对一般挫伤，病初局部可进行冷敷，24 h 后改为热敷，并涂擦 10%樟脑酒精、5%鱼石脂软膏和安得列斯粉（复方醋酸铅散）糊剂等。当有血管损伤，形成较大血肿时，则要制止溢血，防止感染和排除积血；当有感染化脓时，可切开排脓，按感染创进行治疗(见创伤的治疗)。

四、蜂窝织炎

蜂窝织炎是皮下、筋膜下和肌肉之间等处疏松结缔组织的急性弥漫性炎症。其炎性渗出物有浆液性、化脓性和腐败性等，并伴有明显的全身症状。

(一)病因

一般多经皮肤的小创口感染，病原体多为链球菌和葡萄球菌等。

(二)症状和诊断

本病临床症状比较明显,局部症状主要是增温、疼痛、肿胀、组织坏死和化脓。全身症状为体温升高、精神和食欲不振、白细胞总数升高。临床常见的有以下几种。

1. 皮下蜂窝织炎

皮下蜂窝织炎主要是浅在的急性肿胀和病畜体温升高。病初局部肿胀、热痛,呈捏粉状,其后变硬,皮肤紧张、无移动性、肿胀界线清楚,四肢下部发病可引起全肢肿胀、机能障碍。此时,如不及时治疗,患部出现化脓性溶解,肿胀变为柔软波动,局部皮肤变薄,破溃流出脓汁。若脓汁向深层扩散,组织坏死,炎症可成为腐败性感染,脓汁腐败恶臭。

2. 筋膜下及肌间蜂窝织炎

筋膜下蜂窝织炎最常见于甲部、背部、胫部、股部筋膜下疏松结缔组织内。初起患部肿胀不明显,局部坚实,感染沿整个筋膜下蔓延,局部温度增高,疼痛剧烈,机能障碍显著,体温升高。患肌间蜂窝织炎时,炎症沿着有血管和神经干行走的肌肉间或肌群间的疏松结缔组织而蔓延。罹病部的肌肉肿胀、坚实、疼痛剧烈。其后疏松结缔组织和肌肉化脓坏死，局部流出大量灰色并带血的脓汁。有时伴发血管、淋巴管及淋巴结的化脓炎症,甚则可引起败血症。

(三)防治

该病应采取综合疗法,进行局部和全身治疗。

1. 局部疗法

(1)消散炎症:在发病初 1~2 d,未出现化脓症状时,为了减少炎性渗出可用碱式醋酸铅液(醋酸铅 5 g、明矾 2.5 g、水 100 mL)冷敷,并用 0.25%~0.50%普鲁卡因溶解青霉素进行病灶周围封闭;急性炎症稍缓和后,为促进渗出吸收,可用醋调复方醋酸铅散剂涂擦于患部;也可内服连壳败毒散。

(2)手术切开:当上述疗法无效时,应早期切开患部组织,以减轻压迫,排出炎性渗出和脓汁,冲洗创腔脓汁,清除坏死组织,引流消炎,并严格按照外科要求处理患部。

2. 全身治疗

治疗蜂窝织炎,除采取上述局部处理外,还须早期进行全身治疗,可用抗生素疗法和磺胺疗法。并做破伤风类毒素预防注射。可用青霉素 240 万 IU、链霉素 200 万 IU,每日 2 次,肌肉注射,连用 5 d;或用 10%磺胺嘧啶钠 100~200 mL,静脉注射,每日 1 次,连用 5~6 d;亦可应用 5%碳酸氢钠溶液 300~500 mL,静脉注射。必要时可使用氯化钙、维生素、强心剂等。

五、腐蹄病

腐蹄病即指(趾)间蜂窝织炎,也称指(趾)间坏死杆菌病,是指(趾)部皮肤及其深层组织的化脓性坏死性炎症。

(一)病因

饲养管理条件差,蹄部不卫生,各种能引起蹄外伤的因素(如蹄叉过削、蹄踵狭窄等);继发感染坏死杆菌、化脓棒状杆菌和其他化脓性病原菌,可促进本病的发生。无机盐缺乏、代谢紊乱或运动不足也可能诱发本病。

(二)症状和诊断

任何品种和不同年龄的牛均可发病，以乳牛发病率最高，放牧牛夏季多发，舍饲牛冬季多发。多数病例出现在后肢，病初几小时内，一肢或多肢有轻度跛行，四肢系部、球节屈曲，患肢以蹄尖着地；18~36 h，指(趾)间隙和蹄冠部肿胀，皮肤有小的裂口，有难闻的气味，表面有伪膜；36~72 h 后，两指(趾)分开明显，指(趾)部甚至球节出现明显肿胀，患肢剧痛。当出现深部化脓坏死过程时(见图 3-1)，可自溃烂处排出浓汁，稀薄，呈黄白色，有恶臭味。患畜体温升高，食欲下降。

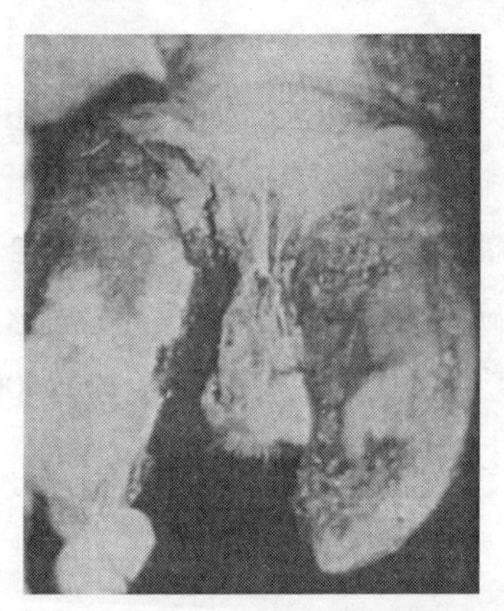

图 3-1　荷斯坦母牛的指(趾)间蜂窝织炎或腐蹄病

(三)防治

做局部性处理时，首先要对原发病灶进行清理、消毒，必要时进行扩创或削修蹄角质，显露出深部组织后用 3%双氧水、0.1%高锰酸钾溶液等冲洗，创内敷青霉素，也可用磺胺二甲基嘧啶粉，或洗后局部涂布 5%碘酊，最后撒布碘仿磺胺粉(碘仿 10 份+氨苯磺胺 90 份，混合均匀)。灌服锌制剂 45 mg/kg，连用几天，效果较好；亦可用 2.4%氧化锌舐盐。做全身治疗时，可给予抗生素、磺胺制剂。定期用硫酸铜或甲醛溶液泡蹄，或地面用生石灰、5%~10%硫酸铜液、4%~10%甲醛液消毒，可预防本病的发生。

六、蹄叶炎

牛蹄叶炎是蹄真皮的急性、亚急性和慢性的弥散性炎症，通常侵害几个蹄，呈局限性和全身性症候。

（一）病因

病因是多方面的，包括变态性反应以及分娩前后到泌乳高峰期吃过多的碳水化合物精料、不适当地运动、遗传和季节因素等。

（二）症状和诊断

病情突然发生，症状重剧、喜卧。牛蹄叶炎可以同时侵害几个趾，以前肢内侧趾和后肢外侧趾多发。患牛不愿活动，拱背站立或两前肢交叉站立，不愿在硬地或不平的地上行走，运步时呈支跛状，步态强拘，步幅缩短。病蹄增温明显，叩压蹄尖壁有疼痛感反应；常见有出汗、发烧、肌肉颤抖、脉搏增数、蹄抖动等现象。在蹄冠直上部可看到肿胀。慢性蹄叶炎导致蹄过长及蹄角度变小（见图 3-2）。出现生长轮，蹄壁过度生长、蹄尖及蹄壁崩裂、蹄底挫伤及出血

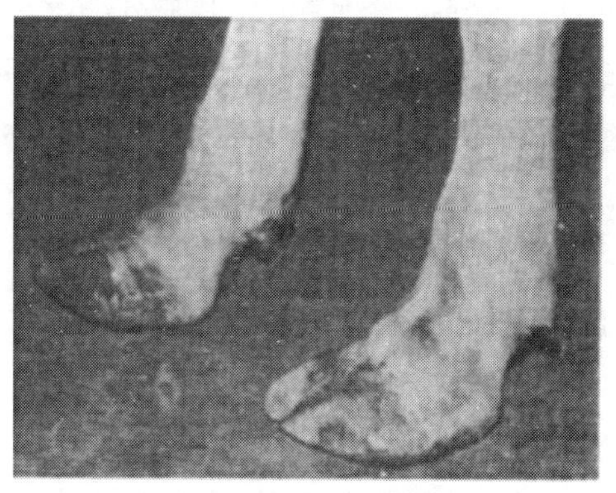

图 3-2 慢性蹄叶炎

也常见到。所谓的"水泥地病"常继发于慢性蹄叶炎,病牛长时间躺卧,起卧笨拙,造成肌肉骨骼的多处损伤、脓肿及撕裂(见图 3-3)。

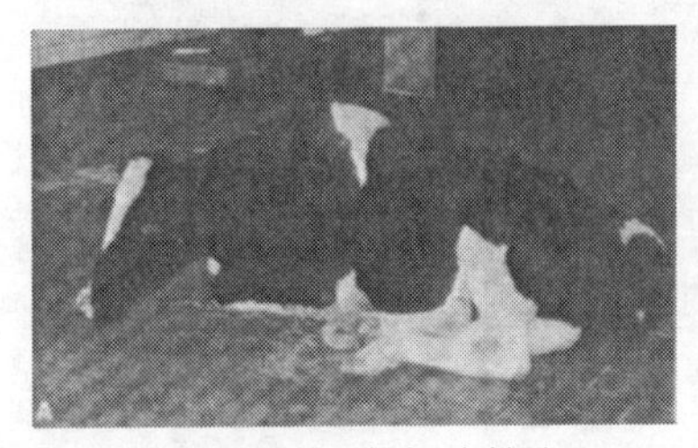

A. 母牛消瘦、疼痛、喜躺卧

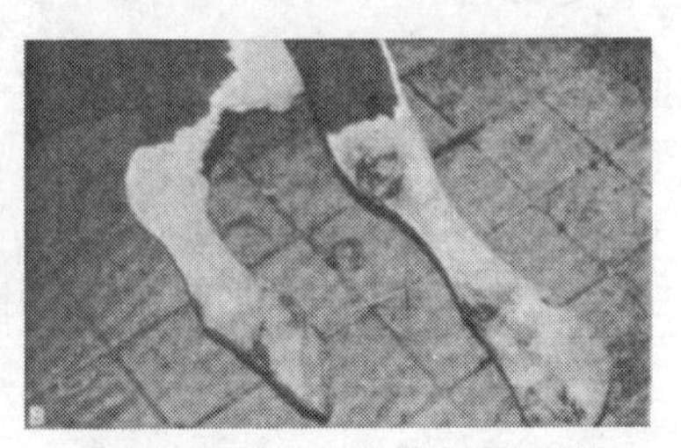

B. 腕部的创伤及挫伤使得病牛躺卧时前肢伸展,起立时不以腕部着地

图 3-3 头胎牛的水泥地病

(三)防治

在患病初期,可静脉放血,放血后再静脉注射林格氏液。尽量使蹄部冷却或使病牛站立于流水中;大剂量使用抗组织胺制剂、盐酸苯海拉明等,对急性病例效果较好。也可选用其他抗过敏药物,如 10%氯化钙、0.1%肾上腺素、可的松制剂等;还可使用止痛剂或普鲁卡因封闭,早期应用乙酰普吗嗪,有降低血压和减轻疼痛的作用。预防本病的关键在于改善饲养管理,将产犊的青年母牛提前转入水泥地面的牛舍,产前几个月和产后应充分运动。产前、产后 4 周不要突然改变饲料,产后精料要减少,喂精料后立即喂适量的粗料,按精料的 1%比例增加饲料中的碳酸氢钠,新生犊牛每日给精料不多于 2 次,以减少瘤胃酸中毒。定期削蹄,每年春秋各 1 次为宜。

七、指(趾)间皮肤增殖

指(趾)间皮肤增殖是指指(趾)间隙穹窿部皮肤和皮下组织的增殖性反应。该病又称为指(趾)间瘤、指(趾)间结节、指(趾)间赘生物、指(趾)间纤维瘤、慢性指(趾)间皮炎等。各种品种的牛都可发生，发生率较高的有荷兰牛和海福特牛，黑白花乳牛发生也较普遍。

（一）病因

本病的确切病因尚未定论，一般认为与遗传因素有关。变形蹄特别是开蹄，因蹄向外过度扩张，引起指（趾）间皮肤紧张和剧伸，粪、尿、泥浆等异物经常刺激指（趾）间皮肤，易引发本病。也有人认为指（趾）骨的外生骨瘤与本病有关；还有研究表明，缺锌可引起本病。

（二）症状和诊断

（1）本病多发生在后肢，单肢或双肢发病。

（2）根据病变大小、位置、感染程度和体重落到患指（趾）压力的不同，可表现不同程度的跛行。

（3）出现跛行时，泌乳量可明显降低。

（4）在指（趾）间隙前端皮肤，有时增殖形成“草莓”样突起，因为真皮乳头暴露，所以触碰或压迫局部痛感明显。

（5）由于指（趾）间有增殖物（见图 3-4），可造成指（趾）间隙扩大或出现变形蹄。

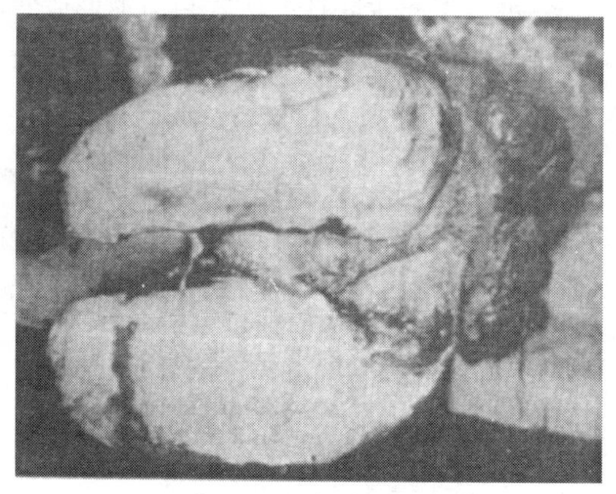

图 3-4 指（趾）间纤维瘤

（三）防治

（1）保守疗法：炎症初期，清蹄后用防腐剂涂擦包扎，可缓和炎症和疼痛，但不能根治。

（2）手术切除：横卧保定，全身麻醉并配合神经传导麻醉，局部常规消毒后，沿增殖物周围将其彻底摘除，止血后，缝合或不缝合创口皮肤；最后，在两蹄尖处钻洞，用金属丝将两蹄固定于一起，并用绷带包扎，外装防水蹄套。

（3）电烙铁烧烙或液氮冷冻也有效果。

八、指（趾）间皮炎

（一）病因

本病多因牛舍不洁，牛蹄受到粪、尿、泥水长期浸泡、刺激，或机械损伤而引起，有人也认为与遗传或给予多量浓厚饲料有关。

（二）症状和诊断

病初有轻度跛行，病变不易发现。指（趾）间皮肤充血、潮红、轻微肿胀，触诊敏感，有恶臭不洁的渗出物。若感染化脓时，皮肤出现糜烂或溃疡，进而引起皮肤坏死或蹄角质下形成空洞，跛行明显。如取慢性经过时，皮肤出现增殖性反应，表皮增厚。

（三）治疗

首先应加强饲养管理，保持蹄干燥和清洁，定期用收敛剂（如10%硫酸铜液等）蹄浴。治疗时，对患部应彻底清洗，削除有空洞分离的角质，然后涂布收敛剂和防腐剂，如碘仿磺胺（1:5）粉、碘仿鞣酸粉等，或涂布 5%龙胆紫溶液、氧化锌软膏、水杨酸氧化锌软膏等，装蹄绷带，2~3 d 换药 1 次。也可进行蹄浴。

九、骨折

骨折是指在外力作用下，骨组织的连续性和完整性发生破坏。骨折常伴有周围软组织不同程度的损伤。牛的骨折以四肢长骨骨折较为常见。

(一)病因

本病多为跌撞、蹴踢、打击和挤压等外力所造成。

(二)症状和诊断

(1)发病突然,骨折局部肿胀、变形。患畜有剧痛,呈高度跛行,活动时患部可发出噼啪声。

(2)若为开放性骨折,可见出血和骨碴,或可摸到骨碴。

(3)X 线检查,可以确诊。

(三)防治

1. 现场急救

骨折发生后,先用木片或竹板等做成夹板,将骨折部的上下两个关节同时固定。并采取镇定、止血、抗休克、强心等对症措施。

2. 骨折整复

整复是治疗骨折的首要步骤。在适当麻醉的情况下,牵拉患肢,术者采用挤按、推拿、托压、摇晃和旋转等不同手法,使其复位。

3. 合理固定

根据骨折的部位和程度,可采用夹板绷带固定、石膏绷带固定、接骨钢板固定等方法。对于开放性骨折,应根据病情发展,正确处理好外伤治疗与局部固定的关系;对石膏绷带固定的开放性骨折,可在外伤部位的石膏绷带上打开一个窗口,便于处理外伤。装固定绷带后,要经常检查和调整松紧度,一般 15~20 d 换绷带 1 次,装绷带的总时间视病情需要而定。

4. 全身治疗

防止感染,可选用抗生素、磺胺药及破伤风抗毒素,补充钙剂可静注葡萄糖酸钙、氯化钙或维丁胶性钙。也可辅以中药配合治疗:汉三七 9 g、血竭 15 g、续断 30 g、自然铜 30 g、黄瓜子(炒)60 g、延胡索 15 g、没药 15 g、乳香 15 g、骨碎补 24 g、当归 24 g、红花 12 g、土鳖 18 g、螃蟹 45 g,共为末,黄酒 120 mL 为引,水调灌服。

十、关节扭伤

关节扭伤是关节韧带、关节囊和关节周围组织的非开放性损伤。

(一)病因

多数由于滑走、跌倒或误踏深坑,奔走失足,跳越闪扭等引起。常发生于球节、肩关节、膝关节和髋关节等处,肉牛不多见。

(二)症状和诊断

受伤当时出现轻重不一的跛行,站立时患肢屈曲或蹄尖着地,或完全不敢负重而提举。触诊患部有程度不同的热、肿、痛,仅关节侧韧带受伤时,于韧带的起止部出现明显的压痛点。患部被毛及皮肤常有逆乱、脱落或擦伤的痕迹。关节被动运动,使受伤韧带紧张时,出现疼痛反应;使受伤韧带弛缓时,则疼痛轻微。如果发现受伤关节的活动范围比正常时增大,则是关节韧带发生全断裂的现象。

(三)治疗

1. 制止渗出

于伤后 1~2 d 内,包扎压迫绷带或冷敷,必要时可注射止血药物,如 10%氯化钙注射液、凝血质、维生素 K_3 等。

2. 促进吸收

急性炎症缓和后,应用温热疗法,如温敷、石蜡疗法、温蹄浴(40~50℃温水,每日 2 次,每次 1~2 h)等,能使溢血较快吸收。如关节腔内积聚多量血液不能吸收时,可进行关节腔穿刺,排出腔内血液,缠以压迫绷带,但须严格消毒,以防感染。

3. 镇痛消炎

可肌肉注射安乃近、安痛定;患部涂布醋调制的复方醋酸铅散或速效跌打膏;也可患部涂擦轻度皮肤刺激剂,如 10%樟脑酒精或碘酊樟脑酒精合剂(5%碘酊 20 mL,10%樟脑酒精 80 mL)。为了加速炎性渗出物的吸收,可适当进行缓慢的牵遛运动。对重度的扭挫有韧带、关节囊断裂或关节内骨折可疑时,应装石膏绷带。炎症转为慢性时,可用碘樟脑醚合剂(碘片 20 g,95%酒精 100 mL,醚 60 mL,精制樟脑 20 g,薄荷脑 3 g,蓖麻油 25 mL),涂擦患部 5~10 min,每日 1 次,连用 5~7 d;也可外敷扭伤散,口服跛行散。

十一、关节脱位

(一)病因

本病主要是由于牛受突然强烈外力的直接(跌倒、打击、冲撞、蹴踢等)或间接(滑走、蹬空、扭转、剧伸等)作用所引起;其次,某些传染病、代谢病或关节发育不良等,也可诱发本病。常见的有髋关节、膝盖骨、肩关节脱位。

(二)共同症状和诊断

1. 关节变形

脱位关节的骨端向外突出,在正常时隆起的部位变成凹陷。当关节被厚层肌肉覆盖或大面积肿胀时,关节变形常不明显。

2. 异常固定

脱位的关节由于被周围软组织，特别是未断裂韧带的牵张，两骨端固定于异常位置，此时即不能自动运动，被动运动也显著受到限制。

3. 肢势改变

一般在脱位关节以下的肢势发生改变，肢体被固定于内收、外展、屈曲或伸张等状态。

4. 患肢延长或缩短

与健肢比较，一般不全脱位时患肢延长，全脱位时患肢缩短。

5. 功能障碍

功能障碍于受伤后立即出现，由于疼痛和骨端移位，患肢运动功能明显障碍或完全丧失。各个关节脱位如髋关节脱位（脱胯）、膝盖骨脱位、肩关节脱位，可根据不同关节的变化异常和功能改变进行详细诊断。

(三)治疗

1. 整复

整复前先行麻醉(全身麻醉或传导麻醉)，整复时先将脱位的远侧骨端向远侧拉开，然后将其还原于正常位置。整复正确时，则关节变形及异常症状消失，自动运动和被动运动有的可完全恢复。整复髋关节脱位时比较困难，可试验性整复，助手用绳向前及向下牵拉患肢，术者用力从前方向后推压股骨头进行整复。膝盖骨上方脱位的整复，可使患牛后腿，趁膝关节伸展时，使其自行复位；无效时，可在患肢系部缚以长绳，再绕于颈基部，向前上方牵引患肢使膝关节伸展，同时术者用力向下方推压脱位的膝盖骨，使其复位。整复膝盖外方脱位时，术者从前外方推压膝盖骨可复位。对上述整复仍无效的脱位，可采取内膝直韧带切断术整复。肩关节脱位，在整复前于患关节内注射2%盐酸普鲁卡因注射液20 mL,10 min后进行整复；将牛放倒，患肢在上，把前后健肢并拢捆缚，使患肢呈游离状。用2.5~3.0 m长木杆沿患肢纵轴放平，木杆下端固定在腕关节下端，即前臂部上面，使患肢略斜向后上方，1人用木槌捶，先轻后重，捶打5~6次即可整复。

2. 固定

整复后，为了防止再发，应及时加以固定。可使患牛适当休息，或于关节周围组织内分点注射5%氯化钠溶液或33%酒精，以诱发炎症，达到固定关节的目的。

十二、关节炎

关节炎是牛的关节滑膜层的渗出性炎症。其特征是滑膜充血、肿胀，有明显渗出，关节腔内蓄积多量浆液性或浆液纤维素性渗出物。多见于牛的跗关节、膝关节和腕关节。

（一）病因

本病多由各种机械性损伤引起，如在不平坦的牧地上放牧或在泥泞路上使役，跌跤、滑倒、冲撞、蹴踢等，均可致使关节扭伤或脱位，进一步继发本病；某些传染病（副伤寒、布氏杆菌病等）或其他疾病（风湿症、骨软症、犊牛脐炎等）也可继发本病。

（二）症状和诊断

1. 共同症状

（1）急性关节滑膜炎：关节囊紧张膨大，向外凸出，呈大小不等的肿胀。触诊时波动，有热痛。被动运动患关节时疼痛反应明显，穿刺关节腔内液体比较混浊而稍带黄色，容易凝固。站立时，患肢关节屈曲，减负体重；运动时，呈轻度或中等度支跛或混合跛行。一般全身症状不明显。

(2)慢性关节滑膜炎:多由急性转变而来,也有的开始即取慢性经过。关节囊内蓄积大量液体,关节囊显著膨大。触诊时有明显波动,但无热、无痛。穿刺关节腔,关节液比正常时稀薄、无色或微带黄色,不易凝固,因此又称关节积水。多数病例无明显功能障碍,但关节活动不灵活,有的呈现轻度跛行。若感染化脓时,全身症状明显,患病关节高度肿胀,热痛、波动和功能障碍明显,关节囊穿刺可排出脓汁。

2. 常见关节炎的特点

(1)跗关节炎:关节的外形改变,关节液增多,在关节前内面和跟腱两旁内外侧出现 3 个椭圆形凸出的柔软而有波动的肿胀,交互压迫可感知其中的液体互相流动。诊断时注意与跗部腱鞘炎及跟骨结节皮下黏液囊炎和关节周围炎相区别。

(2)膝关节炎:关节外形粗大,关节囊紧张,在关节前面出现肿胀,于 3 条膝直韧带之间触压波动最明显。站立时患肢呈屈曲状态,以蹄尖着地负担体重,运步时呈中等度混合跛行或支跛。

(3)腕关节炎:主要侵害桡腕关节。在副腕骨上方、桡骨与腕外屈肌之间出现圆形或椭圆形肿胀。患肢负重时,肿胀膨满而有弹性,患肢弛缓时则肿胀柔软而有波动;站立时,腕关节屈曲,蹄尖着地;运步时,呈混合跛行。要注意与腕部腱鞘炎、腕前皮下黏液囊炎相区别。

(三)治疗

(1)对于急性炎症,初期应制止渗出,可应用冷敷疗法,缠以压迫绷带;当炎性渗出物较多时,应促其吸收,可行温热疗法或装湿性绷带,如饱和盐水湿绷带或饱和硫酸镁溶液湿绷带、樟脑酒精绷带、鱼石脂酒精绷带或醋鱼石脂绷带等,1 d 更换 1 次。或在患部涂布用醋调制的复方醋酸铅散,1 d 或隔天 1 次。

(2)对慢性炎症可用碘樟脑醚合剂反复涂擦,随即温敷,或用四三一合剂、1:12 升汞酒精液涂擦。

(3)当渗出液过多不易吸收时,可用注射器抽出关节腔内液体,然后迅速注入普鲁卡因青霉素注射液(温的 2%~3%普鲁卡因注射液 10~30 mL,青霉素 20 万~40 万 IU),随即装热绷带。

(4)不论急性或慢性炎症都可应用 0.5%氢化可的松 10~40 mL,或 2.5%醋酸氢化可的松 2~10 mL 于关节腔内或在患部皮下数点注射,每隔 4~7 d 1 次。还可配合全身治疗,如肌肉注射抗生素,静脉注射 10%氯化钙溶液等。

十三、直肠脱和脱肛

直肠脱是直肠的一部分或大部分由肛门向外翻转脱出的一种疾病。如果仅直肠末端黏膜脱出,称作脱肛。

(一)病因

病因主要是肛门括约肌弛缓或腹内压增高。其次是长期便秘、腹泻,慢性咳嗽,分娩努责,久卧不起,母牛阴道脱出或刺激性药物灌肠后,常继发直肠脱。

(二)症状和诊断

1. 脱肛

脱肛常发生在排粪之后。脱出的直肠末端黏膜呈暗红色,半球状,表面有轮状皱缩,中央有肠道的开口。初期常能自行缩回。如果脱出的黏膜发炎、水肿,体积增大,则不易回复原位;如发生损伤,可引起感染或坏死。

2. 直肠脱

直肠脱常继发于脱肛之后,也有原发的。其特点是脱出物为直肠壁,体积大,呈圆柱状,由肛门垂下且向下弯曲,往往发生损伤、坏死,甚至由于直肠壁破裂而引起小结肠脱出。直肠脱出往往伴发小结肠套叠,此时表现为圆柱状肿胀物向上弯曲,手指可沿直肠和肛门之间插入。

(三)治疗

1. 整复脱出物

对新发生的病例,应用高渗盐溶液,或 0.1%高锰酸钾溶液,或 2%明矾水,将脱出的肠黏膜洗净,热敷后缓慢地将其还纳于肛门内。

2. 固定肛门

还纳的直肠仍继续脱出时,在肛门周围可行烟包(袋口)缝合,但要留出二指的排粪口,经 7~10 d 即可拆除缝线。应用本疗法时,须特别注意护理,如果病牛排粪困难,应每隔 3~6 h 用温肥皂水灌肠,然后用手指将直肠中的积粪取出,之后灌入油脂,使黏膜润滑,有助于排粪。

3. 手术切除

上述方法无效或脱出的直肠发生坏死时,应立即手术切除。手术前,对套叠的肠管整复,方法是先经后海穴注射 3%普鲁卡因注射液 30~50 mL,缓缓整复套叠处,或切开脱出直肠的外壁将粘连部剥离后整复。然后再进行手术,其方法是清洗、消毒脱出的肠管,麻醉后,在靠近肛门处的健康肠管上,用消毒的两根长封闭针头互相垂直呈“十”字刺入,以固定肠管;在距固定针 1~2 cm 处切除坏死的肠管,止血,对两层断端肠管施行相距 0.5 cm 的结节缝合;缝合时,因缝合针通过肠道,容易被污染,每缝合 1 针后应换消毒的针线;缝合完毕,用 0.1%高锰酸钾液或 0.1%新洁尔灭液冲洗,除去固定针,还纳直肠于肛门内。术后将病牛置于清洁干燥的圈舍内,喂以柔软饲草,防止病牛卧地,并根据病情采取镇痛、消炎、缓泻等对症疗法。

十四、结膜炎

结膜炎是眼睑结膜、眼球结膜的炎症，是眼病中最常发生的疾病。

（一）病因

病因包括机械性原因（如异物刺激和外伤）、化学性原因（如化学药品刺激）以及细菌和病毒的感染等。

（二）症状和诊断

（1）多为两眼发病，由异物刺激或外伤引起，亦有一眼发病的。

（2）结膜充血、肿胀、流泪、疼痛、眼睑闭合，常有黏性或黏脓性分泌物。

（三）防治

除去病因，若为继发则以治疗原发病为主。应用 2%~3%硼酸水、生理盐水或 0.01%新洁尔灭等洗眼。非病毒性感染和角膜完整时，用氯霉素眼药水和醋酸可的松眼药水点眼。最初每日 4 次，症状改善后每日 2 次。对重症病畜，配合全身治疗可应用抗生素。

十五、角膜炎及角膜翳

角膜炎是角膜组织炎症的总称。角膜层发生化脓性炎症，使角膜上出现白色星状、花瓣片状病灶，以角膜混浊、角膜周围形成新生血管、眼前房内纤维样沉着，及角膜溃疡、穿孔、留有角膜斑翳为特征。

（一）病因

（1）异物损伤或其他伤。

(2)眼睑内翻或闭合不全,温热性或化学性烧伤以及在结膜炎、周期性眼炎和某些传染病的经过中,都可引起本病。

(二)症状和诊断

(1)怕光、流泪、疼痛、眼睑肿胀,若为外伤所致,有多量黏性或黏脓性分泌物附着于眼缘,眼不易睁开,视力有不同程度的影响,常有受伤史。

(2)检查眼部可见充血,在巩膜、角膜交界处更为明显,越接近角膜,充血越明显,叫作睫状充血。角膜发生浑浊,灰白或灰蓝色云翳遮眼,表面无光泽,不透明。如组织遭受破坏,或病原微生物侵入,则可使晶状体发生浑浊,并形成不透明的白色斑翳或白斑,成为白内障。

(三)防治

急性期冲洗病眼用药与结膜炎的治疗大致相同。可用氯霉素眼药水、硫酸庆大霉素眼药水、醋酸氢化可的松眼药水或四环素可的松眼膏,每日 3 次。为防止虹膜发生粘连,可用 1%硫酸阿托品与以上药物交替使用。若有化脓性感染时,点滴抗生素眼膏、抗生素溶液。必要时可进行全身治疗。

十六、风湿病

中兽医称风湿病为痹症。现代医学认为风湿病是一种全身变态反应性疾病。本病常侵害肌肉、关节等部位。牛关节风湿病比较少见。

(一)病因

风湿病的发病原因尚不十分清楚,一般认为与溶血性链球菌感染有关。久卧湿地,贼风侵袭,汗后受风或随即下塘;暴饮冷水,夜受风寒,突遭雨淋等因素,均可诱发本病。

(二)症状和诊断

病牛往往突然发病体温升高、呻吟、食欲减退;患部肌肉或关节疼痛,背腰强拘、跛行,并随适当运动而暂时减轻。病牛喜卧,不愿走动。重者肌肉萎缩,感觉迟钝,失去使役能力。

(三)防治

1. 全身疗法

常用10%水杨酸钠注射液200~300 mL,5%葡萄糖酸钙注射液200~500 mL,或0.5%氢化可的松注射液100~160 mL,分别静脉注射,每日1次,连用5~7 d。体温高者,可加用青霉素和维生素C注射液等。

2. 局部疗法

对慢性风湿病,可用酒糟热敷,方法是将酒糟炒热后装入麻袋,敷于患部;也可用醋炒麸皮(麸皮6 kg、醋4.5 L,充分混合,炒至烫手,装入麻袋)热敷。热敷时,需将牛拴在温暖厩舍内,使之发汗。

3. 中药、针灸疗法

可用通经活络散或独活寄生汤加减, 如配合电针或火针,效果更好。

第四章 传染病

一、基础知识

(一)常用的名词概念

1. 传染

病原微生物(细菌、病毒、支原体、衣原体、立克氏体等)侵入动物机体,并在一定部位定居、生长、繁殖,引起动物机体一系列病理反应的过程称为传染。

2. 显性传染

病原微生物具有相当的毒力和数量、而动物机体抵抗力相对比较弱时,传染发生后,动物表现出一定的临床症状,这一过程叫显性传染。

3. 隐性传染(亚临床传染)

病原微生物定居在某一部位,生长、繁殖,传染发生后,动物没有表现出任何临床症状称为隐性传染。

4. 带菌者或带毒者

带菌者或带毒者,即无临床症状的隐性感染动物,体内有病原体存在,并能繁殖和排出体外,这一类动物往往不易引起人们的注意。带菌者的带菌(毒)的期限长短不一,一般急性传染病在 3 个月以内,慢性传染病病程长,有的可长达数年或终身带菌(带毒)。

5. 传染源

传染源是指病原体在其中寄居、生长、繁殖,并能排出体外的动物机体。具体说就是受感染的动物,包括患病动物和带菌(毒)动物。

6. 易感性和易感动物

动物对某一病原微生物没有一定的免疫力,容易感染某种病原的特性称为易感性。对某种病原体或致病因子缺乏足够的抵抗力的动物称为易感动物。

7. 患病动物

患病动物为表现某疾病临床症状的动物。

8. 被感染动物

被病原体侵害并发生显性或隐性反应的动物称为被感染动物。

9. 疑似感染动物

与疫病患病动物处于同一传染环境中有感染该疫病可能的易感动物,如与患病动物同舍饲养、同车运输或位于患病动物临近下风的易感动物称为疑似感染动物。

10. 假定健康动物

发病动物的大群体中除患病或可疑感染动物以外的动物称为假定健康动物。对这些动物要采取隔离、紧急预防、观察和诊断等措施,直至确定为健康动物并经必要安全处理后,方能与健康动物混群。

11. 潜伏期

从病原体侵入机体并进行繁殖起,直到疾病的临床症状出现前为止,这段时间称为潜伏期。

12. 传播途径

病原体由传染源排出后,经一定的方式再侵入其他易感动物所经途径称为传播途径。

13. 直接接触传播

在没有任何外界因素的参与下，病原体通过被感染的动物（传染源）与易感动物直接接触（如交配、舔咬等）而引起的传播方式，称为直接接触传播。

14. 间接接触传播

必须在外界因素的参与下，病原体通过传播媒介使易感动物发生传染的方式，称为间接接触传播。

15. 传播媒介

从传染源将病原体传播给易感动物的介质称为传播媒介，如昆虫，也可能是无生命的物体。

16. 水平传播

水平传播指病原体在同一代或基本上是在同一代的动物之间的传播。

17. 垂直传播

垂直传播指从上一代的受感染动物传到下一代动物，即经过卵巢、胎盘感染或通过生殖道上行性感染。

18. 疫情报告

按照政府规定，兽医和有关人员及时向上级领导机关所作的关于疫病发生、流行情况的报告，称为疫情报告。

19. 流行病学调查

对疫病或其他群发性疾病的发生、频率、分布、发展过程、原因及自然和社会条件等相关影响因素进行的系统调查，以查明疫病发展趋向和规律，评估防制效果，称为流行病学调查。

20. 散发性流行

发病数量不多，并且在一个较长的时间里只有个别、零星的散在发生，称为散发性流行。

21. 地方流行性

一种病存在一个畜群单位的出现有一定的规律性,在一定时间内出现新病例的频率变动较少，这可称为在畜群中地方性流行,或者说病的发生有一定的地区性。

22. 流行性

流行性指一定时间内畜群中出现比寻常为多的病例,它没有一个病例的绝对数界限,仅仅是指疾病发生频率较高。

23. 暴发

暴发是指某种传染病在一个畜群单位或一定地区范围内,在短期内突然出现很多病例。

24. 大流行

大流行指一种规模非常大的流行，流行范围可扩大至全国，甚至涉及几个国家或整个大陆。如历史上口蹄疫、牛瘟和流感等病都出现过大流行。

25. 单纯传染

单纯传染指由一种病原微生物引起的传染,大多数传染过程都是由单一种病原微生物引起的。

26. 混合传染

混合传染指由两种以上的病原微生物同时参与的传染。

27. 继发性传染

继发性传染指动物感染了一种病原微生物之后,在机体抵抗力减弱的情况下,又有新侵入的或原来存在于体内的另一种病原微生物引起的传染。

28. 病毒的持续性感染

病毒的持续性感染指动物长期持续的感染状态,是病原与宿主细胞间的共同生活的平衡,动物可长期或终身带毒。

29. 免疫

免疫是机体识别自我物质和排除异己物质的复杂的生物学反应,是动物在长期进化过程中所形成的一种生理机能。

30. 抗原

抗原是能刺激机体引起特异性免疫应答,并能与该相应的免疫应答产生的抗体发生特异性结合的物质。

31. 抗体

抗体是在抗原刺激下,产生的并能与之特异性结合的动物体内的球蛋白。

32. 生物制品

生物制品特指以生物学方法和生物材料制备的、用于诊断、预防、治疗保健和相关实验的产品。

33. 动物防疫

动物疫病的预防、控制、扑灭和对动物、动物产品检疫的总称。

34. 动物防疫监督

动物防疫监督是指对各项有关动物防疫的法律、法规、标准、措施执行情况进行检查,并依据检查情况按规定进行监督、批评以至处罚。

35. 免疫监测

免疫监测是普检或抽检动物群体的抗体水平,以监控群体的免疫状态,为实施计划免疫和增强免疫提供依据。

36. 无害化处理

无害化处理是用物理、化学或生物学等方法处理带有或疑似带有病原体的动物尸体、动物产品或其他物品,达到消灭传染源,切断传染途径,破坏毒素,保障人畜健康安全目的。

37. 净化

净化指对某病发病地区采取一系列措施,达到消灭和清除传染源的目标。

38. 最急性、急性和慢性传染

(1)最急性:传染病程短促,常在数小时或1天内突然死亡,症状和病变不显著,如发生牛羊炭疽、巴氏杆菌病等时,有时可以遇到这种病型,常见于疾病的流行初期。

(2)急性:传染病病程较短,自几天至2~3周不等,并伴有明显的典型症状,如急性炭疽、口蹄疫、牛瘟等,主要表现为这种病例。亚急性传染的临床表现不如急性那么显著,病程稍长,和急性相比是一种比较缓和的类型,如牛肺疫等。

(3)慢性:传染的病程发展缓慢,常在1个月以上,临床症状常不明显、甚至不表现出来,如结核病、布鲁氏菌病等。

39. 免疫血清

用细菌、病毒或细菌外毒素作为抗原多次注射动物使其产生大量的抗体后,从这些动物所获得的血清制品,称免疫血清或高免血清。免疫血清适用于治疗和紧急预防。

40. 诊断液

诊断液包括诊断血清(如炭疽沉淀素血清等)、诊断抗原(如布鲁氏菌凝集试验抗原等)和变态反应诊断液(如结核菌素)等。现已有多种成套试剂盒出售,供传染病诊断检疫用。

41. 类毒素

类毒素是用产生外毒素的强毒菌株,经培养后,杀菌脱毒使其致病性丧失,用明矾等沉降并过滤菌体而制成的制剂。

42. 抗毒素

用类毒素或毒素作为抗原免疫动物后获得血清,该血清产品称为抗毒素。

(二)传染病的发病特点

1. 传染病

凡是由病原微生物引起，具有一定的潜伏期和临床表现,并具有传染性的疾病,称为传染病。传染病与非传染病的区别,具有以下特点。

(1)传染病是由病原微生物与机体相互作用所引起的。每一种传染病都有其特异的致病性微生物,如口蹄疫是由口蹄疫病毒引起的,没有此病毒就不会发生口蹄疫。

(2)传染病具有传染性和流行性。也就是说具有群发性特点,从传染病患病动物体内排出的病原微生物,侵入另一有易感性的健畜体内,能引起同样症状的疾病。像这样使疾病从病畜传染给健畜的现象,就是传染病与非传染病相区别的一个重要特征。当条件适宜时,在一定时间内,某一地区易感动物群中可能有许多动物被感染,致使传染病蔓延散播,形成流行。

(3)被感染的机体发生特异性反应:在传染发展过程中由于病原微生物的抗原刺激作用,机体发生免疫生物学的改变,产生特异抗体和变态反应等。这种改变可以用血清学方法等特异性反应检查出来。

(4)耐过动物能获得特异性免疫:动物耐过传染病后,在大多数情况下均能产生特异性免疫,使机体在一定时期内或终生不再感染该种传染病。

(5)具有特征的临床表现:大多数传染病都具有该病特征的综合症状和一定的潜伏期和病程经过。大多数传染病由于机体的防御系统与病原体的相互作用,临床上会引起体温升高。

2. 发病率

发病率指一定时期内某动物群中发生某病新病例的比率,即某期间某种病新病例数和畜群动物总数的百分比。

发病率能较全面地反映出传染病的流行情况,但还不能说明整个流行过程,因为常有许多动物呈隐性感染,是传染源,因此还要统计感染率。

3. 感染率

感染率指用临诊诊断法和各种检验方法(病原学、血清学、变态反应等)检查出的所有感染某传染病的动物数(包括隐性感染动物)占被检查的动物总数的百分比。感染率能比较深入地反映出流行过程的情况, 特别是在发生某些慢性传染病时具有重要的实践意义。

4. 死亡率

死亡率指因某病死亡的动物数占某种动物总数的百分比。

死亡率不能反映疾病在临诊上的严重程度,还要计算病死率。

5. 病死率

病死率指因某病死亡的动物数占该病患病动物总数的百分比,它能反映出某病在临诊上的严重程度,相比死亡率能更精确地反映出传染病的流行过程和特点。

(三)疫苗的概念、分类及使用注意事项

1. 疫苗

凡是具有良好的免疫原性(即刺激机体引发特异性免疫应答的特性)的病原微生物,经繁殖和处理后制成的制品,即用于人工主动免疫的生物制品,称为疫苗。

疫苗的免疫期或免疫持续期是指动物在接种疫苗后的一段时期内具有防病能力。不同疫苗的免疫期有长有短,超过了各疫苗的免疫期,动物便不再继续保持防病能力,因此,必须适时再接种。

2. 疫苗的分类

(1)常规疫苗:包括弱毒疫苗和灭活疫苗两类。

弱毒疫苗也叫活苗,是将病原微生物(细菌、病毒等)用人工的办法反复培育和选育,使其致病性减弱,保留其抗原性,遗传性能稳定,然后采用这样的弱毒菌(毒)株经人工大量繁殖制成的疫苗。弱毒疫苗具有免疫效力好、免疫持续期长的优点,但安全性较差,不易保存和运输。

灭活疫苗也叫死苗,是将具有良好免疫原性的强毒病原微生物,在严格的生产条件下,经人工培养基上大量繁殖后,加入特定的灭活剂(如甲醛等)杀死病原微生物,但保留其免疫原性,加入适宜的佐剂(如矿物油等)而制成的疫苗。灭活疫苗的优点是安全性好,易于保存和运输,但免疫效力较差,免疫持续期较短,免疫剂量大,成本较高。

(2)基因工程苗:指用分子生物学技术研制生产的疫苗。这类疫苗大体可分为 4 个类型:病原保护性亚单位疫苗、以活病毒或细菌为载体繁殖的活载体疫苗、缺失病原致病性基因的基因缺失疫苗和核酸疫苗。该类疫苗也有死苗和活苗两类。

(3)多价疫苗和多联疫苗:多价疫苗是用同一种制苗菌(毒)种的 2 种以上血清型联合制成的疫苗;多联疫苗是用 2 种以上不同种类的制苗菌(毒)种联合制成的疫苗,具有一针防多病的特点。

3. 使用疫苗的注意事项

使用疫苗前应详细阅读说明,按说明操作。

(1)弱毒疫苗:通常是真空冻干的疫苗,在-5~-20℃保存,运输过程中亦应低温运送,切忌常温保存,禁止放在高温处。使用时应现用现配,未用完的第二天不能使用,应予以废弃(深埋或烧毁)。

(2)灭活疫苗:通常为液体状态,一般保存在2~8℃,切忌冻结,禁止放在高温处。可在常温运输,或冷藏运输。条件差的地方,可在地窖或其他阴凉处保存,但时间不能过长,使用时应摇匀或边摇边注射(尤其是氢氧化铝疫苗)。

(四)病料的采取和送检方法

对于广大养牛户和基层兽医工作者来说,为了进一步确诊某种传染病,掌握病料采取和送检的方法是必需的。因为对于专业实验室工作者来说,发病时未必在现场,故不能及时准确地采取发病高峰期的材料,往往错过了最佳的采样时机。在实践中往往遇到这样一个问题,养殖者或基层技术员,由于不能合理采样,送来的检验样品,有的被污染,有的由于采样和保存方法不当,从而严重地影响了实验室检测或不能得出试验诊断结论。

1. 病料的采取

采取病料,当怀疑某种传染病时,则采取该病靶器官或组织。应坚持以下原则。

排除炭疽。牛急性发病突然死亡,根据外观特征在排除炭疽的情况下,剖检采集病料;若怀疑为炭疽,则按照炭疽病的要求从末梢部位采样。

病料新鲜。采集的病料力求新鲜,能进行活体采集的病料尽量进行活体采集,如血液、血清。动物死亡后,随着时间的延长,尸体腐败,组织器官的病变会发生一定程度的改变,病原体种类也可能增加,有碍于病原体的检查。因此,内脏病料的采集,须于动物死亡后立即进行,也可直接将濒死动物致死后采集病料。采集的病料要尽快检查,不能立即检查时,应在病料中加入适当的保存液,使病料尽量保持新鲜或接近新鲜状态。

适宜病料。采集的病料种类过多，检查工作量增大，延长了诊断的时间。在实际工作中，应结合流行病学特点、临诊症状和病理变化，怀疑是某种传染病，应根据该病的特点和需采取的检查方法，采集相关的病料。当提不出怀疑对象时，则应全面采集病料。

无菌性和生物安全性。为了防止环境中的微生物污染病料干扰检查，采集病料时必须坚持无菌操作。同时，还应注意个人防护和防止病原扩散。

(1)微生物学检验材料

皮肤黏膜：从有病变处剪取。如癣，可在病变处刮取皮屑并拔毛。

脓汁：最好送检完整未破溃的脓肿，若脓肿已开口或其他开放的化脓灶，可用灭菌棉拭浸蘸脓汁并采集脓肿的部分包膜，将此棉拭子及包膜最好置于能运输的容器内。若在脓汁中见有颗粒，则应考虑放线菌感染的可能，由于在脓汁中会存在多种杂菌且多能在室温中繁殖，而使真正的病原菌减少甚至灭失，因此应尽快送至实验室。

乳汁：挤乳人的手和动物的乳房及其附近的皮毛均须先用消毒剂洗净，弃去最初挤出的数把乳汁，然后挤取 10~20 mL 置于容器内。

血液：全血，活畜在静脉采血时，在注射器内先吸取灭菌的5%枸橼酸钠(柠檬酸钠)溶液 1 mL，再采血约 10 mL，混匀后注入容器内；死后采血，先在右心室处心肌表面用烧红的废刀片等烧烙，再用注射器在烧烙处插入抽血；血清，静脉采血 10~20 mL，注入试管或小瓶中，摆成斜面，静置室温或温箱内，待凝固后即置冰箱或冷处，待血清析出后，分取血清置入试管或小瓶中。在采血及分离血清操作中，采血及盛血用具应无水分，并避免震荡、过热等，以免发生溶血而影响检验。大多数传染病在动物感染后1周或更长时间，其血清中方能测出抗体，才适于供血清学检验用。

脏器及淋巴结：肺、肝、脾、肾等脏器，各采约2 cm^3大的小块，分别置于容器中，淋巴结则应完整采取。组织块不应干缩，应及时送检。

肠：选取病变部肠管6~7 cm，用线扎紧其两端后剪断，也可将肠管剪一小口，用灭菌棉拭子擦取肠管黏膜及其内容物。肠管或棉拭子应置于单独的容器中。

胆汁：可采取整个胆囊，也可采取胆汁数毫升，置于一容器中。

脑、脊髓、脑组织：可纵切两半，脊髓可横切两段，分做病原检验和病理组织学检查；或将整个头部割下，包入浸有0.1%升汞液的纱布中，外表再用塑料包裹，装入桶中密封。

流产胎儿：可以完整的胎儿包装送检。

玻片标本：取病料时，最好同时将脓、血及有病变的脏器分别制涂片或触片两三张。为节省玻片，也可在同一玻片用记号笔画几个方格，各涂不同标本。若脓汁中带硫黄颗粒，组织中致密结节或坏死，还应作压片，制片要薄而均匀；玻片上应注明号码并另附说明，包扎时，两片间用火柴杆等隔开，亦可置于玻片盒内，标本应避免擦拭沾污。

2. 病料的保存

（1）细菌检验材料的保存：将采取的组织块，保存30%甘油缓冲液中，容器加塞封固。

30%甘油缓冲溶液的配制：纯净甘油30 mL、氯化钠0.5 g、碱性磷酸钠1 g、蒸馏水加至100 mL，混合后高压灭菌备用。

（2）病毒检验材料的保存：将采取的组织块保存于50%甘油生理盐水或鸡蛋生理盐水中。

50%甘油生理盐水配制:氯化钠 8.5 g、蒸馏水 500 mL、中性甘油 500 mL、混合后封装备用。

鸡蛋生理盐水的配制：新鲜鸡蛋的表面用碘酊消毒后打开，将内容物倾入灭菌的容器内,按全蛋 9 份加入灭菌生理盐水 1份，摇匀后用纱布滤过,然后加热至 56~58℃持续 30 min,第二天和第三天按上法各加热 1 次,冷却后即可使用。

(3)病理组织学检验材料的保存:将采取的组织块放入 4%甲醛溶液或 95%酒精中固定，固定液的用量须为标本体积的 10倍以上,如用 4%甲醛溶液固定,应在 24 h 后更换新鲜溶液 1 次。严寒季节为防组织块冻结,在送检时可将上述固定好的组织块取出,保存于甘油和 4%甲醛溶液等量混合液中。

3. 病料送检

(1)病料的记录和送检单:病料应在容器上编号,并详细记录,提出检验目的,附送检单。

(2)病料包装:包装要安全稳妥。对于危险和怕热或怕冻的材料,应分别采取措施。一般说来,微生物检验材料都怕热,有的还怕反复冻融;病理材料怕冻。

(3)病料运送:病料装箱后,应尽快送到检验单位,以专人送检最好。

病料一般送往县级以上的动物疾病防控部门或动物检疫站(所),也可送往兽医研究部门。但是,并非每个单位每个检验项目都能做。因此,平时应注意了解有关检验单位可检验的项目,以便届时能直接投送,尽量缩短送检时间。

4. 注意事项

(1)采取病料要及时,应在病牛死后立即进行,最好不超过 6 h。如拖延过久(特别是夏天),组织变性或腐败,不仅有碍病原微生物的检出，也影响病理组织学检验的正确性。

(2)应选择症状和病变典型的病例，最好能同时选择几种不同病程的病料。

(3)取材病牛应是未经抗菌或杀虫药物治疗的，否则会影响微生物和寄生虫的检出结果。

(4)剖检取材之前，应先对病情、病史加以了解和记录，并详细进行剖检前检查。

(5)除病理组织学检验材料及胃肠等以外，其他材料均以无菌操作采取。为了减少污染机会，应先采取微生物学检验材料，后再取病理检验材料。

(五)传染病常用的实验室诊断方法

1. 涂片检查

取病料涂片染色后，在显微镜下观察病原的形态、大小、排列、结构以及染色特性等即可确定病原种类。如炭疽、巴氏杆菌病的涂片检查具有重要的诊断意义。

取洁净的载玻片、用蜡笔(或记号笔)在玻片上画格并作记号(代号或病料名)。稀薄容易涂开的病料，如血液、渗出液、液体培养物等，可用灭菌接种环取材，在玻璃片中央或小格内涂成均匀薄层。较稠干病料，如粪便、脓块、固体培养物等，可先用接种环取蒸馏水少许，置于玻片中央或小格内，再用灭菌接种环取少量材料，在小液滴中混匀涂成薄层。脏器组织病料，可用灭菌接种环刮取病料切面液汁涂布，或用无菌镊子夹取一小块，以切面在玻片上涂布一薄层。

(1)革兰氏染色法

① 染色液的配制

结晶紫溶液:溶液甲，结晶紫 2 g、酒精(95%)20 mL;溶液乙，草酸铵 0.8 g、蒸馏水 80 mL。将甲液用蒸馏水稀释 5 倍，取 20 mL 加于乙液 80 mL 中，充分混合，滤纸过滤后即成。混合液不能保存太久，若发现沉淀，则须滤过后应用。

碘溶液：碘片 1 g、碘化钾 2 g、蒸馏水 300 mL，先将碘化钾置烧杯中，加蒸馏水约 5 mL，待碘化钾完全溶解后，再将研细的碘片加入，充分混合，待碘片完全溶解后，再加蒸馏水至足量。

脱色剂：95%酒精。

复染剂（沙黄水溶液）：取沙黄 3.4 g 溶于 95%酒精 100 mL 中，配成贮存的酒精饱和溶液。使用时，将此饱和液用蒸馏水稀释 10 倍即成。此液的保存以不超过 4 个月为宜。

② 染色方法：涂片室温干燥后，将玻片的标本面向上，在酒精灯的火焰上方加热固定。手背触玻片，以不烫手为度。

滴加结晶紫溶液于玻片标本上，染色 1~3 min，用水洗去染液。加碘溶液于玻片上，作用 1~3 min，倾去碘溶液。加 95%酒精脱色，约 30 s 后用水洗去酒精。用沙黄水溶液复染 30 s，水洗，吸干或自然干燥、镜检。

③ 染色结果：革兰氏阳性菌呈蓝紫色，革兰氏阴性菌呈红色。

(2)瑞特氏染色法

① 染色液配制：瑞特氏染料 0.1 g、甲醇 60 mL。置瑞特氏染料于乳钵中，徐徐加入甲醇，并研磨促其溶解，溶解后盛于棕色瓶中，置暗处过夜，次日用滤纸过滤即成。

② 染色方法：涂片自然干燥后，滴瑞特氏溶液于玻片上（以覆盖标本为度），经 1 min，再加等量蒸馏水于玻片上，轻轻摇动，使与染液混合均匀，经 5 min 后，用水将染液冲去，洗净、吸干、镜检。

(3)姬姆萨氏染色法

① 染色液配制：取姬姆萨氏染料 0.6 g，加入 50 mL 甘油中，

置 55~60℃热水中加热 2 h，加搅拌促染料溶解，然后再加甲醇 50 mL，混合，静置 1 d 以上，用滤纸过滤即成原液。原液可长期保存。染色时取原液 1 份加新煮过的蒸馏水或 pH 7.0 缓冲液 10 份稀释后应用。

② 染色方法：涂片自然干燥后，滴加甲醇于玻片上，自然挥发干燥，或将涂片浸于甲醇中 2~3 min，取出自然干燥。滴加姬姆萨氏染液于玻片上，或将涂片浸于盛有染液的染色缸中染色 30 min，必要时可染色数小时乃至 24 h，水洗、吸干、检查。

(4)抗酸染色法

① 染色液及脱色剂的配制

石炭酸一品红(石炭酸复红)：取碱性一品红 0.3 g，溶于 10 mL 95%酒精中，再加入 5%石炭酸水溶液 90 mL，混合、过滤即成。

含酸酒精：加浓盐酸 3 mL 于 97 mL 95%的酒精中即成。

碱性美蓝：取美蓝饱和酒精溶液（1.48 g 美蓝溶于 100 mL 95%的酒精)30 mL，加于 100 mL 0.01%氢氧化钾水溶液中，贮存于棕色瓶中，常加摇震。贮存时间较久者，染色效果较好。

② 染色方法

涂片干燥后经火焰固定。加石炭酸一品红于玻片上，加热使染色液发生蒸气，经 1~3 min，用水洗去。

加含酸酒精于片上脱色，至无色脱下为止，再用水洗。

加碱性美蓝染液于玻片上，复染 1 min，水洗、吸干、检查。

③ 染色结果：抗酸性菌呈红色，非抗酸性菌呈蓝色。

2. 病原微生物分离鉴定

用人工培养的方法将病料中的病原微生物分离出来，细菌和真菌可用人工培养基培养分离，病毒、立克次氏体及衣原体等可用鸡胚、细胞、动物接种等方法培养分离。对分得的病原，进行形态、培养特性、生化特性、血清学以及毒力等项检查，做出病原鉴定。

3. 动物感染试验

选用易感动物，一般可选用家兔、小鼠、豚鼠等，必要时才考虑用牛。将病料或分离的病原以适当的方法接种，观察其致病力和临床表现，发病死亡后，再做病原检查，以分析与原接种物的关系。

4. 免疫学诊断

（1）血清学诊断：这是实验室诊断中比较常用和易于实施的方法，检验的材料是被检动物的血清。选用诊断试剂盒，一般的实验室均可以完成检测。血清学诊断的原理：动物感染了病原微生物后，可在体内产生抗体，这种抗体能在体外与相应的抗原发生特异性结合，出现一定的血清学反应，如凝集反应（可用以诊断布鲁氏菌病等）、沉淀反应（可以诊断炭疽等）、补体结合反应（可用以诊断牛肺疫）等。有些可以产生外毒素的病菌，用它可以做毒素中和试验。肉牛传染病的血清学诊断方法可参照有关书籍，试剂盒应按说明书操作。

（2）变态反应诊断：有些传染病特别是慢性传染病，患病动物对该传染病病原及其代谢产物的敏感性增高，若将其接种于该患病动物时，可以引起局部或全身反应；一般在点眼时表现为化脓性结膜炎，皮内注射时引起局部炎性水肿，皮下注射时除局部有炎症反应以外，还有体温上升等全身反应，这种反应叫作传染性变态反应。变态反应对结核病等的诊断，具有重要实践意义。

5. 分子生物学诊断

随着分子生物学技术的发展，通过监测病料中病原微生物的某种基因或基因片段，可以做出确切的诊断。聚合酶链扩增反应（PCR）现已用于多种传染病的诊断中，具有快速准确的特点。已有试剂盒投放入市场。分子学诊断工具是未来传染病诊断方法开发的重要方向。

二、口蹄疫

口蹄疫俗名“口疮”“蹄癀”,是由口蹄疫病毒所引起的偶蹄动物的一种急性、热性、高度接触性传染病。其特征为口腔黏膜、蹄部和乳房皮肤发生水疱。

口蹄疫一旦发生对畜牧业生产造成巨大的经济损失,并严重影响到人民生活和国际贸易。被感染的成年动物虽然死亡率不高,但幼畜可大批死亡。发病后病畜严重掉膘,产奶量下降。肉食供应及皮、毛、奶等畜产品、食品加工业都会受到严重影响。动物和畜产品的流通受到限制,影响国际贸易和对外出口。另外,为了控制扑灭该病,对疫区采取的封锁措施,关闭牲畜交易市场及屠宰加工,扑杀大量病畜和同群畜,损失巨大。更严重的是此病的流行给畜牧业生产造成混乱,口蹄疫的暴发已经影响到国际关系、国家声誉和世界各国的经济发展。

(一)病原

口蹄疫病毒属于微 RNA 病毒科,是目前所知病毒中最细微的一级。其最大颗粒直径为 23 nm,最小颗粒直径为 7~8 nm。

目前已知口蹄疫病毒在全世界有 7 个主型:A 型、O 型、C 型、南非 1 型、南非 2 型、南非 3 型和亚洲 1 型。我国流行的口蹄疫主要为 O 型、A 型、亚洲 1 型。据观察,一个地区的牛群经过有效的口蹄疫疫苗注射之后,1~2 月内又会流行,这往往怀疑是另一型或亚型病毒所致。这是因为该病毒易发生变异。

该病毒对外界环境的抵抗力很强,在冰冻情况下,血液及粪便中的病毒可存活 120~170 d,对干燥的抵抗力较强,干燥牧草、土壤中可存活 1 个月,阳光直射下 60 min 即可杀死;加温 85℃

15 min、煮沸 3 min 即可死亡。对酸碱都敏感,故 1%~2%氢氧化钠、30%热草木灰水、1%~2%甲醛等都是良好的消毒剂。

(二)流行特点

牛尤其是犊牛对口蹄疫病毒最易感,骆驼、绵羊、山羊次之,猪也可感染发病。

本病具有流行快、传播广、发病急、危害大等流行病学特点,疫区发病率可达 50%~100%,犊牛死亡率较高,成年牛较低。

病畜和潜伏期动物是最危险的传染源。病畜的水疱液、乳汁、尿液、口涎、泪液和粪便中均含有病毒。

该病入侵途径主要是消化道,也可经呼吸道传染。本病传播虽无明显的季节性,但春秋两季较多,尤其是春季。风和鸟类也是远距离传播的因素之一。

(三)症状

该病潜伏期 1~7 d,平均 2~4 d,开始牛精神沉郁、闭口、流涎,开口时有吸吮声,体温可升高到 40~41℃。发病 1~2 d,病牛齿龈、舌面、唇内面可见到蚕豆到核桃大的水疱,涎液增多并呈白色泡沫状挂于嘴边。采食及反刍停止。水疱约经一昼夜破裂,形成溃疡,这时体温会逐渐降至正常。在口腔发生水疱的同时或稍后,指(趾)间及蹄冠的柔软皮肤上也发生水疱,也会很快破溃,然后逐渐愈合。有时在乳头皮肤上也可见到水疱。

本病一般呈良性经过,经 1 周左右即可自愈;若蹄部有病变则可延至 2~3 周或更久;死亡率 1%~2%,该病型叫良性口蹄疫。

有些病牛在水疱愈合过程中,病情突然恶化,全身衰弱、肌肉发抖,心跳加快、节律不齐,食欲废绝、反刍停止,行走摇摆、站立不稳,常因心脏停搏而突然死亡,这种病型叫恶性口蹄疫,死亡率高达 5%~50%。犊牛发病时往往看不到特征性水疱,主要表现为出血性胃肠炎和心肌炎,死亡率较高。

（四）病理变化

口腔和蹄部病变,食道和瘤胃黏膜有水疱和烂斑;胃肠有出血性炎症;肺呈浆液性浸润;心包内有大量混浊而黏稠的液体。恶性口蹄疫可在心肌切面上见到灰白色或淡黄色条纹与正常心肌相伴而行,如同虎皮状斑纹,俗称“虎斑心”。

（五）诊断

1. 初步诊断

根据典型症状,结合临床症状特点做出初步诊断。其诊断要点:发病急、流行快、传播广、发病率高,但死亡率低,且多呈良性经过;大量流涎,呈引缕状;口蹄疮定位明确,分布在口腔黏膜、蹄部和乳头皮肤,病变特异,表现水泡、糜烂;恶性口蹄疫时可见“虎斑心”。

2. 实验室诊断

为进一步确诊可采用动物接种试验、血清学诊断及鉴别诊断等。

3. 鉴别诊断

口蹄疫与牛恶性卡他热区别:后者常散发;口腔及鼻黏膜有糜烂,但不形成水疱;常见角膜混浊。

（六）防制

口蹄疫宜采取综合性防制措施。

1. 预防措施

平时要积极预防、加强检疫,常发地区要定期注射口蹄疫疫苗。常用的疫苗有口蹄疫 O 型-亚洲 1 型口蹄疫二价灭活疫苗、口蹄疫 O 型-A 型二价灭活疫苗和口蹄疫 A 型疫苗、口蹄疫三价灭活疫苗(OMYA98/BY/2010 株+Aall/JSL 株+Re-AWHO9 株)、口蹄疫三价灭活变苗（$OHMO_2$ 株+AKV-III 株+$AaIkzO_3$ 株），用法用量按说明书使用。瘦弱、病牛临产前 2 个月、怀孕初期（3 个月内）、3 月龄以下牛禁用。

2. 扑灭措施

一旦发病，及时报告疫情，同时在疫区严格实施封锁、隔离、消毒、紧急接种等综合措施。

紧急情况，可用口蹄疫高免血清或康复动物血清进行被动免疫（按每千克体重 0.5~1.0 mL 皮下注射，免疫期约 2 周）。

疫区封锁必须在最后 1 头病畜痊愈、死亡或急宰后 14 d，经全面大消毒后解除封锁。

三、轮状病毒感染

轮状病毒感染是由轮状病毒引起的多种幼龄动物的急性胃肠道传染病。本病最早于 1943 年在患腹泻的儿童中发现，1974 年，轮状病毒由 Flewett 等首次提出，1976 年被正式命名。本病广泛分布于世界各地，我国已从多种动物和人的粪便中分离出此病毒，对人类健康和畜牧业的发展都有较大危害。

（一）病原

轮状病毒，属于呼肠病毒科轮状病毒属，完整的病毒粒子呈圆形，直径 65~75 nm，核芯为双股 RNA；有双层衣壳，因其形状类似车轮而得名。

本病毒很难在细胞培养中生长繁殖，有的即使能够增殖，也不产生或仅产生轻微的细胞病变。只有犊牛、猪、鸡、火鸡及人轮状病毒的某些毒株已能在一些细胞培养中繁殖。新生犊牛腹泻轮状病毒可在恒河猴胎肾传代细胞株（MA-104）单层中产生明显的蚀斑。

轮状病毒分为 A~F 6 个群，多数哺乳动物及人的轮状病毒为 A 群,B 群宿主是猪、牛、人和大鼠,C、E 群宿主是猪,D 群是鸡和火鸡,F 群为禽。

本病毒对外界环境抵抗力较强,在室温下能保存 7 个月,在粪便及不含抗体的乳汁中,18~20℃ 6 个月仍有感染性。pH 3~9 稳定,能耐超声波震荡和脂溶剂。75%乙醇是最有效的消毒剂,还可用 4%甲醛。

(二)流行特点

本病多发于晚秋、冬季与早春季节。感染率最高可达 100%,发病率高,但病死率低。饲养管理不良,引起致病性大肠杆菌、冠状病毒及腺病毒混合感染时,可使病情加剧,病死率增高。多种幼龄动物,如犊牛可自然感染而发病,其中以犊牛的感染最为常见,成年动物一般为隐性感染。各种动物的轮状病毒之间有一定的交叉感染,可以从人或一种动物传染给另一种动物,如人的轮状病毒能感染猴、仔猪和羔羊,犊牛和鹿的轮状病毒能感染仔猪。只要病毒在一种动物中存在,就可能造成本病的长期传播。患病的动物、人和隐性感染的带毒者是重要的传染源,病毒随其粪便排于外界环境中,污染饲料、饮水及用具,易感动物经消化道引起感染。

(三)症状

牛:潜伏期 18~96 h,多发于 3 d 至 15 周龄的犊牛。犊牛精神沉郁,体温正常或稍高,吃奶减少,腹泻,粪便呈黄色、白色、褐色或绿色,混有未消化的凝乳块、黏液和血液。腹泻可持续 4~7 d,病犊脱水明显,体重迅速减轻,病情严重者常导致死亡,病死率可达 50%。

(四)诊断

1. 初步诊断

根据本病多发于寒冷季节,主要侵害幼龄动物,临诊以腹泻为特征,发病率高、病死率低可做出初步诊断。

2. 实验室诊断

一般在腹泻开始 24 h 内采取小肠及内容物或粪便，进行病毒抗原检查。方法有电镜法、免疫电镜法、琼脂扩散试验、对流免疫电泳试验、直接荧光抗体试验、ELA 双抗体夹心法和放射免疫试验等。ELIA 双抗体夹心法已被世界卫生组织列为轮状病毒的标准诊断方法,其中电镜法和荧光抗体法最为常用。

3. 鉴别诊断

犊牛轮状病毒感染应与犊牛大肠杆菌病相区别。犊牛大肠杆菌病除腹泻症状外,有的还表现神经症状,抗生素治疗有效。

(五)防制

1. 预防

加强饲养管理,认真执行一般的兽医防疫措施,增强母畜和仔畜的抵抗力。在疫区做到新生仔畜及早吃到初乳,接受母源抗体的保护以减少或减轻发病。美国研制成功 2 种预防牛轮状病毒感染的疫苗:一种是弱毒苗,犊牛出生后未哺乳前口服,2~3 d 即可产生坚强的免疫力;另一种是灭活苗,在母牛分娩前 60~90 d 和 30 d 进行免疫，使犊牛出生后通过哺乳即可获得母源抗体的保护。我国用 MA-104 细胞系连续传代,研制出牛源弱毒疫苗。牛源弱毒疫苗免疫母牛其所产犊牛保护率高。

2. 治疗

发病后应对症治疗,用抗生素防止继发感染。

四、牛病毒性腹泻-黏膜病

牛病毒性腹泻-黏膜病其特征为黏膜发炎、糜烂、坏死和腹泻。

（一）病原

牛病毒性腹泻病毒，又名黏膜病病毒。本病毒对乙醚、氯仿、胰酶等敏感，pH 3 以下易破坏，50℃氯化镁中不稳定；50℃很快被灭活。血液和组织中的病毒在冰冻状态（-70℃）和冻干可存活多年。

（二）流行特点

各种年龄的牛均易感，幼龄牛易感性较强，患病牛和带毒牛是本病的主要传染源。本病的流行特点：新疫区急性病例多，不论放牧牛或舍饲牛，成年牛或幼龄牛均可感染发病，发病率通常不高，约为 5%，其病死率为 90%~100%，发病牛以 6~18 个月者居多；老疫区则急性病例很少，发病率和病死率很低，而隐性感染率在 50%以上。

本病常年均可发生，通常多发生于冬末和春季。封闭饲养的牛群发病时往往呈暴发式。现已确定，本病毒能通过胎盘屏障而使其胎儿感染。因此，妊娠牛感染本病后可导致其后代产生高滴度抗体并出现该病的特征性损害。

（三）症状

急性病牛突然发病，体温升高至 40~42℃，持续 4~7 d，有的还有第二次升高，随体温升高，白细胞减少，持续 1~6 d，继而又有白细胞微量增多，有的可发生第二次白细胞减少。病牛精神沉郁、厌食、鼻眼有浆液性分泌物，2~3 d 内鼻镜及口腔黏膜表面糜烂，舌面上皮坏死、流涎增多，呼出的气体恶臭。通常在口内损害之后常发生严重腹泻、开始水泻，以后带有黏液和血。

慢性病牛很少有明显的发热症状，但体温可能有高于正常的波动。特征性的表现是鼻镜上的糜烂，此种糜烂可在鼻镜上连成一片。眼常有浆液分泌物。由于蹄叶炎及趾间皮肤糜烂坏死而致的跛行是最明显的症状。大多数患牛 2~6 个月内死亡,母牛在妊娠期感染本病时常发生流产,或产下有先天性缺陷的犊牛。

(四)病理变化

本病主要病变在消化道和淋巴组织。鼻镜、鼻腔黏膜、齿龈、上腭、舌面两侧及颊部黏膜有糜烂及浅溃疡,特征性损害是食道黏膜糜烂,呈大小不等形状与直线排列;第四胃炎性水肿和糜烂;肠壁因水肿增厚,肠淋巴结肿大,小肠急性卡他性炎症,盲肠、结肠、直肠有卡他性、出血性、溃疡性以及坏死性等不同程度的炎症;蹄部的损害是在趾间皮肤及全蹄冠有急性糜烂性炎症以至发展为溃疡及坏死。

(五)诊断

本病严重暴发流行时,可根据其发病史、症状及病理初步诊断,最后确诊须依赖病毒的分离鉴定及血清学检查。

(六)防制

1. 预防

平时预防要加强口岸检疫,从国外引进种牛、种羊、种猪时必须进行血清学检查,防止引入带毒牛、羊和猪;国内在进行牛调拨或交易时,要加强检疫,防止本病的扩散或蔓延。一旦发生本病,对病牛要隔离治疗或急宰。目前可应用弱毒疫苗或灭活疫苗来预防和控制本病。

2. 治疗

本病在目前尚无有效疗法。应用收敛和补液疗法可缩短恢复期,减少损失。用抗生素和磺胺类药物,可减少继发性感染。

五、流行热

牛流行热,又称三日热或暂时热,是牛的急性热性传染病。其特征是体温升高，出血性胃肠炎、气喘，间有瘫痪。

（一）病原

致病病毒为弹状病毒，系水疱病毒属的病毒，大小（140~176）nm×（70~88）nm，病牛高热期的血液、肺和呼吸道的分泌物中存在有病毒，牛流行热病毒有 4 个血清型。病毒耐寒不耐热，能抵抗反复冻融。

（二）流行特点

本病主要侵害牛，以 3~5 岁的黄牛、高产肉牛、重胎牛和进口牛种易感性最强、发病最重。自然条件下，多因吸血昆虫叮咬传播本病，还可能有其他传播途径。因此，本病主要发生于蚊蝇滋生的 6~9 月份。本病传播迅速，停息也迅速。呈地方性流行。

（三）症状

潜伏期 3~7 d。病牛精神沉郁、目光无神、低头呆立，不愿走动、反应迟钝，初食欲减退、继而废绝，病牛体温升高至 41~42℃，持续 2~3 d，心率 100~130 次/min，呼吸次数为 80 次/min，腹式呼吸明显。病牛步态强拘、肌肉震颤，尤以肘肌震颤明显，病牛初停排粪尿，后排出干、黑便，且附有黏液和血丝；产奶量下降。

消化型：以胃肠炎为主要症状。病牛食欲减退至废绝；站立时，两后肢频频交替，踢腹；眼凹陷；口角有清亮口水流出，腹泻者排出血汤样粪；磨牙。

呼吸型：病牛以气喘为主，呼吸困难。病后 5~6 h，即见明显的呼吸障碍。随病情加重，病牛腹部扇动，鼻孔开张举头伸颈，眼球突出，目光直视；后期上下眼睑肿胀、烦躁不安、站立不宁，喜站不卧，或卧后站起，张口吐舌，从口内流出多量泡沫状液体，舌紫色；头、颈部肿大，有的全身肿胀，按压有捻发音。

瘫痪型：病牛以运动障碍为主，步态强拘、蹒跚，有的病牛初期体温升高，病后第二天，卧地不起，体温恢复正常，食欲正常。重病者，四肢直伸，平躺于地，眼睑闭合，呼吸微弱，食欲废绝，明显消瘦。

神经型病牛兴奋者全身紧张、敏感、狂暴，个别全身失去平衡，痉挛抽搐，角弓反张。

（四）病变

本病主要病变在呼吸道，上呼吸道黏膜充血、出血、肿胀，肺显著肿大，有不同程度的水肿和间质性气肿，压迫有捻发音，切面流出大量暗紫红色泡沫状黏液，支气管内充满大量泡沫状的黏液；胸腔积液，呈暗紫红色；淋巴结肿大、充血、出血。实质脏器混浊肿胀或有出血点，真胃及肠黏膜为卡他性炎症或出血；关节、腱鞘、肌膜发炎。

（五）诊断

1. 初步诊断

根据临床表现和发病特点初步诊断。

2. 实验室诊断

一般在发病初期采取血液送往有关单位进行病毒分离鉴定，或采取发热初期和恢复期的血清，做血清学试验。

3. 鉴别诊断

（1）与呼吸型牛传染性鼻气管炎区别：该病多发于寒冷季节，以鼻、气管炎症为主，鼻黏膜充血，有脓疱形成；剖检时在鼻气管内有纤维素性渗出物，喉头水肿。牛流行热以肺气肿为特征。

（2）与恶性卡他热区别：参照口蹄疫的鉴别诊断。

（3）与牛副流感区别：该病常发于冬春寒冷季节，除呼吸道症状外，还可见乳房炎，无跛行，肺部病灶细胞内可见胞浆包涵体和胞体形成。

(4)与茨城病区别:该病除发热、流泪、呼吸困难外,重要的表现是舌、咽、食管麻痹,引起大量流涎、饮食障碍和舌脱出。

(六)防制

1. 预防

加强饲养管理,提高抗病能力与对环境的适应能力,改善环境条件与卫生状况,夏天以防暑降温为主,大力消灭蚊、蝇、虻等吸血昆虫。发病时,及时消毒,隔离病牛,加强对病牛的护理,组织必要人力,加强领导,采取多种措施,尽快控制住流行。

2. 治疗

除用一般药物对症治疗外,没有特效药物和专用疫苗。

以呼吸系统为主要症状的用安乃近、普鲁卡因青霉素、或增效链霉素、卡那霉素。有神经症状者除控制感染外,可用盐酸硫胺、呋喃硫胺、葡萄糖酸钙、氯化钾等。病情严重者,静脉内补液,强心,解毒,并用大剂量抗生素以控制继发感染。尽量减少灌药,以免导致异物性肺炎。

六、水疱性口炎

水疱性口炎是由水疱性口炎病毒引起的牛、马和猪的一种传染病,人也可感染。本病很少发生死亡。

(一)病原

水疱性口炎病毒属于弹状病毒科。病毒可在 7~13 d 龄鸡胚中增殖,并使鸡胚死亡。人工接种牛、马、猪、绵羊、兔、豚鼠的舌面可发生水疱,但接种牛肌肉则不发病。本病毒对外界环境因素抵抗力不强,2%氢氧化钠、1%甲醛可在数分钟内杀死病毒;0.1%次氯酸钠溶液中,15 min 失去活性。病毒在 50%甘油磷酸盐缓冲液内可存活 4 个月,低温状态下可存活数月至 1 年。

(二)流行特点

水疱性口炎病毒可侵害多种动物。自然情况下,牛、马、猪等家畜较易感。成年牛易感性高,1 岁以下的犊牛易感性较低。该病毒主要通过损伤的皮肤、黏膜和消化道而感染,唾液和水疱液是重要的传染物,一些吸血昆虫也可成为传播媒介。本病通常呈散发,一般不广泛流行,病的传染性不强,每次只有少数牛发病,很少发生死亡。病的发生具有明显的季节性,多见于夏季和初秋,秋末则趋于平稳。

(三)症状

病牛初期体温达 41~42℃,精神沉郁、食欲减退、反刍减少、耳根发热、鼻镜干燥、大量饮水。在舌、唇黏膜上出现米粒大的小水疱,水疱逐渐融合形成大水疱,内有透明黄色液体。经 1~2 d,水疱破裂,水疱皮脱落后,则遗留浅而边缘不整齐的鲜红色烂斑。同时,病牛流出大量清亮的黏性唾液,并发出咂唇音,病牛采食困难。有时,病牛在乳房和蹄部也可发生水疱。一般转归良好,病程 1~3 周,很少死亡。

(四)诊断

1. 初步诊断

根据流行特点和症状较易诊断。

2. 实验室诊断

通常采集水疱皮、水疱液等作为病料,也可采集急性期和恢复期血液,分离血清用于血清学试验。

动物接种试验:病料给成年鸡舌面皮内接种或豚鼠足垫皮内接种, 可使舌面或足部发生水疱。也可将病料舌面皮内接种牛、马、猪等动物,一般接种后 24 h 可发生水疱。马的接种具有重要的鉴别诊断意义,牛肌肉、静脉、腹腔等途径接种均不产生水疱。

血清学试验:用于水疱性口炎诊断的血清学方法有补体结合试验、中和试验、酶联疫吸附试验等。

3. 鉴别诊断

牛发生本病时,应考虑与口蹄疫相鉴别。

(五)防制

1. 预防

常发病地区可用鸡胚结晶紫甘油疫苗进行免疫接种。

2. 治疗

(1)局部治疗

① 对口腔:用0.1%高锰酸钾液、3%硼酸液冲洗口腔,每日2~3次,冲洗后用碘甘油(1:5)涂抹。

② 对蹄部:用0.1%高锰酸钾液、4%硫酸铜溶液洗净患部,涂布10%碘甘油,再涂松馏油软膏。严重者可装蹄绷带。

③ 对乳房:用0.1%高锰酸钾液洗净乳头,患部涂布抗生素、磺胺药膏。伴乳房炎者,可选用青霉素链霉素乳房内注入。

(2)全身治疗:抗菌、消炎可用青霉素4 000~8 000 IU/kg、先锋霉素10~20 mg/kg、庆大霉素1 000~1 500 IU/kg,一次肌肉注射。根据全身状况可用5%葡萄糖生理盐水、25%葡萄糖、可的松、维生素C注射液进行辅助治疗。

发生类似疾病,应及时隔离病畜或可疑病畜,严格封锁疫区,尽快确定诊断,采取相应措施;一切用具、所有环境应彻底消毒。

七、狂犬病

狂犬病俗称"疯狗病",又名"恐水病",是由狂犬病病毒引起的多种动物共患的急性、接触性传染病。本病以神经调节障碍、反射兴奋性增高、发病动物表现狂躁不安、意识紊乱为特征，最终发生麻痹而死亡。

(一)病原

狂犬病病毒属弹状病毒科。狂犬病病毒在动物体内主要存在于中枢神经，特别是海马角、大脑、小脑等细胞和唾液腺细胞内，并于胞浆内形成狂犬病特异的包涵体，呈圆形或卵圆形，染色后呈嗜酸性反应。病毒可在大鼠、小鼠、家兔和鸡胚等脑组织以及猪肾等细胞中培育增殖。狂犬病病毒对过氧化氢、高锰酸钾、新洁尔灭、来苏尔等消毒剂敏感，1%~2%肥皂水、70%酒精、0.01%碘液、丙酮、乙醚等能使之灭活。

(二)流行特点

本病以犬类易感性最高，牛和多种家畜及野生动物均可感染发病，人也可感染。野生的犬科动物(如野犬、狼、狐等)常成为人、畜狂犬病的传染源和自然保毒宿主。患病动物主要经唾液腺排出病毒，以咬伤为主要传播途径，也可经损伤的皮肤、黏膜感染，经呼吸道和口腔途径感染也已得到证实。本病一般呈散发性流行，一年四季都有发生。

(三)症状

潜伏期 30~90 d。病牛病初精神沉郁，反刍减少、前胃迟缓，不久表现起卧不安、前肢搔地，出现兴奋性和攻击性动作、冲撞墙壁、跃踏饲槽、磨牙流涎、性欲亢进。一般少有攻击人畜现象。病牛兴奋发作后，往往有短暂停歇，稍后再次发作，逐渐出现麻痹症状，表现为吞咽困难、伸颈、臌气、里急后重等，最终卧地不起，衰竭而死。

(四)病理变化

尸体常无特异性变化，病尸消瘦，一般有咬伤、裂伤，口腔黏膜、咽喉黏膜充血、糜烂。组织学检查有非化脓性脑炎,可在神经细胞的胞浆内检出嗜酸性包涵体。

(五)诊断

1. 实验室诊断

当人、畜被可疑病犬或动物咬伤时,应对可疑动物拘禁观察或捕杀,取病料进行包涵体的检查、病毒分离鉴定和血清学试验诊断。将患病动物或可疑感染动物捕杀,采集大脑海马角、小脑以及唾液腺等组织作为病料。

(1)包涵体检查:病料作触片和超薄切片,用含碱性复红和美蓝的 Seller 氏染色液染色,于光学显微镜下观察,包涵体呈淡紫色。

(2)动物接种试验:实验动物以小鼠特别是瑞士小鼠最为敏感,也可选仓鼠和家兔进行接种试验;病料制成 1:10 乳剂,脑内接种 5~7 d 龄小鼠,如有狂犬病病毒存在,则于接种后 1~2 周出现麻痹症状和脑膜脑炎变化,可采集病料进行包涵体检查;或于接种后 7 d 捕杀小鼠,取病料检查。

(3)血清学试验:常用中和试验、补体结合试验、血凝抑制试验等方法进行病毒鉴定。

2. 鉴别诊断

狂犬病常与日本乙型脑炎、伪狂犬病等疾病进行临床区别,主要通过实验室诊断方法区别。

(六)防制

(1)捕杀野犬、病犬及拒不免疫的犬类,加强犬类管理,养犬须登记注册,并进行免疫接种,选用犬用五联苗或七联苗,断奶后免疫 1 次,间隔 3 周加强免疫 1 次。

(2)疫区和受威胁区的牛用狂犬病弱毒疫苗进行免疫接种。

(3)加强口岸检疫,检出阳性动物就地捕杀销毁。进口犬类必须有狂犬病的免疫证书。

(4)当人和家畜被患有狂犬病的动物或可疑动物咬伤时,应迅速用清水或肥皂水冲洗伤口,再用0.1%升汞溶液、碘伏、酒精、百毒杀溶液等消毒剂处理,并用狂犬病疫苗进行紧急免疫接种。有条件时可用狂犬病免疫血清进行预防注射。

八、伪狂犬病

伪狂犬病又名"奥耶斯基氏病""传染性延髓麻痹""奇痒病",是由伪狂犬病病毒引起的家畜和野生动物共患的一种急性传染病。临床上以发热、奇痒以及脑脊髓炎症状为特征。本病主要侵害中枢神经系统,因临诊表现与狂犬病相似,曾一度被误认为狂犬病。

(一)病原

伪狂犬病病毒又称猪疱疹病毒I型,属于疱疹病毒科。伪狂犬病病毒能在鸡胚及多种哺乳动物细胞上培养增殖,并产生核内嗜酸性包涵体。病毒在发病初期存在于血液、乳汁、尿液以及脏器中;在后期,则主要存在于中枢神经系统。伪狂犬病病毒对外界环境抵抗力强。畜舍内干草上的病毒夏季可存活3 d,冬季可存活46 d。含毒材料在50%甘油盐水中于4℃左右可保持毒力达3年之久。0.5%石灰乳、2%氢氧化钠溶液、2%甲醛溶液等可很快使病毒灭活。

(二)流行特点

自然感染见于牛、绵羊、山羊、猫、犬、猪以及多种野生动物。病畜、带毒家畜以及带毒鼠类为本病的主要传染源。牛或其他动物感染多与带毒猪、鼠接触有关。感染动物通过鼻漏、唾液、乳汁、尿液等各种分泌物、排泄物排出病毒。本病主要通过消化道、呼吸道途径感染，也可经受伤的皮肤、黏膜以及配种传染，或者通过胎盘、哺乳发生垂直传播。一般呈地方性流行，以冬季、春季发病为多。

（三）症状

潜伏期为 3~6 d。牛感染伪狂犬病多呈急性病程，体温升高达 40℃以上。特征症状是在一些部位出现强烈的奇痒，常见病牛用舌舔或口咬发痒部位，引起皮肤脱毛、充血甚至擦伤。奇痒可发生于身体的任何部位，多见于鼻部、乳房、后肢。剧痒使病牛狂躁不安，有时啃咬痒部并发出凄惨叫声，甚至将头在硬物上摩擦。后期病牛体质衰弱，呼吸、心跳加快，发生痉挛，卧地不起，最终昏迷。死前咽喉部发生麻痹，流出带泡沫的唾液及浆液性鼻液。多于发病后 1~2 d 内死亡。犊牛病程更短。

（四）病理变化

病死牛患部变化剧烈，被毛脱落，皮肤撕裂，皮下水肿、充血，肺脏充血、水肿，心外膜出血。组织病理学检查，中枢神经系统呈弥漫性非化脓性脑膜脑脊髓炎变化及神经炎。

（五）诊断

1. 初步诊断

根据症状结合流行病学和病变做出初步诊断。

2. 实验室诊断

采集脑组织、扁桃体、肺脏、脾脏及淋巴结，其中脑组织是理想的病毒分离材料；也可采集鼻咽洗液、患部水肿液作为病料。

（1）动物接种试验：病料悬液经抗生素处理后，离心取上清液，皮下或肌肉接种家兔。接种后 2~3 d，注射局部出现奇痒，家兔表现不安、摩擦或啃咬痒部，使局部脱毛，随后发生四肢麻痹，衰竭死亡。

(2)血清学诊断:采集并分离血清,用琼脂扩散试验、乳胶凝集试验、酶联免疫吸附试验等诊断。

3. 鉴别诊断

(1)伪狂犬病与李氏杆菌病的鉴别。李氏杆菌一般无皮肤瘙痒症状。病料悬液接种家兔,不出现特殊的痛痒症状。

(2)伪狂犬病与狂犬病的鉴别。狂犬病患畜一般有被患病动物咬伤的病史,病畜兴奋时多有攻击性行为。病料悬液皮下接种家兔,通常不易感染。脑内接种,发病后无皮肤瘙痒症状。

(六)防制

(1)免疫接种:流行区可用伪狂犬病弱毒细胞苗进行免疫接种。冻干苗先用3.5 mL中性磷酸盐缓冲液恢复原量,再稀释20倍。犊牛肌肉注射1 mL,断奶后再接种2 mL;成年牛肌肉注射3 mL。接种后6 d产生免疫力,保护期可达1年。国内新近研制的牛、羊伪狂犬病氢氧化铝甲醛灭活疫苗或基因缺失疫苗,证明有可靠的免疫效果。

(2)消灭养殖场内的鼠类,避免与猪接触。发生本病,立即隔离病畜,用2%氢氧化钠溶液或0.5%石灰乳等消毒剂消毒厩舍、污染环境以及饲管用具等。

(3)通过血清学试验检疫淘汰阳性动物,结合免疫接种,逐步净化畜群,消除本病。

(4)早期应用抗伪狂犬病高免血清治疗病畜有较好的疗效。目前尚无其他有效的治疗方法或药物。

九、牛溃疡性乳头炎

牛溃疡性乳头炎是由牛溃疡性乳头炎病毒引起的牛的一种

局灶性传染病。本病特征是在肉牛的乳房特别是乳头上发生水疱、肿胀和坏疽,常可导致乳房炎。

(一)病原

牛溃疡性乳头炎病毒又称牛疱疹病毒Ⅱ型，属于疱疹病毒科。病毒可于犊牛、乳仓鼠肾细胞中培养增殖,也可于牛淋巴结、羔羊睾丸细胞、猪肾细胞等培养增殖。病毒在-20℃保存稳定。肉牛场用碘消毒剂效果好。

(二)流行特点

自然发病仅见于牛,不泌乳的牛通常不发病。发病牛为主要传染源。本病主要通过挤奶人员的手指和挤乳器而传播;吸血昆虫,如螫蝇等也可机械性传播此病。一般认为牛与牛的直接传播不大可能。皮肤创伤是本病的侵入门户。疾病的发生流行有以下特点:初次感染的牛群中,各种年龄的泌乳牛均可感染发病;在发生过本病的牛群中,只限于初产母牛。

(三)症状和病变

潜伏期3~10 d。病初,病牛的乳头、乳头与乳房连接部的皮肤出现水疱,随即水疱破裂,水疱皮脱落,接着发生坏疽,经5~6 d后,病变部结痂,形成棕色痂皮,14 d后,痂皮逐渐脱落而愈合。轻症病例,乳头皮肤肿胀,变为蓝黑色,或有表面潮湿的浅溃疡或干涸吸收呈棕黑色的厚痂；严重病例则发生久治不愈的乳房炎。个别易感性高的幼龄牛,可在皮肤发生小结节,口腔黏膜出疹。部分牛可呈隐性感染。病理组织学变化具有诊断意义,患病部位皮肤有大量白细胞浸润,上皮细胞融合成合胞体,核内有包涵体,真皮层出现大量柱状细胞。

(四)诊断

1. 初步诊断

根据症状、病理组织学特点结合流行病学做出初步诊断。

2. 实验室诊断

采集病灶中的乳头痂皮、水疱皮、水疱液或病健交界部分的皮肤;也可采集发病期与恢复期的双份血清用于血清学检验。

(1)动物接种试验:将水疱液注入易感牛的乳头,经5~10 d后,乳头出现于自然病例相同的病变,病变可持续5周之久。经皮内接种幼犊,接种部位在2~4 d内产生斑块,并不断扩大变硬,有痛感,或可引起全身皮肤结节性疹。此外,用水疱液划痕接种家兔或豚鼠,可引起局部红色疹块、渗出、结痂。接种家兔5 d后可导致痘样病变。

(2)血清学试验:用中和试验检测发病初期和恢复期双份血清抗体效价,若血清中和抗体滴度升高4倍或4倍以上,即可做出阳性诊断。

3. 鉴别诊断

(1)牛溃疡性乳头炎与牛痘的鉴别:牛痘病毒感染时,皮肤变化缓慢,发生并分布于乳房、乳头和鼻镜等部位,人也可受到感染;牛溃疡性乳头炎皮肤变化很快发生,分布于乳头及乳头与乳房交界部位,偶见于鼻镜,人一般不感染发病。也可通过实验室诊断进行区别。

(2)牛溃疡性乳头炎与口蹄疫的鉴别:口蹄疫时皮肤变化很快发生,主要分布于口腔黏膜、乳房部位,蹄部和外阴部也常受到侵害。口蹄疫传播迅速,感染动物有明显的临床症状。除牛外,猪、羊和人等也可感染发病。也可通过试验诊断进行区别。

(五)防制

(1)加强检疫,勿从有病地区引进牛。平时注意挤奶卫生,避免皮肤创伤,定期消毒挤奶器,防止螫蝇等吸血昆虫侵袭。

(2)可能发生本病的牛群,可用牛传染性乳头炎弱毒疫苗,肌肉注射,对怀孕母牛安全有效。

(3)发生疫情时,立即隔离病牛,彻底消毒环境。治疗应在严格隔离的条件下进行。乳头皮肤上的病变,涂拭刺激性小的软膏,如氧化锌软膏、抗生素软膏等;也可用硼酸溶液清洗患部,促进愈合。必要时可使用抗生素、磺胺类药物等预防继发感染。

十、恶性卡他热

恶性卡他热又名恶性头卡他,是牛的一种致死性淋巴增生性病毒性传染病,以高热、呼吸道、消化道黏膜的化脓性坏死性炎症为特征。

(一)病原

恶性卡他热病毒属于疱疹病毒科。病毒存在于病牛的血液、脑、脾等组织中,在血液中病毒紧紧附着于白细胞上,不易脱离。病毒对外界环境的抵抗力不强,不能抵抗冷冻及干燥。含病毒的血液在室温中 24 h,冰点以下温度可使病毒失去传染性。

(二)流行特点

各品种和性别的牛都易感,4 月龄以下牛发病少,6 月龄至 4 岁牛发病较多。

本病在流行病学上的一个明显特点是不能由病牛直接传递给健康牛。一般认为绵羊无症状带毒是牛群暴发本病的来源。

本病一年四季均可发生,更多见于冬季和早春,多呈散发,有时呈地方流行性。多数地区发病率较低,而病死率可高达 60%~90%。

（三）症状

自然感染的潜伏期，长短变动很大，一般4~20周或更长，最多见的是28~60 d。

最初症状有高热持续（41~42℃），肌肉震颤、寒战、食欲锐减、呼吸及心跳加快，鼻镜干燥、前胃弛缓、泌乳停止，最急性病例1~2 d死亡。急性病例高热同时还伴有鼻眼少量分泌物，在第二天以后，发生各部黏膜症状，口腔与鼻腔黏膜充血、坏死及糜烂；数日后，鼻孔前端分泌物变为黏稠脓样。在典型病例中，形成黄色长线状物垂直于地面，这些分泌物干涸后，聚集在鼻腔，妨碍气体通过，引起呼吸困难；口腔黏膜广泛坏死及糜烂，并流出带有臭味涎液。典型病例，几乎均具有眼部症状，畏光、流泪、眼睑闭合，炎症蔓延到额窦，会使头颅上部隆起；体表淋巴结肿大。母畜阴唇水肿，阴道黏膜潮红、肿胀。病程较长时，皮肤出现红疹、小疱疹等。

（四）病理变化

病理解剖变化依临床症状而定。最急性病例没有或只有轻微变化。头眼型以类白喉性坏死性变化为主。喉头、气管炎和支气管炎黏膜充血，有小点出血，也常覆有假膜。肺充血及水肿，也见有支气管炎。消化道以消化道黏膜变化为主。真胃黏膜和肠黏膜出血性炎症，有部分形成溃疡。

（五）诊断

1. 初步诊断

根据流行特点、症状及病变可做出初步诊断。

2. 实验室诊断

实验室诊断包括病毒分离培养鉴定、动物试验和血清学诊断等。

3. 鉴别诊断

本病有时与牛病毒性腹泻-黏膜病、口蹄疫、牛蓝舌病等可能混淆,应注意鉴别。

(六)防制

1. 预防

控制本病最有效的措施：立即将绵羊等反刍动物清除出牛群,不让与牛接触,同时注意畜舍和用具的消毒。

2. 治疗

目前尚无特效药治疗。对病牛应加强管理、减少应激,可缩短病程,减少死亡。将病牛隔离,单独饲养在黑暗的牛舍中。治疗原则是抑制兴奋、控制继发感染和防止脱水。

对兴奋不安牛,应给予镇静剂,如溴化钠 15~60 g,1 次内服;或三溴合剂(含溴化钠、溴化钾各 3%的溶液)200~300 mL,1 次内服。

为控制继发感染,可使用磺胺甲基嘧啶、磺胺二甲基嘧啶,剂量为 0.14~0.20 g/kg,1 次内服,维持量减半;新霉素 4 mg/kg,肌肉注射,每日注射 2 次。

为消炎、抗过敏,可使用地塞米松 10~20 mg,1 次静脉或肌肉注射,每日 1 次,连用 3 d;阿司匹林 15~30 g,1 次内服。

为防止脱水，可静脉注射葡萄糖生理盐水 2 500~3 000 mL,每日注射 2~3 次。局部病灶可用消毒液清洗后,涂碘甘油和抗生素软膏。

十一、牛传染性鼻气管炎

牛传染性鼻气管炎又称“坏死性鼻炎”“红鼻病”,是由牛传染性鼻气管炎病毒引起的一种接触性传染病。本病表现上呼吸道及气管黏膜发炎、呼吸困难、流鼻汁等症状,还可引起生殖道感染、结膜炎、脑膜脑炎、流产、乳房炎等多种类型。我国于1980年从新西兰进口奶牛中发现本病，其后从我国的肉牛、水牛、黄牛、牦牛等病牛体内也都分离到了病毒。

本病的危害性在于病毒侵入牛体后，可潜伏于一定部位，导致持续性感染，病牛长期乃至终身带毒，给控制和消灭本病带来极大困难。

（一）病原

牛传染性鼻气管炎病毒又称牛（甲型）疱疹病毒，病毒于pH 7.0的溶液中很稳定，4℃下经30 d保存，其感染滴度几乎无变化；-70℃保存的病毒，可存活数年。许多消毒剂都可使其灭活。病毒可潜伏在三叉神经节和腰、荐神经节内，中和抗体对潜伏于神经节内的病毒无作用。

（二）流行特点

本病主要感染牛，尤以肉用牛较为多见，其次为奶牛。以20~60 d龄的犊牛最为易感，病死率也较高。

病毒可通过胎盘侵入胎儿引起流产。当存在应激因素（如长途运输、过于拥挤、分娩和饲养环境发生剧烈变化）时，潜伏于三叉神经节和腰、荐神经节中的病毒可以活化，并出现于鼻汁与阴道分泌物中，因此隐性带毒牛往往是最危险的传染源。发病率10%~90%，病死率1%~5%，犊牛病死率较高。

（三）症状

潜伏期4~6 d，本病可表现多种类型，主要有以下几种类型。

呼吸道型：寒冷季节多见，病初发高热39.5~42℃，极度沉郁、拒食，有多量黏液脓性鼻漏，鼻黏膜高度充血，出现浅溃疡，鼻窦及鼻镜因组织高度发炎而称为“红鼻子”；结膜炎及流泪；呼吸困难及张口呼吸，呼气中常有臭味，呼吸加快，常有深部支气管性咳嗽。乳牛病初产乳量大减，后完全停止，病程如不延长(5~7 d)则可恢复产量。重型病例数小时即死亡，大多数病程 10 d 以上。严重的流行，发病率可达 75%以上，但病死率在 10%以下。

生殖道感染型：由配种传染。可发生于母牛及公牛。病初发热、无食欲，尿频、有痛感；阴户联合下流黏液线条，污染附近皮肤，阴门阴道发炎充血，阴门黏膜上出现小的白色病灶，可发展成脓疱。严重的病例发热，一般出现临床症状后 10~14 d 开始恢复，公牛可不表现症状而带毒，从精液中可分离出病毒。

脑膜脑炎型：主要发生于犊牛。体温升高达 40℃以上。病犊共济失调，抑郁、随后兴奋、惊厥，口吐白沫，最终倒地，角弓反张，磨牙、四肢划动，多归于死亡。

眼炎型：一般无明显全身反应，主要症状是结膜炎。角膜轻度混浊，眼、鼻流浆液脓性分泌物，很少引起死亡。

流产型：一般认为是病毒经呼吸道感染后，从血液循环进入胎膜、胎儿所致。胎儿感染为急性过程，7~10 d 以死亡告终，再经 24~48 h 排出体外。

(四)诊断

1. 初步诊断

根据病史及临床症状，可初步诊断为本病。

2. 实验室诊断

可在感染发热期采取病畜鼻腔洗涤物，流产胎儿可取其胸腔液或胎盘子叶，分离鉴定病毒；也可用分子生物学技术如聚合酶链反应(PCR)技术检测病料中的病毒基因。

(五)防制

1. 免疫接种

疫苗有弱毒疫苗、灭活疫苗和亚单位疫苗(用囊膜糖蛋白制备)三类。研究表明,用疫苗免疫过的牛,并不能阻止野毒感染,也不能阻止潜伏病毒的持续性感染，只能起到防御临床发病的效果。

2. 加强检疫

因本病能持续性感染,防制本病最重要的措施是必须实行严格检疫,防止引入传染源和带入病毒(如带毒精液),抗体阳性牛实际上就是本病的带毒者。因此,具有抗本病病毒抗体的任何动物都应视为危险的传染源,应采取措施对其严格管理。

3. 扑灭措施

发生本病时,应采取隔离、封锁、消毒等综合性措施,由于本病尚无特效疗法,病畜应及时严格隔离,贵重病畜可行对症治疗,其他的最好予以扑杀或根据具体情况逐渐将其淘汰。

十二、牛白血病

牛白血病是牛的一种慢性肿瘤性疾病。其特征为淋巴样细胞恶性增生,进行恶病质和高度病死率。目前,本病分布广泛,几乎遍及全世界养牛的国家。我国于 1974 年首次发现本病,对养牛业的发展构成威胁。

(一)病原

病原为白血病病毒。病毒粒子的直径 90~120 nm,病毒对温度较敏感,60℃以上迅速失去感染力；紫外线照射和反复冻融对病毒有较强的灭活作用。

(二)流行特点

本病主要发生于成年牛,尤以 4~8 岁的牛最常见。健康牛群发病,往往是由引进了感染的牲畜,但一般要经过数年(平均 4 年)才出现肿瘤的病例。感染的母牛也可以在分娩时将病毒经胎盘传给胎儿,或经污染的器械传给胎儿。

吸血昆虫在本病传播上具有重要作用。病毒存在于淋巴细胞内,吸血昆虫吸吮带毒牛血液后,再去刺吸健康牛引起疾病传播。

(三)症状

本病有亚临床和临床型两种类型。

亚临床型:无瘤的形成,其特点是淋巴细胞增生,可持续多年或终身,对健康状况没有任何扰乱。这样的病牛有些可进一步发展为临床型。

临床型:食欲不振、生长缓慢,体重减轻。体表或经直肠能摸到的淋巴结呈一侧性或对称性肿大,触诊无热无痛、能移动。如一侧肩前淋巴结肿大,病牛的头颈可向对侧偏斜;眶后淋巴结肿大可引起眼球突出。

(四)病理变化

病理变化主要是淋巴结和某些器官肿瘤样病变,瘤块白色、坚实。肿瘤可发生于个别淋巴结、个别器官,也可能是泛发性的。大牛多见于心脏和骨髓,小牛一般见于肾脏、胸腺、肝、脾及内脏和体表淋巴结。瘤块主要由淋巴细胞或成淋巴细胞构成。

(五)诊断

1. 初步诊断

根据触诊时发现增大的淋巴结(腮、肩前、股前)。疑似有本病的牛,直肠检查具有重要意义,尤其在病的初期,触诊骨盆腔的器官可以发现组织增生的变化,常在表现淋巴结增大之前。具有特别诊断意义的是腹股沟和髂淋巴结的肿大。

2. 实验室诊断

淋巴结细胞增多症是发生肿瘤的先驱变化,发生率远远超过肿瘤形式。因此,检查血相变化是诊断的重要依据,其特征是白细胞总数明显增加、淋巴细胞增加(超过 75%)、出现成淋巴细胞(即所谓瘤细胞)。对感染淋巴结做活组织检查,发现有成淋巴细胞(瘤细胞),可以证明肿瘤的存在。

剖检可以见到特征的肿瘤病变。最好采取组织样品(包括右心房、肝、脾、肾和淋巴结)做显微镜检查以确定诊断。

聚合酶链反应(PCR)监测外周血液单核细胞中的病毒核酸,只需 1~2 个感染细胞即可做出诊断。

(六)防制

1. 预防

防制本病应以严格检疫、淘汰阳性牛为中心,包括定期消毒、驱除吸血昆虫、杜绝因手术、注射可能引起的交互传染等在内的综合性措施。疫区牛场每年应进行 3~4 次临床、血液和血清学检查,不断剔除阳性牛;如感染牛较多或牛群长期处于感染状态,应采取全群扑杀的坚决措施。对检出的阳性牛,如因其他原因暂时不能扑杀时,应隔离饲养,控制利用;犊牛出生后即行检疫,阴性者单独饲养,喂以健康牛乳或消毒乳,阳性牛的后代均不可作为种用。

2. 治疗

本病尚无特效疗法。

十三、蓝舌病

蓝舌病是一种反刍兽的病毒性传染病。临床上以发热、白细胞减少以及口腔、鼻腔和胃肠黏膜发生溃疡性炎症为特征,且因病畜舌呈蓝紫色而得名。本病主要见于非洲、欧洲、大洋洲以及东南亚一些国家也有发生,有扩大蔓延之势。各国均把本病列为重点防疫对象之一。

（一）病原

病原体为蓝舌病病毒，有 20 多个型别。病毒对干燥和腐败有很强的抵抗力，但对酸敏感，在 pH 3 的环境中迅速灭活。

（二）流行特点

蓝舌病主要感染牛、羊等反刍动物，感染后多数成为无症状带毒者，也是重要的传染源。病毒存在于病畜的血液和各脏器中，且以发热期含量最高。精液可以带毒。该病毒主要通过库蠓吸血而传播，也可经胎盘传播。因此，本病多见于吸血昆虫活动的夏末秋初季节。

（三）症状及病变

牛感染本病后，大多数呈隐性感染，有 5%的出现临床表现。病初体温升高达 40.5~41.5℃，稽留 2~3 d，病畜精神委顿、厌食、流涎，口腔黏膜和舌肿胀，呈蓝色发绀，继而口腔与舌黏膜发生糜烂，形成溃疡。病畜死后，各脏器和淋巴结出血、充血、水肿，口腔黏膜糜烂并有深红色区，无特征性病变。

（四）诊断

1. 初步诊断

根据临床表现和发病特点初步诊断。

2. 实验室诊断

当临床上怀疑本病时，应采取病初和恢复期血清，用琼脂扩散反应，也可用蚀斑中和试验或补体结合试验等检测蓝舌病抗体。

（五）防制

1. 预防

平时应严加防范，加强口岸检疫和运输检疫，严禁从有本病的地区引进牛。关键是创造一个无蚊虫的环境条件。夏秋多雨湿潮的季节里应避开池塘、低洼、河汊区放牧。

2. 治疗

治疗基本上与口蹄疫相同，药物对病毒不起作用，主要是加强护理和对症治疗。对症治疗时要预防继发细菌性感染，可用抗生素和磺胺类药物。

十四、茨城病

茨城病又名类蓝舌病，是由茨城病病毒引起的一种急性热性传染病。临床上表现为突发高热、咽喉麻痹、关节疼痛等症状。

（一）病原

茨城病病毒分类上属于呼肠孤病毒科。病毒可于牛肾原代或传代细胞增殖。病毒经卵黄囊途径接种，可于鸡胚繁殖；脑内接种乳小鼠，可发生致死性脑炎。

（二）流行特点

本病主要发生于牛，羊极少发病，1 岁以下的牛一般不发病。取发热期病牛的血液静脉接种易感牛，可发生与自然病例相同的疾病。病毒是由库蠓等吸血昆虫传播的，库蠓吸血后，病毒可在其体内繁殖，7~10 d 后就能传播疾病。病的发生与吸血昆虫滋生、活动的季节和分布的地域有密切关系，多发生于 8~10 月间。病愈牛可获得一定的免疫力。

（三）症状

病牛突发高热，体温升高达 40℃以上，持续 2~3 d，少数可维持 7~10 d。精神沉郁、厌食、流泪、反刍停止、流泡沫样口涎。白细胞数减少。病情多轻微，2~3 d 可完全恢复。病牛腿部常发生疼痛性的关节肿胀。部分病牛在口腔黏膜、鼻腔黏膜、鼻镜及口唇等部位发生糜烂或溃疡。20%~30%的病牛表现为呕吐、咽喉麻痹、吞咽困难。蹄冠部、乳房、外阴部可见浅的溃疡。

（四）病理变化

病死牛可视黏膜充血、糜烂。真胃黏膜充血、出血、水肿，并见有大面积糜烂溃疡。病理组织学检查，食管肌层的横纹肌横纹消失呈玻璃样病变。咽喉、舌也发生出血、横纹肌坏死。肝脏也可发生出血性坏死。

（五）诊断

1. 初步诊断

根据症状结合流行病学初步怀疑本病。

2. 实验室诊断

采集发热期血液用于病毒的分离培养，也可采集病死牛的肝、脾、淋巴结等组织作为病料。此外，采集发病初期和恢复期的血液分离血清，供血清学检验用。

（1）动物接种试验：取发热期病牛的血液静脉接种易感牛，经3~5 d潜伏期，发生与自然病例相同的症状。也可用乳小鼠进行接种试验。

（2）血清学试验：用中和试验、补体结合试验、琼脂扩散试验等血清学方法进行诊断。

3. 鉴别诊断

牛茨城病常与牛流行热进行区别，参见牛流行热鉴别诊断。

（六）防制

（1）加强检疫，不从有病国家或地区进口牛羊，防止本病传入。

（2）本病一般预后良好。患牛主要是因严重缺水和吸入性肺炎发生死亡，因此，补充水分和防止误咽是治疗病牛的重点。可使用胃管或左肷部插入套管针的方法补充水分。

十五、阿卡斑病

阿卡斑病又名赤羽病，本病以流产、早产、死胎、胎儿畸形、新生胎儿发生关节弯曲和积水性无脑综合征为特征。

（一）病原

赤羽病病毒属于布尼安病毒科。该病毒能够凝集鸽、鸭、鹅等的红细胞。病毒可于牛、羊、猪、豚鼠、仓鼠等动物原代或传代肾细胞中培养增殖。

（二）流行特点

牛包括黄牛、奶牛、肉牛、水牛等均具有易感性，绵羊也可感染发病。本病为虫媒传播疾病，蚊和库蠓为主要传播媒介。病的发生有明显的季节性。流产和早产的病例在8~9月份逐渐增多，10月份达到高峰，以后逐渐减少；死产发生于流行初期，次年1月份达高峰，流行至5月停止；异常分娩发生于8月份至次年3月份，开始（8~9月份）为早期流产，中期（10月至次年1月）为体形异常，后期（2~3月份）大脑缺损病例为多。同一地区连续2年发病的极少，即使发生，头数也很少。同一母牛连续2胎发生异常分娩的几乎没有。

（三）症状

感染牛多呈隐性经过，临床上一般无体温反应，几乎不表现症状。怀孕牛偶尔可见由于羊水过多而引起的腹部膨大。特征性的表现是妊娠牛异常分娩，多发生于怀孕7个月以上或接近妊娠期满的牛。感染初期，胎龄越大的胎儿越容易发生早产，并呈现不能站立；感染中期常因体形异常如胎儿关节弯曲、脊柱弯曲等发生难产，即使顺产，新生犊牛也表现站立困难；感染后期多产出无生活能力的犊牛或瞎眼的犊牛。尽管发生分娩异常，但对母牛下一次妊娠影响不大。

(四)诊断

1. 初步诊断

根据症状结合流行病学特点初步怀疑为本病。

2. 实验室诊断

采集感染牛的血液、流产胎儿和死产犊牛的肌肉、肺脏、肝脏、脾脏、脑组织以及脑脊液等用于病毒分离培养和血清学检验。同时采集内脏组织、脑组织和脊髓浸于4%甲醛溶液中进行病理组织学检查。组织病料制成超薄切片,负染后进行电镜观察以及组织学观察,病毒分离培养,动物接种试验。血清学试验较为简便,方法有补体结合试验、血凝抑制试验等。

3. 鉴别诊断

引起流产的疾病或因素较多。布鲁氏菌病、弯杆菌病、钩端螺旋体病、李氏杆菌病、牛传染性鼻气管炎、毛滴虫病等疫病,各种中毒与营养代谢病以及其他原因均可引发流产,诊断的关键是查明病因。对于疫病,则要检出病原体,或者通过血清学方法进行诊断。

(五)防制

1. 加强检疫

勿从有病国家或地区引进牛、羊和购入动物产品。引进动物应在吸血昆虫活动之前进行。

2. 消灭传播媒介

用杀虫剂喷洒节肢动物滋生地,杀灭媒介昆虫。保护怀孕动物不受吸血昆虫叮咬。

3. 免疫接种

国外用赤羽病弱毒疫苗或灭活苗进行免疫接种。

十六、布鲁氏菌病

布鲁氏菌病是由布鲁氏菌引起人畜共患的一种传染病，呈慢性经过。临诊主要表现流产、睾丸炎、腱鞘炎和关节炎；病理特征为全身弥漫性网状内皮细胞增生和肉芽肿结节形成。近年来，肉牛的发病逐渐上升，必须高度重视。

（一）病原

布鲁氏菌共分为牛、羊、猪、沙林鼠、绵羊和犬布鲁氏菌6种。在我国发现的主要为前3种。布鲁氏菌为细小的短杆状或球杆状，不产生芽孢，为革兰氏染色阴性的杆菌。

本菌对自然因素的抵抗力较强。在污染的土壤中能存活20~40 d、粪尿中可存活45 d、羊毛上可存活75~120 d；在冷暗处的胎儿体内能存活6个月左右。对热较敏感，巴氏消毒法10~15 min杀死，煮沸立即死亡。常用的消毒剂3%来苏尔、2%氢氧化钠可在1 h内将其杀死；5%石灰乳需2 h、2%甲醛需3 h将其灭活。对盐酸四环素、利福平、卡那霉素、硫酸链霉素、复方新诺明等敏感。

（二）流行特点

自然病例主要见于牛、山羊、绵羊和猪，肉牛也是重要的易感动物。母畜较公畜易感，成年家畜较幼畜易感。

病畜是本病的主要传染来源，该菌存在于流产胎儿、胎衣、羊水、流产母畜的阴道分泌物及公畜的精液内，多经接触流产时的排出物及乳汁或交配而传播。

本病呈地方性流行。新疫区常使大批妊娠母牛流产；老疫区流产减少，但关节炎、子宫内膜炎、胎衣不下、屡配不孕、睾丸炎等逐渐增多。

（三）症状

潜伏期短者2周，长者可达6个月。

母牛流产是本病的主要症状，流产多发生于怀孕6~8个月，产出死胎或孱弱胎儿。母牛流产后常伴有胎衣不下或子宫内膜炎，阴道内继续排出红褐色恶臭液体，可持续2~3周，或者子宫蓄脓长期不愈，甚至因慢性子宫内膜炎而造成不孕。患病公牛常发生睾丸炎或附睾炎。

（四）病理变化

母牛的病变主要在子宫内部，子宫绒毛膜间隙有污灰色或黄色无气味的胶样渗出物，绒毛膜缺乏绒毛并有坏死病灶，表面覆以黄色坏死物或污灰色脓液，胎膜因水肿而肥厚，呈胶样浸润，表面覆以纤维素和脓汁。流产的胎儿主要为败血症变化，脾与淋巴结肿大，肝脏中有坏死灶，肺常见支气管肺炎。流产之后母牛常继发慢性子宫炎，子宫内膜充血、水肿，呈污红色，有时还可见弥漫性红色斑纹，有时尚可见到局灶性坏死和溃疡。

母牛的输卵管肿大，有时可见卵巢囊肿。严重时乳腺可因间质性炎而发生萎缩和硬化。

公牛主要是化脓坏死性睾丸炎或附睾炎。睾丸显著肿大，其被膜与外浆膜层粘连，切面可见到坏死灶或化脓灶。阴茎可出现红肿，其黏膜上有时可见到小而硬的结节。

（五）诊断

1. 初步诊断

根据流行病学调查，孕畜发生流产，胎衣不下，子宫内膜炎，不孕；公畜发生睾丸炎、附睾炎，不育以及同群家畜中有发生关节炎、腱鞘炎，结合胎儿、胎衣的病理变化，可怀疑为本病。

2. 实验室诊断

（1）细菌学检查：取胎儿、胎衣、母畜阴道分泌物、乳汁及肿胀部的渗出液等涂片，经柯氏染色法染色，镜检发现红色的细小球杆菌,结合临诊可以确诊。但本法的检出率很低,必要时应同时进行分离培养或动物试验。

(2)血清学检查:包括血清凝集试验、全乳环状试验和补体结合试验等。血清凝集试验分试管法和平板法,是牛、羊、猪检疫常用的方法;全乳环状试验常用于奶牛群的布病监测;补体结合试验适用于低凝集反应者及非特异反应动物。此外,还可用酶联免疫吸附试验、DNA 探针及 PCR 诊断技术等。

(六)防制

1. 加强检疫

引种时检疫,引入后隔离观察 1 个月,确认健康后方能合群。

2. 免疫接种

布鲁氏菌 19 号弱毒菌疫苗或冻干布鲁氏菌羊 5 号弱毒菌疫苗可于成年母牛每年配种前 1~2 个月注射,免疫期 1 年。

布鲁氏菌 19 号弱毒菌疫苗,皮下注射。牛可用 600 亿/头份 CFU 活菌的标准剂量,亦可以用 10 亿/头份 CFU 活菌的减低剂量。一般对 3~8 月龄牛接种 1 次标准剂量,6 个月后免疫抗体水平基本低于布氏菌病诊断剂量。必要时可在 18~20 月龄(即第 1 次配种前)再接种 1 次减低剂量。若对成年牛接种标准剂量,通常会出现免疫抗体长期处于较高水平(部分免疫牛可长达 18 个月)而影响布氏菌病诊断。

注意事项:不能用于孕牛;稀释后,限当日用完;接种时,应做局部消毒处理。本品对人有一定的致病力,工作人员大量接触可引起感染。使用时,要注意个人防护,用过的疫苗瓶、器具和未用完的疫苗等应进行无害化处理。

布鲁氏菌猪型 2 号弱毒菌疫苗:口服,牛每头 5 头份,间隔 1 个月再口服 1 次,免疫期 24 个月。

3. 严格消毒

对病牛污染的圈舍、运动场、饲槽等用5%克辽林、5%来苏尔、10%~20%石灰乳或2%氢氧化钠等消毒；病牛皮用3%~5%的来苏尔浸泡24 h后利用；乳汁煮沸消毒；粪便发酵处理。

4. 培育健康犊牛

约占50%的隐性病牛，在隔离饲养条件下可经2~4年而自然痊愈。在肉牛场可用健康公牛的精液人工授精，犊牛出生后食母乳3~5 d送犊牛隔离舍喂以消毒乳和健康乳；长到6个月后检疫2次，间隔为5~6周，阴性者送入健康牛群；阳性者送入病牛群。

5. 流产后继续患子宫内膜炎的病牛

可用0.1%高锰酸钾冲洗子宫和阴道，每日1~2次，经2~3 d后隔日1次。

6. 严重病例可用抗生素或磺胺类药物治疗

抗生素选用链霉素、卡那霉素、庆大霉素等。

7. 中药益母散对母牛效果良好

益母草30 g、黄芩18 g、川芎15 g、当归15 g、熟地黄15 g、白术15 g、双花15 g、连翘15 g、白芍15 g，共研细末，开水冲，候温灌服。

十七、结核病

结核病是由结核分枝杆菌引起的一种人畜共患的慢性传染病，使各组织器官呈现结节与干酪样病变。

（一）病原

肉牛结核病，主要由牛型结核分枝杆菌传播引起，其次为人型结核分枝杆菌和禽型结核分枝杆菌。结核分枝杆菌含有丰富的脂类,对外界环境抵抗力很强,在干燥痰液中能存活 10 个月,病变组织和尘埃中能存活 2~7 个月, 在土壤和粪便中可存活 6 个月。但对热敏感,70~80℃经 5~10 min 即可死亡。常用消毒剂 4 h 可将其杀死。对链霉素、卡那霉素、利福平、异烟肼、对氨基水杨酸钠和环丝氨酸等敏感。常用的消毒剂如 75%酒精、3%~5%来苏尔可将其杀死。

(二)流行特点

几乎所有的畜禽都可以发生结核病,其中以肉牛的易感性最高。结核杆菌随鼻液、痰液、粪便和乳汁等排出体外,污染饲料、饮水、空气等周围环境。成年牛多因与病牛、病人直接接触,犊牛多因喂了病牛的乳而感染。圈舍拥挤、卫生不良、营养不足、本身抵抗能力差,可诱使本病发生。

(三)症状

本病主要症状因受损部位不同而异, 最常见的是肺结核,其中还有心包结核、肠结核、生殖器官结核、乳房结核等。

肺结核表现为干性咳嗽、呼吸困难,肺部有干性或湿性啰音,咽部淋巴肿胀引起吞咽困难,伴有间歇热和弛张热。心包结核伴有心包炎、心包腔积液等。

乳牛常发生乳房结核,病初腹股沟浅淋巴结肿大,继而后方乳腺区发生局限性或弥漫性硬结、无热无痛,泌乳量减少,严重时乳汁稀薄水样。犊牛多发生肠道结核,主要表现顽固性下痢和迅速消瘦。生殖器官结核较少见,表现性机能扰乱,如发情频繁、性欲亢进、慕雄狂、不孕或孕畜流产。公畜睾丸、附睾肿大,阴茎前部可发生结节或糜烂等。

(四)病理变化

牛结核病灶最常见于肺及其他器官有隆起的多发性白色结

节，切面有干酪样坏死，有的已钙化，切开时有沙砾感。有的坏死组织溶解，排出后形成空洞。发生全身性结核时，在胸腹腔浆膜上密集着粟粒至豌豆大的半透明或不透明的灰白色硬实的结节，形似珍珠，即所谓的"珍珠病"。胃肠道黏膜也可能有大小不等的结核结节或溃疡。切开乳房可见大小不等的结核病灶，内有干酪样物质。

（五）诊断

1. 初步诊断

根据临床症状，特别是特异性的炎症病变具有重要的诊断意义，病畜死后可进一步进行细菌染色镜检、细菌分离培养和动物接种试验。

2. 变态反应诊断

牛结核用牛型结核菌素诊断牛结核病时，将牛提纯结核菌素用蒸馏水稀释成 100 000 IU/mL，于颈侧中部上 1/3 处皮内注射 0.1 mL。

3. 鉴别诊断

牛肠结核与牛副结核、慢性牛黏膜病，牛淋巴结结核与地方流行型牛白血病症状相似，也应注意鉴别。鉴别要点分别参见副结核和牛白血病。

（六）防制

1. 加强检疫

主要是通过检疫途径每年春秋两季进行 2 次，将阳性反应牛淘汰处理，组建假定健康或健康牛场。

2. 培育健康牛群

犊牛产出后，全身用 2%~5%来苏尔消毒，立即与母牛分离，头 5 d 喂亲生母牛的初乳（人工挤奶饲喂，巴杀处理。），以后喂其他健康母牛的奶或消过毒的牛奶。20~30 日龄、100~120 日龄和 180 日龄时连续 3 次检疫，对结核菌素均为阴性反应的犊牛，可混入健康犊牛群饲养；呈阳性反应的犊牛，随即淘汰。阳性牛群的牛奶在消毒后方可运出，粪便发酵处理后利用。要加强消毒，每年进行全面大消毒 2~4 次，饲养用具每月消毒 1 次。结核病患者不得饲养、管理牛群。

3. 治疗

药物治疗多用异烟肼和链霉素、卡那霉素，由于用量大成本高，多不进行药物治疗。

十八、副结核病

副结核病又称为副结核性肠炎，是由副结核病分枝杆菌引起的，主要发生于牛的一种慢性传染病。本病以顽固性腹泻、渐进性消瘦、肠黏膜增厚形成脑回样皱褶为特征。

(一)病原

副结核分枝杆菌属于分枝杆菌属，现已鉴定出三型副结核菌株：一是牛型副结核株，在自然条件下不感染羊；二是羊型副结核株，在自然条件下可感染羊，对牛有轻微致病力；三是色素型副结核株，仅苏格兰有报道。该菌为长 0.5~1.5 μm、宽 0.3~0.5 μm 的革兰氏阳性杆菌，具有抗酸染色特性。病菌存在于肠黏膜病变部位、肠系膜淋巴结以及粪便中，成堆或成丛排列。本菌初次分离培养较为困难，在培养基中加入甘油有利于其生长。本菌在污染的牧场、厩舍内可存活数月至 1 年，对热和消毒剂的抵抗力与引起结核病的分枝杆菌相似。常用的消毒剂有 10%石灰乳、2%氢氧化钠、3%来苏尔、10%漂白粉等。

（二）流行特点

该病主要发生于牛（特别是乳牛），以犊牛易感性高，此外，山羊、骆驼、猪、马、鹿等动物也罹患。患畜和隐性感染的动物为传染源，主要通过粪便排出病原体，也可通过乳汁或尿液排出病原体。本病主要经消化道感染，也可发生子宫内传染或经初乳传染。试验证明，皮下或静脉接种可使犊牛感染。本病的散播较为缓慢，单个病例出现或死亡的时间不集中，表面上呈散发，实际上是一种地方流行性疾病。维生素及矿物质缺乏、营养不良、饲料缺乏、运动不足，寄生虫侵袭等使机体抵抗力低下时易感染。

（三）症状

病初无明显症状，全身状况尚可，但 30%~50%的牛向外排出病原。在不良因素的作用下，症状逐渐明显，发生间歇性的腹泻，后变为经常性的顽固腹泻；粪便稀薄，常带有气泡、黏液甚至血凝块。病牛全身状况不佳、精神不振、食欲减退、逐渐消瘦、眼窝下陷、时常躺卧，泌乳减少甚至停止。后期病牛被毛松乱、皮肤粗糙、后躯尖削，下颌及垂肉水肿。腹泻时停时发，一般经 3~4 个月因衰竭而死亡。有时病程可拖至更长时间。

（四）病理变化

尸体消瘦，病变多限于肠道，尤其是空肠、回肠和结肠前段，特别是回肠最为明显；肠系膜淋巴结坚硬、色泽苍白，肿大呈索状；肠黏膜增厚，形成迂回曲折的皱褶，似“脑回样”构成；肠内容物混有黏液；肠黏膜充血，覆有黏液，但无结节，坏死和溃疡。

（五）诊断

1. 临床诊断

根据临床症状，结合流行病学特点和病理变化可初步诊断。

2. 实验室诊断

(1)细菌学诊断:刮取直肠黏膜或采集混有黏液、黏膜碎片以及血液的粪便作为病料;死亡或捕杀的动物可取肠系膜淋巴结以及回盲瓣附近的肠黏膜作为病料。必要时,对病料进行预处理,取沉淀物进行检查。病料制成涂片,抗酸染色法染色后镜检,必要时分离培养。

(2)血清学诊断:通常用补体结合反应、酶联免疫吸附试验等进行副结核病诊断。

(3)变态反应诊断:用提纯禽结核菌素或副结核菌素在牛颈部上 1/3 处做皮内变态反应,皮差增厚 2 mm 以上时,判为阳性。一般认为,使用副结核菌素检出率为 94%,禽结核菌素为 80%。

3. 鉴别诊断

牛副结核病常与牛结核病鉴别,主要通过病理变化和病原学检查进行鉴别。

(六)防制

(1)勿从疫区引进牛,凡引入动物要严格检疫,确认健康时,方可混群。

(2)有病牛群,用变态反应每年检疫 4 次(间隔 3 个月),对阳性牛或出现临床症状的病牛,及时淘汰;感染严重或生产能力低的一般生产群应整群淘汰。连续检疫 3 次不再出现阳性的牛群,可视为健康牛群。只有检疫呈阴性的牛,方准出场或调群。

(3)被病牛污染的运动场,牛舍、饲槽、用具等用 10%石灰乳、2%氢氧化钠、3%来苏尔、3%石炭酸、10%漂白粉等消毒剂彻底消毒。

(4)病牛往往在感染后期才出现临床症状,临床上采用对症治疗和抗生素治疗,但常得不到根治,治疗效果不佳。对本病的治疗,可采用抗分枝杆菌药物,如链霉素、氨苯砜、异烟肼、氨甲蝶呤和氨苯吩等按 20 mg/kg 口服, 每日 1 次; 与利福平 20 mg/kg 口服,每日 1 次,联合应用,也可用 30 mg/kg 加水灌服,每日 1 次,可使腹泻停止。上述药物虽能使病状消失,健康状况有所改善,但仍大量排菌。

十九、巴氏杆菌病

巴氏杆菌病是由多杀性巴氏杆菌引起的急性热性传染性疾病,也是导致多种动物感染的一种败血性传染病。牛之急性经过主要呈败血症和出血性炎症,故称牛出血性败血病(以下简称“牛出败”),以高热、肺炎或急性胃肠炎及内脏广泛出血为主要特征。

(一)病原

多杀性巴氏杆菌是一种细小、两端钝圆的球状短杆菌,多散在、不能运动、不形成芽孢。革兰氏阴性。血片或组织触片用碱性美蓝染色,呈两极浓染,故又称两极杆菌,两极浓染之染色特性具诊断意义。该菌抵抗力弱,在干燥空气中仅存活 2~3 d,在血液、排泄物或分泌物中可生存 6~10 d, 但在腐败尸体中可存活 1~6 个月。直射阳光下数分钟死亡,高温立即死亡;一般消毒液均能杀死,对磺胺、土霉素敏感。

(二)流行特点

本病遍布全世界,各种畜禽均可发病。

本菌为条件病原菌,常存在于健康畜禽的呼吸道,与宿主呈共栖状态。当牛饲养在不卫生的环境中,或者由于感受风寒、过度疲劳、饥饿等因素使机体抵抗力降低时,该菌乘机生长繁殖,经淋巴液入血液引起败血症。该病菌主要经消化道感染,其次通过飞沫经呼吸道感染,亦有经皮肤伤口或蚊蝇叮咬而感染的。

该病常年可发生，在气温变化大、阴湿寒冷时更易发病；常呈散发性或地方流行性发生。

（三）症状

该病潜伏期 2~5 d。

败血型（水肿型或浮肿型）：病牛初期体温可高达 41~42℃，精神沉郁、反应迟钝、肌肉震颤，呼吸、脉搏加快，眼结膜潮红，食欲废绝，反刍停止。随后病牛头颈、胸前，甚至在肛门和四肢也出现水肿；若水肿涉及咽部则常发生吞咽、呼吸困难，重者窒息而死。与此同时，病牛常回头观腹，并有混杂黏液或血液且具恶臭味的粪便。一般病程为 12~36 h。

肺炎型（胸型）：主要表现纤维素性胸膜肺炎症状。病牛呼吸困难、痛苦干咳，有泡沫状鼻汁，后呈脓性；胸部叩诊呈浊音，有疼感；肺部听诊有支气管呼吸音及水泡性杂音。有的病牛会出现带有黏液和血块的粪便。病程一般为 3~7 d。

（四）病理变化

败血型牛出败：主要呈全身性急性败血症变化和咽喉部急性炎性水肿。病牛尸检可见咽喉部、下颌间、颈部与胸前皮下发生明显的凹陷性水肿，手按时会留压痕；有时舌体水肿肿大并伸出口腔，切开水肿部会流出微混浊的淡黄色液体；上呼吸道黏膜呈急性卡他性炎，胃肠呈急性卡他性或出血性炎；颌下、咽背与纵隔淋巴结呈急性浆液出血性炎。全身浆膜与黏膜出血。

肺炎型牛出败：主要表现为纤维素性肺炎和浆液纤维素性胸膜炎。肺组织颜色从暗红、炭红到灰白，切面呈大理石样。随病变发展，在肝变区内可见到干燥、坚实、易碎的灰黄色坏死灶，个别坏死灶周围还可见到结缔组织形成的包囊；胸腔积聚大量有絮状纤维素的浆液。此外，还常伴有纤维素性心包炎和腹膜炎。

（五）诊断

1. 初步诊断

根据流行特点、症状和病变可对牛出败做出初步诊断。其病理诊断要点：败血型常见多发性出血及咽喉部水肿，肺炎型常见纤维素性肺炎与浆液纤维素性胸膜炎。牛出败与炭疽及气肿疽区别参见炭疽病之诊断。

2. 实验室诊断

实验室诊断主要有涂片染色镜检、病料分离培养和动物接种试验。其中以染色镜检结果作为主要判断依据，将病料制成涂片或触片，经革兰氏、美兰或瑞特氏染色，如发现多量的革兰氏阴性、两端明显着色的卵圆形小杆菌，即可做出诊断。

（六）防制

1. 预防

加强饲养管理，增强抵抗力。定期预防注射可使用牛出败氢氧化铝菌苗，100 kg 以下之的牛皮下或肌肉注射 4 mL，100 kg 以上者 6 mL，免疫力可维持 9 个月。发现病牛立即隔离治疗。早期应用血清、磺胺类药物治疗效果好，两者同用更佳。

2. 治疗

用血清做皮下、肌肉或静脉注射，小牛 20~40 mL，大牛 60~100 mL，必要时重复 2~3 次。严重病牛宜同时注射青霉素或链霉素等抗生素。

二十、沙门氏菌病

牛沙门氏菌病是由沙门氏菌属细菌引起的传染病。临床上以败血症、胃肠炎、怀孕母牛发生流产等为特征，在犊牛有时表现为肺炎和关节炎症状。

（一）病原

牛沙门氏菌病的病原体主要为鼠伤寒沙门氏菌和都柏林沙门氏菌。本属细菌对干燥、腐败、阳光等因素具有一定的抵抗力，体外环境可存活数周或数月，一般的消毒剂均能达到消毒的目的。

（二）流行特点

沙门氏菌属细菌，对多种动物都能致病，并引起人的食物中毒。鼠伤寒沙门氏菌和都柏林沙门氏菌宿主范围广泛，人、家畜以及其他动物均可感染带菌。病牛、带菌牛或其他感染动物为主要传染源，病菌主要经消化道感染。此外，鼠类常携带病菌，传播疾病。气候突变、长途运输、营养不良，哺乳不当、寄生虫侵袭等应激因素可促进本病的发生。

（三）症状

犊牛可因牛群中存在带菌母牛于出生后 48 h 发病，表现为拒食、卧地、迅速衰竭等症状，于 3~5 d 内死亡。大多数犊牛常于 10~14 d 后发病，体温升高达 41℃，脉搏增数，呼吸加快，排出恶臭稀粪，含有血丝或黏液，一般于病状出现后 5~7 d 死亡，病死率有时可达 50%，部分病例可恢复。病期延长时，可出现关节炎和肺炎症状。成年牛开始以高热、昏迷、食欲废绝、脉搏增数、呼吸困难，体力迅速衰竭、粪便带血，不久即下痢、粪便恶臭，带有黏液或黏膜絮片。病牛腹痛剧烈，常用后肢蹬踢腹部。病期长者，可见消瘦、脱水、眼球下陷，眼角膜充血、发黄。怀孕牛可发生流产，从流产胎儿可分离出沙门氏菌。成年牛有时可表现为顿挫型经过，表现为发热、食欲减退、精神委顿，不久这些症状即可消失。

（四）病理变化

成年牛主要表现为出血性肠炎，肠黏膜潮红、出血甚至脱落。大肠可见局限性坏死区。肠系膜淋巴结呈不同程度的水肿、出血；

脾脏充血、肿大;肝脏发生脂肪变性或局灶性坏死区。急性死亡的病犊,心壁、腹膜及胃肠黏膜有点状出血,肠系膜淋巴结水肿或出血,肝脏、脾脏和肾脏可见有坏死性病灶。关节损害时,腱鞘和关节腔内含有胶样液体。肺脏可见有肺炎病灶区。

(五)诊断

1. 初步诊断

根据临床症状,结合流行病学特点和病理变化可初步诊断。

2. 实验室诊断

生前取血液、分泌物、排泄物;死后取血液、肝脏、脾脏、淋巴结及胸、腹腔渗出液等作为病料。

(1)细菌学诊断:常用普通琼脂、SS 琼脂、麦康凯琼脂及鲜血琼脂分离沙门氏菌,为提高检出率,常进行分离前增菌培养。分离物进行菌型鉴定以确定。

(2)血清学诊断:沙门氏菌感染常用凝集性反应进行检测。

3. 鉴别诊断

沙门氏菌病常与大肠杆菌病相鉴别。参见犊牛大肠杆菌病。

(六)防制

(1)加强饲养管理,防止和减少应激因素的作用,提高机体抗病力。防止鼠类污染饲料、水源。

(2)常发病牛群,可用本地分离的致病菌株制备沙门氏菌多价灭活菌苗进行预防接种。国内目前已有牛副伤寒疫苗,必要时可选用。

(3)发现病牛,及时隔离,选用经药敏试验筛选的敏感抗生素和抗菌药物进行治疗,环境、用具彻底消毒。

(4)发病后,可采用抗生素、磺胺类和呋喃类药物进行治疗,减少死亡,但治愈后长期带菌。

二十一、放线菌病

牛放线菌病是一种慢性化脓性肉芽肿性疾病。其特征主要是组织增生和化脓性放线菌肿。

（一）病原

病原主要是牛放线菌和林氏放线杆菌引起，经皮肤、黏膜的创伤而感染。

（二）流行特点

本病主要侵害小牛。本病的病原体为口腔、咽和扁桃体中的常在菌，谷草上也广为存在，但不能从完好的黏膜、皮肤侵入。当换牙或采食粗糙带刺的饲料时，常因刺破口黏膜而感染，或经破损的皮肤侵入。因此，本病一般呈散发。

（三）症状

本病多见于牛的上下颌骨的局部肿大。初期发生肿胀硬块，大多是在核桃大时发现，有痛感；晚期失去知觉，继之皮肤破溃、流出脓汁经久不愈，导致咀嚼、吞咽、呼吸都困难。

侵害舌肌时，舌组织肿胀变硬，触压如木板，故又称木舌病。肺脏可因转移病灶而形成硬块。放线菌肿逐渐增大，影响呼吸、咀嚼和吞咽，还可穿透皮肤排脓，形成瘘管，经久不愈。脓液中含有坚硬光滑的、黄白色的细小菌块，甚似硫黄颗粒。

（四）诊断

1. 初步诊断

根据临床症状做出初步诊断。

2. 细菌学诊断

取脓汁中的“硫黄颗粒”镜检。其方法是取脓汁于试管内，加生理盐水溶解黏液，拣出“硫黄颗粒”置载玻片上，加入 15%氢氧化钾溶液 1 小滴，盖以稍厚的盖玻片，压平后镜检。牛放线菌的菌块较大，压平后呈菊花状，菌丝末端膨大，呈放射状排列，革兰氏染色阳性；林氏放线杆菌菌块很小，放射状排列不明显，革兰氏染色阴性。

（五）防制

小型肿块用碘制剂、樟脑油、鱼石脂外面涂布。手术摘除，如有瘘管形成，则连同瘘管彻底切除；创口用碘酊纱布填塞，24~48 h 更换 1 次，伤口周围注射 10%碘仿醚；破溃后行清创及扩创术，也可用烧烙法清除创面。用抗生素与碘制剂配合实施治疗，内服碘化钾，连用 2~4 周，严重者静脉注射 10%的碘化钠，隔日 1 次。用药过程中出现碘中毒现象（如皮肤和黏膜发疹、流泪、脱毛、食欲缺乏等），可暂停用药 5~6 d 或减少用量。大剂量长疗程的抗生素、抗菌药物应用，可提高本病的治愈率。牛放线菌对青霉素、红霉素、四环素、林可霉素敏感，林氏放线杆菌对链霉素、磺胺类药物较为敏感。该病在于早期发现，及时治疗。破溃后脓液外流对环境污染严重，重症者淘汰处理，轻者隔离饲养等痊愈后回群。

二十二、炭疽病

炭疽病是由炭疽杆菌所引起的人和动物共患的一种急性、热性、败血性传染病。常呈散发或地方性流行。其特征为脾脏肿大，皮下和浆膜下出血性胶样浸润，血液凝固不良，死后尸僵不全。

（一）病原

炭疽杆菌是一种不运动的革兰氏阳性大肠杆菌，长 3~8 μm，宽 1.0~1.5 μm。在血液中单个或成对存在，少数呈 3~5 个菌体组成的短链，菌体两端平截，有明显的荚膜；在培养物中菌体呈竹节状的长链，但不易形成荚膜；体内之菌体无芽孢，但在体外接触空气后很快形成芽孢。

本菌的繁殖体抵抗力不强，在夏季腐败情况下 24~96 h 死亡；煮沸 2~5 h 立即死亡；对青霉素敏感。但该菌之芽孢抵抗力则特别强，在直射阳光下可生存 4 d，在干燥环境中可存活 10 年，在土壤中可存活 30 年；煮沸 1 h 还能检出少数芽孢，加热至 100℃，2 h 才能全部杀死。消毒剂杀芽孢的效果分别为：乙醇对芽孢无伤害，3%~5%石炭酸 1~3 d，3%~5%来苏尔 12~24 h，4%碘酊 2 h，2%甲醛、0.1%升汞为 20 min；若在 0.1%升汞中加入0.5%盐酸则 1~5 min。据报道，20%漂白粉或 10%氢氧化钠消毒作用显著。

(二)流行特点

各种家畜均可感染，其中牛、马、绵羊易感性最强；山羊、水牛、骆驼和鹿次之；猪易感性较低。试验动物与人亦具易感性。本病具有发病急、病程短，可视黏膜发绀、天然孔出血等流行特点。病畜的分泌物、排泄物和尸体等都可作为传染来源。该病入侵途径主要是消化道，也有经皮肤及呼吸道感染者。该菌入侵门户主要是咽、扁桃体、肺和皮肤。该病多为散发，常发生于夏季。

(三)症状

自然感染者潜伏期 1~3 d，也有长至 14 d 的。根据病程可分为最急性、急性和亚急性三型。病牛多呈急性经过，病初体温高达 41℃，呼吸增速，心跳加快；食欲废绝，有时可见瘤胃膨胀；可视黏膜有出血点或出血斑或发绀；有时精神兴奋，行走摇摆。炭疽痈为局限性的炎性水肿、溃疡，常发生于颈、胸、腰及外阴，有时发生于口腔，造成严重的呼吸困难；发生肠痈时，下痢带血，肛门浮肿。最急性型常突然倒毙，无典型症状，天然孔常出血；炭疽痈多在亚急性型时出现。

（四）病理变化

1. 败血型

可视黏膜发绀，并散在出血点；尸体极易腐败而致腹部膨大；从鼻孔和肛门等天然孔流出不凝固的暗红色血液；因机体缺氧、脱水和溶血，故血液黑红、浓稠、凝固不良呈煤焦油样；剥开皮肤可见皮下、肌肉及浆膜下有出血性胶样浸润；脾脏显著肿大，较正常大 2~3 倍，脾体暗红色，软如泥状；全身淋巴结肿大、出血，切面黑红色。

2. 痈型

当机体抵抗力较强或入侵的病原较少、毒力较弱时，则病变常定位于局部，即痈型炭疽。炭疽痈实质上是局部组织或器官发生的出血坏死性或浆液出血性炎症。其中心部位发生坏死呈黑褐色，致密、坚实；坏死区周围出血、色红；再向外则是大面积淡黄色或黄红色胶样浸润。炭疽痈常发部位为肠和皮肤，即出现肠痈和皮肤痈；肠痈多见于十二指肠和空肠；皮肤痈常见于颈、胸前、肩胛或腹下、阴囊与乳房等部位。

（五）诊断

1. 初步诊断

对原因不明而死亡或死后天然孔出血，出现痈性肿胀、腹痛、高热、病情发展急剧的病畜，应首先怀疑为炭疽。结合流行病学调查，本地区是否为历史疫源地，动物发病的时间，免疫接种情况等，为确诊提供依据。

2. 确诊

采取病料，生前采取静脉血、水肿液（痈型炭疽）或血便（肠型炭疽），死后采取末梢血液或末梢部位（耳朵）。在切下耳朵时，其断端应烫烙处理，并用 0.2%升汞或 5%石炭酸纱布棉花包裹后送检。必要时,在脾脏的体表投影部位,切一小口,钩取一小块脾脏,装入密闭容器中送检,切口用0.1%升汞纱布棉花堵塞。

(1)细菌学诊断:用病料抹片,经瑞特氏染色法或美兰染色法染色,在显微镜下检查发现有单在、成双或链状排列,菌端平直有荚膜的粗大杆菌。为了与类炭疽杆菌相区别,再做分离培养,将新鲜病料接种于普通琼脂平板、血液琼脂平板和普通肉汤中培养,根据生长性状即可确诊。对污染病料或陈旧病料,应采用加温分离培养的方法(70℃ 30 min),并对分离的可疑菌株进行噬菌体裂解试验、荚膜形成试验及串珠试验等。

必要时可进行动物接种试验,取病料悬液或肉汤培养物0.5 mL,经腹腔注射小鼠;1~3 d小鼠发生败血症死亡,腹部皮下有胶样浸润,取其脾脏或血液抹片,染色后镜检即可确诊。

(2)血清学诊断常用环状沉淀试验(也称Ascoli氏试验):炭疽沉淀原能耐腐败和高温,对于陈旧和腐败的病料用此试验仍能检出结果,所以常用于皮张和兽毛的检疫。但炭疽的菌体抗原与某些需氧芽孢杆菌(如蜡样芽孢杆菌)有一定的类属性,判定反应结果时应注意交叉反应。

(六)防制

1. 预防

炭疽病要抓好尸体处理。疑似炭疽尸体严禁剖检,应焚烧或深埋。一旦发病,应及时报告疫情,立即封锁隔离,加强消毒并紧急预防接种。封锁区内牛舍用20%漂白粉或10%氢氧化钠消毒,病牛粪便及垫草应焚烧。疫区封锁必须在最后1头病畜死亡或痊愈后14 d,经全面大消毒方能解除。

2. 治疗

炭疽病早期应用抗炭疽血清,成年牛静脉或皮下或腹腔注射

100~300 mL，若注射后体温仍不下降，则可于 12~24 h 再重复注射 1 次。青霉素按 4 000~8 000 IU/kg 肌肉注射，每日 2~3 次，治疗效果良好；若将青霉素与抗炭疽血清或链霉素合并应用，则效果更好；土霉素疗效亦较理想。磺胺类药物对炭疽有效，以磺胺嘧啶为最好，首次剂量 0.2 g/kg，以后减半，每日 2~3 次。

二十三、气肿疽

气肿疽俗称黑腿病或鸣疽，是一种由气肿疽梭菌引起的反刍动物的一种急性败血性传染病。其特征是局部骨骼肌的出血坏死性炎、皮下和肌间结缔组织胶样出血性炎，并在其中产生气体，压之有捻发者，严重者常伴有跛行。

（一）病原

气肿疽梭菌为两端钝圆的粗大杆菌，长 2~8 μm，宽 0.5~0.6 μm。能运动、无荚膜，在体内外均可形成芽孢，能产生不耐热的外毒素。芽孢抵抗力强，可在泥土中存活 5 年以上，在腐败尸体中可存活 3 个月。在液体或组织内的芽孢经煮沸 20 min、0.2%升汞 10 min 或 3%甲醛 15 min 方能杀死。

（二）流行特点

自然感染，一般多发于黄牛、水牛、肉牛、牦牛，犏牛易感性较小。发病年龄为 0.5~5.0 岁，尤以 1~2 岁多发，死亡居多。羊、猪、骆驼亦可感染。病牛的排泄物、分泌物及处理不当的尸体，污染的饲料、水源及土壤会成为持久性传染来源。该病传染途径主要是消化道，深部创伤感染也有可能。本病呈地方性流行，有一定季节性，夏季，尤其在炎热干旱时容易发生，这与蛇、蝇、蚊活动有关。

（三）症状

潜伏期 3~5 d。往往突然发病，体温达 41~42℃，轻度跛行、食欲废绝、反刍停止。不久在肩、股、颈、臂、胸、腰等肌肉丰满处发生炎性肿胀,初热而痛,后变冷,触诊时肿胀部分有捻发音。肿胀部分皮肤干硬而呈暗黑色,穿刺或切面有黑红色液体流出,内含气泡,有特殊臭气,肉质黑红而松脆,周围组织水肿;局部淋巴结肿大。严重者呼吸增速,脉细弱而快。病程 1~2 d。

(四)病理变化

尸体迅速腐败和臌胀，天然孔常有带泡沫血样的液体流出,患部肌肉黑红色,肌间充满气体,呈疏松多孔海绵状,有酸败气味;局部淋巴结充血、出血或水肿;肝、肾呈暗黑色,常因充血稍肿大,还可见到豆粒大至核桃大坏死灶;切面有带气泡血液流出,呈多孔海绵状。其他器官常呈败血症的一般变化。

(五)诊断

1. 初步诊断

根据流行特点、典型症状及病理可做出初步诊断。其病理诊断要点:丰厚肌肉的气性坏疽和水肿,有捻发音;丰厚肌肉切面呈海绵状,且有暗红色坏死灶;丰厚肌肉切面有含泡沫的红色液体流出,并散发酸臭味。炭疽、巴氏杆菌病及恶性水肿也有皮下结缔组织的水肿变化,应与气肿疽相区别。

2. 实验室检查

取肿胀部的肌肉、水肿液涂片或死后肝脏触片,染色后镜检,见到单个或两个在一起的无荚膜、有芽孢的梭菌,即可确诊。

3. 鉴别诊断

气肿疽与恶性水肿的区别:恶性水肿的发生与皮肤损伤病史有关;恶性水肿主要发生在皮下,且部位不定;恶性水肿无发病年龄与品种区别。

(六)防制

1. 预防

在流行的地区及其周围,每年春秋两季进行气肿疽甲醛菌苗或明矾菌苗预防接种。若已发病,则要实施隔离、消毒等卫生措施。死牛不可剥皮食肉,宜深埋或焚烧。

2. 治疗

早期全身治疗可用抗气肿疽血清 150~200 mL,重症患者 8~12 h 后再重复 1 次。实践证明,气肿疽早期应用青霉素肌肉注射,每次 400 万~500 万 IU,每日 2~3 次;或四环素静脉注射,每次 2~3 g,溶于 5%葡萄糖 2 000 mL,每日 1~2 次,会收到良好的效果。早期之肿胀部位的局部治疗可用 0.25%~0.50%普鲁卡因注射液 10~20 mL 溶解青霉素 80 万~120 万 IU 在周围分点注射,可收到良好效果。

二十四、恶性水肿

恶性水肿是由梭菌引起的多种动物的一种急性、创伤性、中毒性传染病。其特征为病变组织发生气性水肿,并伴有发热和全身性毒血症。

(一)病原

恶性水肿病原主要为腐败梭菌,水肿梭菌、魏氏梭菌、溶组织梭菌等也可致病或参与致病。

腐败梭菌是两端钝圆、严格厌氧的粗大杆菌,在体内外均易形成芽孢,芽孢在菌体中央,使菌体呈梭形。腐败梭菌能产生 α、β、γ、δ 四种毒素:α 毒素为卵磷脂酶,具有坏死、致死和溶血作用;β 毒素为脱氧核糖核酸酶,有杀白细胞的作用;γ 和 δ 毒素分别具有透明质酸酶和溶血素活性。这些毒素可使血管通透性增加,引起组织炎性水肿和坏死,毒素吸收后可引起致死性的毒血症。

腐败梭菌在自然界分布极广,其芽孢抵抗力很强,一般消毒剂在短期难以奏效,20%漂白粉、3%~5%硫酸石炭酸合剂、3%~5%氢氧化钠等强力消毒剂可于较短时间内杀灭。

(二)流行特点

在哺乳动物中,牛、绵羊、马发病较多,猪、山羊次之。鸽子也会发病。

年龄、性别、品种与发病无关。病畜在本病的传染方面意义不大,但可将病原体散布于外界,不容忽视。该病传染主要由于外伤,如去势、断尾、分娩、外科手术、注射等没有严格消毒致本菌芽孢污染而引起感染。本病一般只是散发形式,但外伤(如断尾)在消毒不严时,也会伙同发病。

(三)症状

该病潜伏期 12~72 h。

病牛在初期减食,体温升高,在伤口周围发生炎性水肿,迅速弥散扩大,尤其在皮下疏松结缔组织处更明显。病变部初坚实、灼热、疼痛,后变无热、无痛、手压柔软,有捻发音。切开肿胀部,皮下和肌间结缔组织内有多量淡黄色或红褐色液体浸润并流出,有少数气泡,具有腥臭味。病程发展急剧,多有高热稽留、呼吸困难、脉搏细数、眼结膜发绀,偶有腹泻,多在 1~3 d 内死亡。

母牛若经分娩感染,则在 2~5 d 内阴道流出不洁的红褐色恶臭液体,阴道黏膜潮红增温、会阴水肿,并迅速蔓延至腹下、股部,以致发生运动障碍和前述全身症状。

(四)病理变化

因腐败梭菌经伤口进入组织,繁殖并产生毒素,引起局部组织的弥漫性水肿，毒素损害血管壁并引起毒血症。皮下有污黄色液体浸润，有腐败酸臭味的气泡；肌肉呈灰白或暗褐色，多含有气泡；脾、淋巴结肿大，偶有气泡；肝、肾浊肿，有灰黄色病灶；腹腔和心包腔积有多量液体。

需要注意的是，死于恶性水肿的病牛尸体腐败很快，故应尽早剖检。

（五）诊断

1. 初步诊断

发病前常有外伤史；病变部明显水肿，水肿液内含气泡；病变部肌肉变性、坏死；若为产后发病，则子宫及其周围组织（结缔组织、肌肉等）明显水肿，内含气泡。

2. 实验室诊断

取病灶水肿液或坏死组织，特别是尸体的肝脏，制成涂片或触片，染色后镜检，其典型形态为长丝状菌体（肝表面尤多）。并可将病料乳剂 0.5~1.0 mL，皮下或肌肉内接种于豚鼠，经 18~24 h 即可死亡。观察其致病特点，可以做出诊断。

3. 鉴别诊断

恶性水肿与炭疽及气肿疽在临床上应予以鉴别，参见本章炭疽及气肿疽的诊断。

（六）防制

外伤（包括分娩和去势等）后严格消毒及正确治疗是防制本病的重要措施。

早期用青霉素或与链霉素联合应用，在病灶周围注射，甚为有效。四环素或土霉素静脉注射，尽早应用时效果亦好。亦可采用磺胺药物与抗生素并用。早期可切开肿胀处，清创使病变部分接触空气，再用 1%高锰酸钾或 3%过氧化氢溶液冲洗，后撒入磺胺碘仿合剂等外科防腐消毒剂,并施以开放疗法。全身采用强心、补液、解毒等对症疗法。

二十五、坏死杆菌病

坏死杆菌病是由坏死杆菌引起的一种人、畜共患的慢性传染病。临床上表现为皮肤、皮下组织和消化道黏膜的坏死、溃疡,有时在其他脏器形成转移性坏死病灶。

(一)病原

坏死梭杆菌是一种不运动、多形态的革兰氏阴性杆菌,严格厌氧。在动物组织和培养物中呈长丝状,有时也呈梭状或杆状。坏死梭杆菌在自然界分布广泛,土壤、沼泽、动物粪便中均有存在,健康动物的扁桃体和消化道黏膜也可带菌,感染的动物则主要存在于坏死病灶之中。本菌抵抗力不强,不耐热,一般的消毒剂即可杀死。对青霉素、土霉素、四环素及磺胺类药物敏感。

(二)流行特点

牛特别是肉牛在内的多种畜禽和野生动物均可感染,人也可感染,主要经损伤的皮肤、黏膜侵入组织,也可经血流散播全身。多种诱因可促进本病发生,如矿物质缺乏、维生素不足、圈舍潮湿污秽、营养不良、吸血昆虫叮咬、寄生虫侵袭、动物相互撕咬践踏等。本病多呈散发或地方性流行,一般见于多雨、潮湿及炎热季节。

(三)症状及病变

该病潜伏期一般 1~3 d。临床上常见有腐蹄病、坏死性口炎等。

腐蹄病多见于成年牛。病初跛行,病肢不敢负重,病牛喜欢卧地。严重者有全身症状。蹄部有痛感,清理蹄底时,可见小孔或创洞,内有腐烂的角质和污黑的臭水。病程长者可见蹄壳变形。指

(趾)间、蹄冠、蹄缘等常发生蜂窝织炎,并形成脓肿、脓漏和皮肤坏死。这种坏死蔓延至滑液囊、腱、韧带、关节甚至骨骼,以致蹄匣或指(趾)端脱落;病牛卧地不起,全身症状恶化,进而发生脓毒败血症死亡。

坏死性口炎又称"犊白喉",病初厌食,体温升高,流涎。常有鼻漏、口臭,口腔黏膜红肿。在齿龈、舌、上颚、颊及咽喉等部位可见粗糙、污秽的灰褐色或灰白色伪膜,撕脱后易出血,并露出不规则的溃疡面。病犊颌下水肿,呼吸困难。病变转移至肺部或其他器官、组织,常导致病畜死亡。病程 4~5 d,也有拖至 2~3 周者。泌乳肉牛可发生乳头及乳房皮肤坏死,有时可见乳腺坏死。

(四)诊断

1. 初步诊断

依据流行病学分析、临床症状以及以组织坏死为特征的病理变化,可做出基本诊断。

2. 实验室检查

采集病变部与健康组织交接处的材料作为病料。

(1)染色镜检:坏死梭杆菌革兰氏染色阴性。如用石炭酸复红染液染色,呈浓淡相间的不均匀着色,形似串珠长丝状;也可用碱性复红-美蓝染液染色,观察更具特征。

(2)动物接种试验:病料制成悬液,耳静脉注射实验兔,实验动物常在 1 周内死亡,内脏发生坏死性脓肿、溃疡;病料染色镜检,可做出确定诊断。

(五)防制

(1)保持牛舍及周围环境的清洁干燥,经常消毒圈舍和用具。

(2)补饲矿物质、维生素,提高牛群抗病力;除去圈舍、运动场内的锐利物,饲喂柔软饲料;防止皮肤、黏膜损伤。发现外伤,及时治疗，以防感染。

(3)发现病牛，立即隔离。污染场地应彻底消毒。清除的患牛坏死组织等立即销毁；牛群可通过 10%~20%硫酸铜蹄部药浴，连续 3 d。

(4)腐蹄病患牛应彻底清除患部坏死组织，用 1%高锰酸钾溶液洗涤患部，或用 6%甲醛、10%硫酸铜溶液洗涤，蹄底小孔填塞硫酸铜或高锰酸钾粉。对损伤的软组织可涂拭松馏油、磺胺碘仿或抗生素软膏，必要时用绷带包扎。“白喉”患畜，先除去伪膜，再用 0.1%高锰酸钾冲洗，然后涂拭碘甘油，每日 2 次至痊愈。当发生转移性病灶时，进行全身治疗，肌注青霉素，或用磺胺嘧啶、土霉素等药物。

二十六、李氏杆菌病

李氏杆菌病是由产单核细胞李斯特菌引起的家畜、家禽、啮齿动物和人的一种散发性传染病。本病以败血症、流产和脑膜脑炎为特征，病死率高。

(一)病原

产单核细胞李氏杆菌分类上属于李氏杆菌属；本菌为革兰氏阳性的杆状或球杆状的需氧菌，不产生芽孢及荚膜。李氏杆菌在青贮饲料、干草、土壤和粪便中能长期存活。本菌耐碱和盐，在 pH 9.6 和 10%食盐溶液中仍能生长。对热抵抗力不强，一般的消毒剂易使之灭活。

(二)流行特点

李氏杆菌病易感动物广泛，多种哺乳动物和禽类均易感。家畜中自然发病以牛、羊、猪、家兔为多，许多野生动物特别是啮齿目动物常为本菌的贮存宿主。患病动物和带菌动物为传染源，可通过各种排泄物、分泌物排出菌体而污染环境、牧草、饲料和水源。该病菌主要通过消化道、呼吸道感染。家畜饲喂含有病菌的青贮饲料可引起发病。有些地区牛，羊发病多在冬季或早春。本病一般呈散发性，多为少数动物发病，但病死率高，冬季缺乏青草、气候骤变、寄生虫感染以及患其他疾病时，容易发生。

（三）症状

该病潜伏期为 2~3 周。病初体温升高 39.5~40.5℃，不久降至正常。败血症多见于犊牛，表现为轻热、精神沉郁、呆立、低头垂耳、流涎、流鼻液、掉群、不听驱使、吞咽咀嚼迟缓，有时口颊一侧积聚多量未嚼碎的草料。脑膜脑炎常发于成年牛，病牛头颈呈一侧性麻痹、弯向另一侧；病侧耳下垂，眼半闭，甚至视力丧失；常做圈性运动，不能强使改变，遇障碍物则以头相抵不动；颈项强硬，或呈角弓反张。最终卧地，呈昏睡状，卧于一侧，强使翻身，又很快翻转复原。妊娠母牛常发生流产。

（四）病理变化

病牛可见有败血性变化，肝脏可见大小不等的弥漫性坏死灶，脾脏、肾脏也可见到，心外膜出血。有神经症状的病牛，脑膜和脑可能有充血、水肿及炎症变化，脑脊液增多、浑浊，含多量细胞，脑干变软，有细小脓灶，血管周围单核细胞浸润。流产母牛子宫内有脓性渗出物，内膜充血，子宫壁增厚，甚至坏死。血液学检查，牛少见单核细胞增多，而常见多形核细胞增多。

（五）诊断

1. 初步诊断

本病单凭临床症状不易诊断，如病牛出现神经症状、流产、血液多形核细胞增多，可作为诊断的参考。

2. 实验室诊断

生前采集血液、脑脊液、阴道分泌物;死亡动物采集血液、肝、脾、肾等组织以及淋巴结、脑组织和胎儿。

(1)染色镜检:病料标本可见革兰氏阳性球杆菌,两端钝圆,有时呈弧形,散在或排列成"V"形。

(2)动物接种:家兔、小鼠和豚鼠均有易感性。5~10 倍病料悬液给小鼠腹腔注射,2~6 d 发生败血症而死亡,内脏有坏死病灶,从血液、病变组织中可分离出李氏杆菌。

3. 鉴别诊断

牛李氏杆菌病应与沙门氏菌病、脑包虫病等相鉴别。

牛沙门氏菌感染也可引起败血症、流产等临床症状,但沙门氏菌病多无神经症状,血液学检查一般无多形核细胞增多。

牛患脑包虫病由于脑组织受压迫而发生转圈运动或斜走症状,但体温不高。

(六)防制

(1)场舍驱除鼠类和其他啮齿动物,防止外寄生虫侵袭,杜绝病原传入。

(2)牛群一旦发病,立即隔离、治疗,未感染牛及早转移至清净场舍。如怀疑与青贮饲料有关,则须更换饲料,同时注意个人防护。

(3)治疗选用新霉素、青霉素、链霉素、四环素及磺胺类药物。

二十七、棒状杆菌病

棒状杆菌病是由棒状杆菌引起的多种动物的各种疾病的总称。一般以各种组织、器官化脓性或干酪性的病理变化为特征。

(一)病原

棒状杆菌是一类多形态的细菌，菌体一端或两端膨大呈棒状。排列常不规则、单在、呈栅状或呈丛状。革兰氏染色阳性。棒状杆菌广泛分布于自然界,土壤、植物、动物的皮肤、黏膜、水源、污染的饲料、垫草、乳汁等均有存在。

(二)流行特点

多种动物和人对本病具有易感性。牛对化脓棒状杆菌、肾棒状杆菌易感性高,也可感染伪结核棒状杆菌。病牛和其他感染动物为传染源,可随脓汁及各种分泌物、排泄物排出病原体。本病主要通过伤口、消化道、呼吸道途径传播,吸血昆虫叮咬也可传播。此外,可通过污染乳房、尿道口等部位发生传染。本病一般呈散发性流行。

(三)症状及病理

由于病原体种类不同,病牛所表现的临床症状和病理变化不尽相同。

1. 化脓棒状杆菌感染

牛的多种化脓性疾病中,都可发现化脓棒状杆菌。牛化脓棒状杆菌感染在临床上主要表现有化脓性肺炎、多发性淋巴结炎、子宫内膜炎及脓性子宫炎、化脓性乳房炎、关节炎,多发性皮下脓肿等疾患。化脓棒状杆菌引起的脓肿有厚包囊,脓稀呈黄色或者带有绿色,无臭。死于肺炎的病犊,肺脏有化脓性坏死灶、肺炎灶,并有出血性渗出性的胸膜炎,局部淋巴结出血性化脓性肿胀。化脓性乳房炎常伴有组织增生,乳腺中有灶性脓肿。脓肿中或纯为化脓棒状杆菌,或与其他细菌合并感染。

2. 肾棒状杆菌感染

肾棒状杆菌感染以肾盂、肾组织、输尿管和膀胱发生炎症为特征,主要见于母牛。一般表现为泌尿系统的刺激症状,尿频、尿少、排尿困难、尿液浑浊带有血色,严重者可出现尿毒症。剖检可见肾脏肿大，被膜与肾脏粘连。病肾有灰黄色的小化脓灶和坏死灶，切面呈楔状。肾盏、肾盂由于渗出物积聚而扩大。肾乳头坏死，覆有渗出物。膀胱壁增厚，有出血、坏死和溃疡。输尿管膨大、黏膜增厚，有坏死变化。

3. 伪结核棒状杆菌感染

伪结核棒状杆菌在牛可引起溃疡性淋巴管炎、牛支气管肺炎以及皮肤类结核等疾病。溃疡性淋巴管炎以皮下淋巴管的慢性炎症并形成结节和溃疡为特征。病初在颈部或躯干部的皮下组织形成脓肿，沿淋巴管扩散，又形成新的脓肿；脓肿破溃，形成溃疡；淋巴结肿大，早期即可发生淋巴结炎，后发展为化脓性淋巴结炎。

（四）诊断

1. 初步诊断

依据临床症状和病理变化可做出初步诊断。

2. 实验室诊断

采集脓汁、乳汁、尿液、各种渗出物、肺脏、肾脏、淋巴结等病变组织，必要时可采集鼻液、粪便、土壤或其他污染的样品。

病料涂片，经革兰氏染色后，可发现大小不等的球状或球杆状的革兰氏阳性杆菌；经奈氏染色法或美蓝染色法染色检查，多有异染颗粒。

分离培养：病料直接接种血液琼脂培养基，置于37℃培养，提纯分离物进行鉴定。

（五）防制

（1）注意圈舍环境、饲管用具的清洁卫生，加强消毒工作。防止皮肤、黏膜受伤，发生外伤应及时处理。

（2）牛群发生本病时，应及时隔离病牛，体表脓肿可用外科手术切除。病牛用青霉素、链霉素等抗生素治疗。必要时可对分离菌株进行药物敏感试验，选择有效药物进行治疗。治愈的牛，仍须继续隔离观察，1年以上不复发时，方可认为痊愈。

二十八、牛弯杆菌病

弯杆菌病原名“弧菌病”，是由弯杆菌属的细菌引起的多种动物罹患的传染病。牛弯杆菌病在临床上主要表现为弯杆菌性流产、弯杆菌性腹泻等疾病。

（一）病原

引起动物和人类疾病的弯杆菌主要是胎儿弯杆菌和空肠弯杆菌，胎儿弯杆菌又分为两个亚种：即胎儿弯杆菌胎儿亚种和胎儿弯杆菌性病亚种。菌体细长、弯曲，呈“S”形、撇形，但在老龄培养物中可呈球形或螺旋状长丝（由多个“S”形菌体形成的链）。

（二）流行特点

胎儿弯杆菌对人和动物均有感染性，牛可引起不育和流产，病菌主要存在于生殖道、流产物、流产胎儿以及胎儿胃内容物。空肠弯杆菌可引起人和动物的腹泻，引起牛的“冬痢”，在牛还可引起流产，病菌主要存在于流产牛的胎盘、胎儿胃内容物以及血液和粪便。正常动物的肠道中也有空肠弯杆菌存在。胎儿弯杆菌主要经交配和人工授精传播，母牛在怀孕期间或分娩后均可带菌。空肠弯杆菌主要经消化道感染，感染动物可通过粪便、牛乳和其他分泌物排菌，污染饲料、饮水，引起新的传染。

（三）症状及病理

弯杆菌性流产：母牛感染胎儿弯杆菌后，病菌可侵入子宫和输卵管中，并引起发炎。病初阴道呈卡他性炎症，黏膜发红，尤以子宫颈部分为甚，黏液分泌增加，同时发生子宫内膜炎。母牛生殖道炎症的后果是胚胎早期死亡，再次配种常不受孕。有些母牛的胎儿死亡较迟，则发生流产，多于5~6个月发生流产，流产后阴道排出黏性或脓性分泌物，大多数母牛胎衣往往滞留，胎盘常水肿，胎儿的变化与布鲁氏菌病相似，流产胎儿皮下水肿、出血，肝脏、脾脏、淋巴结可能有坏死灶。

弯杆菌性腹泻：牛感染空肠弯杆菌后发生的腹泻，又称“冬痢”。潜伏期2~5 d。病牛排出黑色水样稀粪，常带有血液或血丝。病初体温轻度升高，出现下痢后，即降至正常。病牛小肠蠕动亢进，产乳量下降。本病常突然发生，病程短促。一夜之间可使牛群中20%的牛发生腹泻，2~3 d 80%的牛出现同样症状，随即恢复。严重病例，表现精神委顿、食欲不振、衰弱、脱水，甚至不能站立。患牛可发生乳房炎，并从乳汁中排出病菌。

（四）诊断

1. 初步诊断

根据症状及发病特点做出初步诊断。

2. 实验室诊断

（1）细菌学诊断

病料采集：流产病例一般采集母牛阴道分泌物、新鲜胎衣子叶、流产胎儿胃内容物等作为检验病料；腹泻病例，常取粪便、肠内容物等材料作为病料。

染色镜检：病料制成涂片，革兰氏染色镜检，可见呈“S”形、撇形的革兰氏阴性弯曲杆菌，结合临床发病情况，可初步诊断。

分离培养：病料接种于加有抗生素的鲜血琼脂平板培养，纯分离物进行病原鉴定以确诊。

（2）血清学诊断：有凝集试验、间接血凝试验、补体结合试验、免疫荧光抗体技术、酶联免疫吸附试验等。

3. 鉴别诊断

本病主要与布鲁氏菌病、衣原体病、沙门氏菌病以及牛病毒性腹泻–黏膜病等类似疾病进行区别，主要通过实验诊断进行鉴别。

（五）防制

（1）本病流行区可用当地分离的菌株制备弯杆菌多价灭活菌苗，进行免疫接种，可有效预防流产和不育。

（2）牛群发生流产时，应暂停配种 3 个月。流产母牛严格隔离并进行治疗。流产胎儿、胎衣以及污染物要彻底销毁，流产地点及时消毒除害。牛群发生腹泻时，及时隔离病牛，避免污染饲料和饮水。

（3）腹泻病牛用链霉素治疗，连用 3~5 d。同时进行对症治疗，口服防腐、收敛药物，重症者可实施强心、输液、补充电解质等治疗措施。

二十九、传染性角膜结膜炎

传染性角膜结膜炎又称红眼病，是由牛摩勒氏菌引起的主要危害牛、羊的一种急性传染病。本病以发生结膜炎、角膜炎，并伴有大量流泪和角膜浑浊为特征。

（一）病原

牛摩勒氏菌又称牛嗜血杆菌，分类上属于奈瑟氏菌科摩勒氏菌属。本菌革兰氏染色阴性，有荚膜，不形成芽孢，不运动。病料中常成对存在，偶见短链，具多形性，有时可见球状、杆状、丝状。牛摩勒氏菌只有在强烈的太阳紫外光照射下才可使牛产生典型的临床症状。因此认为，强烈的太阳紫外光可加强其致病作用。本菌对青霉素、四环素等敏感，常用的消毒剂均有效。

（二）流行特点

本病主要危害牛，山羊、骆驼、鹿等动物也具易感性，其中幼龄动物发病较多。自然传播的途径尚不十分明确，同种动物可通过直接或密切接触，如头部摩擦、打喷嚏、咳嗽等方式传染，污染的饲料可传播本病；蝇类和某些飞蛾可机械传递病原。牛摩勒氏菌在病愈牛的眼、鼻分泌物中可存在数月，故引进病牛或带菌牛是牛群暴发本病的一个常见原因。

本病多发于天气炎热和湿度较高的夏秋季节。一旦发病，传播迅速，多呈地方流行性。阳光暴晒、刮风、尘土、蝇类频繁活动等可促进本病的发生和流行。

（三）症状

本病潜伏期为 3~7 d。病初患眼羞明、流泪，眼睑肿胀、疼痛；稍后角膜凸起，血管充血，结膜和瞬膜红肿，或在角膜上产生白色或灰色小点。严重者角膜增厚，发生溃疡，形成角膜瘢痕及角膜翳。多数病例病初一侧眼患病，后为双眼感染。当眼球化脓时，则体温升高，食欲减退，精神沉郁，产乳量下降。病程一般为 20~30 d。多数可自愈，但常导致失明。

（四）诊断

1. 初步诊断

根据流行特点和临床症状可做出初步诊断。

2. 实验室诊断

病初期用无菌棉拭子采集结膜囊内的分泌物、鼻液作为病料，置肉汤中立即送检。同时制作病料涂片，供染色用。

（1）分离培养：用接种环接种针钩取少量病料标本，划线或涂布接种于巧克力琼脂平板。进一步进行生化试验和血清学试验以鉴定分离菌株。

(2)动物接种试验:可用病料标本或培养物涂擦于牛或小鼠的结膜囊内,经 2~3 d,接种动物发生结膜炎。

(3)血清学诊断:常用的血清学试验有血清凝集试验、琼脂扩散试验、间接血凝试验等。

3. 鉴别诊断

传染性鼻气管炎表现为结膜炎而无角膜炎,并以呼吸道炎症和体温升高为特点。传染性鼻气管炎由牛传染性鼻气管炎病毒引起,两种病原不同。

恶性卡他热由恶性卡他热病毒引起。恶性卡他热除眼部疾患外,还表现为高温、口腔黏膜坏死、呼吸道炎症以及严重的全身症状。恶性卡他热为散发性疾病,无季节性,临床上病死率高。

维生素 A 缺乏症主要发生于冬春舍饲季节,通常出现夜盲以及消化不良等症状。

(五)防制

(1)本病流行区禁止牛、羊等动物出入流动。牛群避免强烈阳光刺激。夏秋季节注意灭蝇。可用本地分离的具有菌毛和血凝性的菌株制成多价菌苗进行免疫接种,对本病有预防作用。

(2)牛群出现病牛,立即隔离,早期治疗。彻底清除厩肥,全面消毒场舍。病牛用 2%~4%硼酸水洗眼,拭干后用 3%~5%弱蛋白银点眼,每日 2~3 次。也可用青霉素溶液(每毫升含 5 000 IU)或四环素眼膏点眼。角膜浑浊或有角膜翳时,可涂 1%~2%黄降汞软膏。也可选用中药治疗。

三十、钩端螺旋体病

钩端螺旋体病简称"钩体病",是由似问号形钩端螺旋体引起的人和多种动物共患的传染病。本病临床表现形式多样,主要为发热、黄疸、血红蛋白尿、出血性素质、流产以及皮肤、黏膜坏死、水肿等。

（一）病原

钩端螺旋体分类上属于钩端螺旋体科钩端螺旋体属，属内有2个种：一是似问号形钩端螺旋体致人畜钩端螺旋体病，二是双弯钩端螺旋体为非病原菌。似问号形钩端螺旋体现有19个血清群、172个型别。钩端螺旋体又称细螺旋体，菌体呈长丝状，具有纤细、规则的螺旋，菌体一端或两端弯曲呈钩状。常用姬姆萨氏染色法染色或镀银法染色检查。暗视野显微镜检查，可见菌体螺旋细密而清楚。钩端螺旋体不耐干燥，一般存在于稻田、池塘、沼泽、草地以及沟渠等水域地带，且可存活数月或更久。本菌不耐热，50℃作用10 min即可杀死；但耐湿冷，2℃环境14 d仍可存活。常用的消毒剂如3%来苏尔、3%石炭酸等均有效。

（二）流行特点

钩端螺旋体可侵害多种动物，以幼龄动物发病为多。啮齿目动物是重要的贮藏宿主，特别是鼠类，可无症状感染；家畜以猪、牛、犬、山羊、马、骆驼、猫、家兔以及鸡等禽类均具易感性。人也可感染。传染源可通过各种途径特别是尿液排出病原体。鼠类、家畜和人的钩端螺旋体病常常相互交错感染，构成复杂的传染链。本病主要通过损伤的皮肤、黏膜而感染，消化道也是重要的感染途径，也可通过配种传播，吸血昆虫叮咬也能传播。此外，还可经胎盘发生垂直传播。

大多数感染动物呈隐性经过。一般表现为散发性或地方性流行。本病主要分布于气候温暖、多雨多水的热带和亚热带地区。我国南方多见于6~10月，北方多见于7~9月。饲养管理不良、饥饿、吸血昆虫侵扰以及其他疾病侵袭等因素均可促进本病的发生。

（三）症状

本病潜伏期 2~20 d。钩端螺旋体有不同的血清型别。不同动物对各种血清型的钩端螺旋体的抵抗力有差异。因此，钩端螺旋体病的临诊表现多种多样。

牛感染钩端螺旋体一般呈隐性经过。少数发病动物可表现发热、食欲减退或停食，反刍停止，并发生腹泻、粪便带血，出现蛋白尿甚至血尿、皮肤干裂、溃疡或坏死，口腔、鼻腔等黏膜也发生溃疡或坏死，并出现黄疸。病牛产乳量下降，乳汁黏稠或带血色。怀孕牛可发生流产。

（四）诊断

1. 初步诊断

根据临床症状和发病特点做出初步诊断。

2. 实验室诊断

采集发热期血液，疾病中后期采集脊髓液和尿液，病死或濒死期捕杀的动物可采集肝脏、脾脏、肾脏、脑组织，也可采集流产胎儿、死胎以及流产物等作为病料。

（1）涂片镜检观察、分离培养以及动物接种试验。

（2）血清学试验在钩端螺旋体病的诊断中具有重要价值，可用于菌型鉴定和检疫。常用的血清学试验有凝集溶解试验、补体结合试验、间接血凝试验、炭凝集试验以及酶联免疫吸附试验等。

（五）防制

（1）平时防止饲料和水源污染，开展灭鼠活动，及时清理污水、淤泥，严格消毒污染的饮水、牧地、场舍、用具等。

（2）坚持免疫接种，常用钩端螺旋体多价菌苗，也可用人钩端螺旋体 5 价疫苗或 3 价疫苗；发病时可进行紧急免疫接种，常可在2周内控制疫情(此举也可用于诊断)。

(3)治疗:选用青霉素、链霉素以及四环素族等抗生素,既可治疗急性病例,也可消除隐性带菌者。

三十一、衣原体病

衣原体病是由鹦鹉热衣原体引起的一种传染病,可使牛和多种动物发病,人也具有易感性。临床上以表现流产、肺炎、肠炎、多发性关节炎、脑炎等疾病为特征。

(一)病原

鹦鹉热衣原体分类上属于衣原体科衣原体属。衣原体只能在活的细胞体内繁殖,增殖过程因不同的发育周期有始体和原体之分。始体为繁殖型,无传染性;原体具有传染性,感染由原体引起。衣原体呈球形或卵圆形,革兰氏染色阴性,生活周期各期形态不同,染色反应亦异。受感染的细胞内可查见各种形态的包涵体,由原体组成,对疾病诊断有特异性。衣原体在一般培养基上不能繁殖,常在鸡胚和组织培养中增殖。鹦鹉热衣原体抵抗力不强,对热敏感,感染鸡胚卵黄囊中的衣原体在-20℃可保存数年。0.1%甲醛、0.5%石炭酸、70%酒精、3%氢氧化钠均能将其灭活。衣原体对青霉素、四环素、红霉素等抗生素敏感,而对链霉素有抵抗力。磺胺类药物,鹦鹉热衣原体有抵抗力。

(二)流行特点

鹦鹉热衣原体可感染多种动物,多为隐性经过。家畜中以牛、羊较为易感,禽类感染后称为"鹦鹉热"或"鸟疫"。许多野生动物和禽类是本菌的自然贮存宿主,患病动物和带菌动物可通过粪便、尿液、乳汁、泪汁、鼻分泌物以及流产的胎儿、胎衣、羊水排出病原体,污染水源、饲料及环境;本病主要经呼吸道、消化道及损伤的皮肤、黏膜感染,也可通过精液人工授精发生感染,子宫内感染也有可能。本病的流行形式多样,如牛衣原体性流产多呈地方性流行。密集饲养、营养缺乏、长途运输或迁徙、寄生虫侵袭等应激因素可促进本病的发生、流行。

(三)症状

鹦鹉热衣原体感染牛可有不同的临诊表现,主要有下列几种病型。

(1)流产型:易感母牛感染后,有一短暂的发热阶段。初次怀孕的青年牛感染后易于发生流产,流产通常发生在妊娠后期,一般不发生胎衣滞留。流产率达 60%。

(2)肺肠炎型:本病多见于半岁以内的犊牛。病犊体温升高,精神沉郁,流泪、流浆液性鼻液、腹泻。随后出现咳嗽和支气管肺炎。病犊表现的症状轻重不一,一般呈急性、亚急性、慢性或隐性经过。

(3)关节炎型:鹦鹉热衣原体侵害犊牛,可引起多发性关节炎。感染犊牛病初发热、厌食,不愿站立或运动。在发病的第二、第三天,关节肿大,后肢关节症状严重,病犊常于症状出现后 2~12 d 死亡。恢复的犊牛对再感染可有免疫力。

(4)脑脊髓炎型:2 岁以下的牛发病为多。病初体温突然升高,达 40.5~41.5℃。减退或停食,流涎、咳嗽、消瘦、衰竭、体重减轻。行走摇摆,或转圈运动,或头抵硬物不动。后期,某些病牛角弓反张或发生痉挛。耐过牛可获得持久免疫力。

(四)诊断

1. 初步诊断

根据症状结合流行病学做出初步诊断。

2. 实验室诊断

采集流产胎儿及流产分泌物、血液、关节滑液、脑脊髓组织等作为病料。

(1)鸡胚培养:病料悬液 0.2 mL 接种于孵化 5~7 d 的鸡胚卵黄囊内,感染鸡胚常于 5~12 d 死亡,取卵黄囊抹片镜检。

(2)动物感染:将病料接种于无特定病原的小鼠或豚鼠,经脑内、鼻腔或腹腔途径接种,均可进行衣原体的分离和繁殖。

(3)血清学试验:常用间接血凝试验、补体结合试验、免疫荧光试验等。

3. 鉴别诊断

本病在临床上常与布鲁氏菌病、弯杆菌病、沙门氏菌病等类似疾病进行区别诊断,须依据病原学检查和血清学试验鉴别。

(五)防制

(1)加强饲养卫生管理,避免牛群与鸟类接触,杜绝疾病传入。

(2)发生本病时,流产母牛及其所产犊牛及时隔离。流产胎盘、流产物应予销毁。污染的牛舍、场地等环境用 2%氢氧化钠溶液、2%来苏尔溶液等进行彻底消毒。

(3)治疗可肌注青霉素,每次 4 000~8 000 IU/kg,1 日 2 次,连用 3 d。

三十二、皮肤霉菌病

皮肤霉菌病是由多种皮肤霉菌引起的牛和多种畜禽共患的以皮肤角化、炎性坏死、脱毛、脱屑、渗出、形成痂块等为特征的传染病。

(一)病原

牛皮肤霉菌病主要由疣毛癣菌、须毛癣菌、马毛癣菌等引起，这些皮肤霉菌分类上属于毛癣菌属。它们分布在毛干外缘或毛内、或毛根和毛干周围。皮肤霉菌的抵抗力很强，耐干燥，对一般的消毒剂耐受性好，常用2%~5%氢氧化钠、0.5%过氧乙酸和2%甲醛消毒环境和厩舍。霉菌对一般抗生素和磺胺类药物不敏感。制霉菌素、两性霉素B和灰黄霉素对本菌有抑制作用。

(二)流行特点

霉菌可依附于动植物体上，生存于土壤之中或存在于各种体外环境。自然情况下牛最易感，人及其他畜禽、野生动物以及兔等实验动物均易感。对牛主要以侵害幼牛和营养不良、皮毛不洁的成年牛为主。通过直接接触或经受污染的土壤、饮水、饲料及用具等传播媒介而感染。营养缺乏、皮肤和被毛卫生不良、拥挤、潮湿、污秽、环境气温高、湿度大等均有利于本病传播。

(三)症状

牛皮肤霉菌病俗称“钱癣”。本病的发生常见于头部(如眼眶、口角、颜面等)、颈部以及肛门周围。以痂癣较多，初为小结节，局部瘙痒，并有皮屑脱落，逐渐扩大为隆起的圆斑，形成灰白色石棉状痂块，患部被毛折断，小者如铜钱，大者如核桃或者更大。严重者，牛体全身融合成大片癣痂或呈弥散性癣痂。在病的早期和晚期均有剧痒和触痛，患牛不安、摩擦、减食、消瘦、贫血以至死亡。部分病例皮肤形成红斑，继而发生小结节和小水疱，干后结痂。少数病例，霉菌还可侵及肺脏。

(四)诊断

1. 初步诊断

本病临诊特点为皮肤有明显的癣斑或鳞屑结痂，病变皮肤皱裂和变硬，病畜有痒觉。确诊要进行病原学检查。刮取皮肤鳞屑、剪取癣痂及被毛作为病料。

2. 实验室诊断

（1）镜检：病料置载玻片上，滴加 10%~15%氢氧化钠或氢氧化钾数滴，5 min 后以盖玻片覆盖（必要时，微微加温使标本透明），镜检观察，可见分枝的菌丝和各种孢子。

（2）分离培养：病料用 70%酒精或 2%石炭酸溶液浸泡5~10 min，接种于沙堡氏培养基，培养 2~3 周，观察菌落生长情况，挑取菌落，经乳酸棉蓝透明后镜检。

3. 鉴别诊断

皮肤霉菌病常与疥癣相鉴别，主要通过检查病原进行区别。参照螨病的鉴别诊断。

（五）防制

1. 搞好圈舍和牛体皮肤卫生

严格检疫，发现病牛，及时隔离治疗。环境、用具用 2%氢氧化钠或 0.5%过氧乙酸严格消毒。

2. 治疗

病牛局部剪毛，先用肥皂水洗净患部或直接使用以下药物：①涂拭 10%水杨酸酒精，每日或隔日用药 1 次；②3%来苏尔洗后涂拭 10%碘酊灰黄霉素；③石炭酸 15 g，碘酊 25 mL，水合氯醛 1 025 mL，混合外用，每日 1 次，共用 3 次。用后即用水洗去，再涂以氧化锌软膏；④6%苯甲酸合剂，每日涂拭 1 次。

三十三、肉毒梭菌中毒

肉毒梭菌中毒是由于机体吸收肉毒梭菌毒素引起的一种中毒性传染病，临床上以运动神经麻痹为特征。

(一)病原

肉毒梭菌分类上属于梭菌属,革兰氏染色阳性。肉毒梭菌的芽孢广泛分布于自然界,土壤为其自然居留所在。本菌在动物尸体、肉类、饲料、罐头食品中繁殖并产生毒素。这种毒素毒力极强，而且在消化道内不被破坏。液体中的毒素在 100℃,15~20 min 不被破坏,在固体食物中须经 2 h,肉毒毒素为一种蛋白质，通常以毒素分子与血凝素分子与血凝素载体所构成的复合物形式存在。

(二)流行特点

多种动物可患肉毒梭菌中毒。自然发病主要由于摄食腐败尸体、腐烂草料引起。在缺磷地区,牛等动物嚼食动物尸体残骸,牛食入被毒素污染的饲料、饮水也可引起中毒。

(三)症状

牛食入毒素后,多在 3~7 d 内发病。主要表现为肌肉软弱和麻痹,不能咀嚼、吞咽、垂舌、流涎,眼半闭、瞳孔散大,对刺激不起反应;波及四肢,则共济失调,甚至卧地不起;肠道松弛、粪便秘结,并有腹痛症状。常因呼吸麻痹而死亡,死前体温、意识仍正常。病死率高,轻度者可康复。

(四)诊断

1. 初步诊断

通过调查发病原因和发病经过,并结合临床症状,可做出初步诊断。

2. 毒素检测

采集病畜血清、胃肠内容物和可疑饲料,检查毒素。饲料和胃肠内容物,加 2 倍以上生理盐水,充分研磨,制成混悬液,室温浸置 1~2 h,离心取上清液或过滤取滤液,分为 2 份。一份 100℃加热 30 min，供对照用；另一份不加热，供毒素试验用。通常用鸡进行试验，分别取 0.1~0.2 mL 上述液体，注射于试验鸡一侧眼睑皮下，另一侧供对照。注射后 0.5~2.0 h，试验侧眼逐渐闭合，而对照侧眼仍正常。试验鸡于 10 h 后死亡，证明被检物含有毒素，也可选用小鼠进行试验。

（五）防制

1. 预防

缺磷地区应注意补充钙、磷或食盐，防止动物发生异嗜癖，牛发生此病时，应立即查明毒素来源，予以清除。

2. 免疫接种

常发病地区，可用同种类型毒素或肉毒梭菌灭活菌苗进行免疫接种，每头牛皮下注射 10 mL，保护期 1 年。

3. 治疗

牛发病后早期用多价抗毒素进行治疗；也可应用大量盐类泻剂，结合洗胃、灌肠等，以促进消化道内的毒素排出。

三十四、破伤风

破伤风又称“强直症”，是由破伤风梭菌经伤口感染引起的急性、中毒性传染病。其特征为大多数患病动物全身肌肉呈强直性痉挛，对外界刺激反射兴奋性升高，但牛感染后兴奋性增高不甚明显。

（一）病原

破伤风梭菌又称“强直梭菌”。本菌为细长的粗大杆菌。破伤风梭菌产生破伤风痉挛毒素、溶血毒素和非痉挛毒素。痉挛毒素引起本病特征性症状和刺激机体产生特异性的保护性抗体。溶血毒素引起局部组织坏死，为本菌生长、繁殖创造条件，非痉挛毒素对神经末梢有麻痹作用。破伤风梭菌繁殖体抵抗力不强,但芽孢抵抗力强,在土壤中可存活几十年。

(二)流行特点

各种家畜均有易感性,其中单蹄兽易感性最高,牛次之;人对本病易感性也很高;实验动物以豚鼠易感性高,小鼠次之。破伤风梭菌广泛存在于土壤、腐臭淤泥以及动物肠道、粪便中。牛感染最常见于各种创伤,如断角、阉割、上鼻环、产后及其他外伤。有时,临床检查不到伤口,可能是潜伏期中创伤已愈合或经消化道黏膜(如瘤胃黏膜)损伤而感染。一般呈散发性流行,但在断角、阉割等感染后可出现并发。

(三)症状

牛病初症状不明显,以后表现为全身僵硬,潜伏期 1~2 周。发病时,肌肉僵硬,张口困难,运动拘谨,严重时关节不能弯曲,瞬膜突出,反刍、嗳气停止,瘤胃臌胀。受到声响、强光等刺激时,症状加剧。病死率较低。

(四)诊断

1. 初步诊断

根据特征症状和创伤病史可确诊。

2. 鉴别诊断

对于症状不明显的应注意与急性肌肉风湿症、脑炎等鉴别。急性肌肉风湿症无创伤史,体温稍高,应激性不高,局部肌肉肿胀、疼痛,用水杨酸制剂可治疗。脑炎病畜也无创伤史,各种反射机能减退或消失,视力障碍,昏迷不醒并有麻痹症状。

(五)防制

1. 预防

最有效的办法是每年给牛接种 1 次破伤风类毒素,一律皮下注射 2 mL。断脐或发生外伤时，立即用碘酊严格消毒；有条件者，可同时肌肉内注射破伤风抗毒素 1 万~3 万 IU。

2. 治疗

把病牛放于阴暗处，避免声、光刺激。扩大创口，清除脓汁和坏死组织，用 3%双氧水、1%~2%的高锰酸钾水或 5%碘酊消毒，肌肉注射青霉素 200 万~400 万 IU。同时随补液静脉内注射破伤风抗毒素 50 万~90 万 IU（或肌肉注射）、40%乌洛托品 50 mL。为缓解痉挛，静脉内缓慢注射 25%硫酸镁 100 mL。此外，还要进行对症处置，如输液补糖，解除酸中毒以及防制并发症等。

第五章　肉牛产科病

一、流产与早产

流产是指母体与胚胎或胎儿之间的孕育关系遭到破坏,迫使妊娠中断,排出不能存活的孕体;而分娩出不足日龄的胎儿称为早产。流产一般发生在孕期 210 d 以内，早产一般发生在孕期 210~269 d。

(一)病因

造成流产的因素很多,一般分为普通流产、传染性流产、寄生虫性流产和饲养管理不良导致的流产。其中,普通流产又可分为自发性流产和症状性流产，前者主要是胎盘结构异常或胎儿过多导致;后者是由于炎症、营养、机械性外力、采食霉败饲料等多种因素引起。传染性流产的病原种类较多,但最常见于布氏杆菌、胎儿弯杆菌、BVDV、新孢子虫、钩端螺旋体病菌、李斯特菌等感染。

(二)症状和诊断

1. 早期胚胎死亡

妊娠初期胚胎尚未充分发育即失去与母体的孕育关系,胚体被母体吸收,妊娠黄体消失,母牛重新出现发情表现,临床上不易察觉。

2. 流产

流产就是排出死亡但尚未发生变化的胎儿。这是最常见的一种。妊娠 3~7 月出现流产先兆，阴门肿胀充血、黏液流出夹杂血液、乳房肿大甚至可以泌乳。部分牛流产后表现努责、拱背、频繁排尿等。

若所排出胎儿呈水肿、气肿、色暗、坏死腐败有臭味时，提示存在子宫感染，需进行对症治疗。因机械性外力、瘤胃臌气、采食腐败饲料等导致的小产，胎儿外观多无明显异常，甚至排出活胎。

3. 早产

这种流产的预兆及过程与正常分娩相似，胎儿存活，只是未足怀孕日龄，其生长发育往往不及正常孕期满后娩出的胎儿。

4. 延期流产

延期流产也称死胎停滞。胎儿死亡后由于子宫阵缩无力、宫颈口开张不足或子宫颈未完全开放而未能及时娩出，致使死胎长期滞留于子宫内。一般经直肠检查或 B 超检查可以确诊。死亡胎儿水分被吸收、胚体呈干尸样的称为胎儿干尸化(即木乃伊胎)，胎体组织分解、液化流出而骨骼停留于子宫的称为胎儿浸溶。

(三)防治

(1)加强饲养管理，改善饲料日粮配比，增进牛群健康状态。

(2)优化产房管理，提高接产人员专业水平，减少产后子宫感染发生率。

(3)对围产期各种疾病如瘫痪、难产、胎衣滞留、子宫炎症及酮病等及时诊治，以提高围产期牛体健康水平。

(4)加强配种技术人员无菌操作素养，减少配种过程中引入污染源的可能性。

(5)对有流产征兆的牛只予以药物保胎，如皮下注射 50~100 mg 孕酮(黄体酮)；或给予中药益母草、生艾叶、生香附各 50 g，打粉后热水冲调，候温 1 次灌服，一般 1~2 剂可见效。

(6)流产不可阻止时,应设法引产,减少子宫感染的发生,缩短空怀期。

(7)对延期流产,可先使用前列腺素促使颈口扩张和溶解黄体,产道外用润滑剂,以便于子宫内死胎和骨片的顺利排出。对于药物排出困难的干尸化病例,可能还需要应进行截胎等处理才可取出(术者应做好自我保护措施),然后用0.01%的高锰酸钾溶液或5%~10%的生理盐水等冲洗,并注入子宫收缩药物以促进内容物排出。

二、子宫出血

子宫出血是怀孕牛在外力作用下发生绒毛膜或子宫黏膜血管破裂,造成异常出血,严重时可引起流产,甚至危及母牛生命。

(一)病因

怀孕牛腹部被撞、踢、顶,跌倒,粗暴助产或剥离胎衣,以致子宫黏膜及绒毛膜血管受到损伤而引起。

(二)症状和诊断

病初,血液聚积在子宫内而难以发现,有时母牛表现不安和努责。如出血较多时,血液可流出阴道之外,卧床休息时更为明显,常表现为间隔性出血。出血量大时,可视黏膜出现青紫、母牛嗜卧等急性贫血症状。

(三)治疗

为了制止出血,应通过抬高孕牛后躯等形式减轻子宫内静脉血压,并安抚使其安静,皮下注射0.1%肾上腺素5 mL或肌肉注射安络血20 mL;发生流产的在止血和防止感染的同时,可采用驱除淤血及补气养血中药予以调理。

三、阴道脱出

阴道脱出一般是指阴道壁发生松弛,或母牛过度怒责致使阴道或阴道连同子宫颈后移而外露于阴门之外，可以是部分脱出，也可以是全部阴道脱出。

(一)病因

1. 激素影响

怀孕后期,胎盘产生过多的雌激素,或卵巢囊肿时产生大量的雌激素,均可使骨盆内固定阴道的组织和韧带松弛,引起阴道脱出。

2. 腹腔压力

瘤胃弛缓、积食、瘫痪,或怀孕后期胎儿过大、胎水过多,或长期饲养于前高后低的卧床等引起腹内压增高,可发生阴道脱出。

3. 饲养管理不当

营养不良,体弱消瘦或年老经产,运动不足时,全身组织特别是盆腔内的支持组织张力减弱或降低,可引起本病。

(二)症状和诊断

阴道部分脱出多发生于产前,在母牛卧地时,可见到有一鹅蛋或拳头大的粉红色瘤状物露出于阴门之外,站立时脱出部分多能自行缩回。如病因未除,则反复脱出阴道部分逐渐增大,以致患牛起立后需经过较长时间才能缩回或部分缩回。脱出时间过久,黏膜出现充血、水肿、干燥,甚至出现龟裂和坏死,流出带血或脓的液体。

完全脱出多由部分脱出发展而来。部分脱出的阴道壁由于炎症及外部刺激,进而诱发母牛努责,使脱出部分越来越大,以至于完全脱出。有的病牛,甚至膀胱也通过尿道外口向外翻出。病牛常表现不安、拱背、努责,时做排尿姿势。如发炎和损伤严重,又发生在产前强烈持续的努责,可能引起直肠脱出、胎儿窒息死亡和流产。

(三)治疗

1. 保守疗法

保守疗法适用于轻度脱出,特别是快要生产的病例,动物站立时脱出的阴道能够自行缩回或部分回缩。治疗应首先防止脱出的部分继续扩大和受到损伤,尽可能使动物采取站立姿势,将尾巴拴于一侧,增加走步运动,及时治疗瘤胃臌气、瘤胃迟缓、便秘等病,给予易消化饲料。此类脱出病例一般无需手术干预,能够自愈。对站起后不能自行缩回的阴道部分脱出和全部脱出的中度和重度阴道脱出病例,则应及时整复,并加以固定。

2. 手术疗法

手术疗法适用于阴道完全脱出和不能自行缩回的部分脱出。病牛采取站立姿势,最好前低后高体位,先将尾巴拴于一侧,对脱出部分可采用 0.1%高锰酸钾或 0.05%~0.10%新洁儿灭清洗消毒;有坏死组织时应予以清除,并予以消炎药粉,有伤口的应予以缝合, 促进恢复; 水肿严重的可借助干净毛巾或纱布,用 2%明矾水冷敷 15~30 min, 或采用针刺等方式排出部分液体,降低水肿程度,再予以整复处理。操作过程切忌动作粗鲁引起组织损伤,注意对孕牛子宫颈内栓塞的保护,以免破坏和污染。为防止阴道再次脱出,整复之后应加以固定,常用下面两种方法。

(1)圆枕缝合:将阴门充分清洗消毒后,于距阴门边缘 1~4 cm 处进针,距阴门皮肤与黏膜交界处 0.5 cm 以上的部位出针,一般缝合 3~5 针。注意不要将阴门下角全部缝合,以免妨碍排尿。为防止扯破阴门组织及引起局部炎症, 可在外露线上套上短胶管,术部每日用碘酒消毒 1 次。待 3~5 d,患牛确无努责表现时,可拆除缝线。

(2)袋口缝合:此法固定确实,不易扯皮皮肤,较为常用。从阴门一侧下角距阴门裂 2~4 cm 处进针,在粗缝线上套一节长约 2 cm 的胶管,隔 2~3 cm 再进针,以同样的距离和方法围绕阴门缝合一周,然后将缝线束拉紧打结,其松紧程度,以能自由插入三指宽为宜。在第一次进针处打成活结,以便调整缝线的松紧度。缝合结束后,注意观察是否影响排尿,如打结过紧应及时调整放松。对怀孕后期的母牛要随时注意观察,将近临产时要及时拆线;对于怒责强烈的,应考虑在阴道内注入 2%盐酸普鲁卡因 10~20 mL,或硬膜外麻醉、注射肌肉松弛剂等。

四、卵巢囊肿

卵巢囊肿可分为卵泡囊肿和黄体囊肿。

(1)卵泡囊肿,一般认为是指卵泡直径≥2.5 cm,且在一定时间内不发生排卵(且影响正常卵泡周期),也不形成黄体的异常卵泡结构。[与其他卵巢囊性病变相比,其特征是壁薄、且分泌微量的孕酮(黄体酮);大部分卵泡囊肿的病牛表现为不发情,而少数病例可发生雄激素水平升高,进而表现为慕雄狂的症状]。

卵泡囊肿的发生机制目前尚不明确,一个可能的解释是“雌激素对促性腺激素释放激素(GnRH)的正向反馈受到破坏”,这通常不会影响垂体腺释放促黄体生成素(LH)的能力,但是下丘脑—垂体—卵巢轴的整体功能将发生改变;而尽管在正常情况下 LH 峰诱导排卵的情况并未发生,在 LH 峰后的促卵泡激素(FSH)分泌峰将会发生,这在低孕酮水平和高 LH 浓度存在的条件下,优势卵泡将继续生长至更大的尺寸,发生所谓的卵泡囊肿;这种异常的卵泡分泌高水平的雌激素和抑制素,进一步延迟了卵泡周期,使得卵泡囊肿持续存在。

(2)黄体囊肿,一般表现为卵巢异常增大,表面有一个或多个比较硬实、凸起的囊肿,其外壁一般明显厚于卵泡囊肿。黄体囊肿外观光滑圆润、有腔或无腔,无腔的中心一般发生纤维化,外围由黄体化的细胞层所包裹。这种囊肿一般能够产生高水平的孕酮,与卵泡囊肿的病牛相比,患有黄体囊肿的动物一般持续的时间更久。

一般认为黄体囊肿形成于卵泡囊肿的晚期,"在排卵失败且鞘膜发生黄体化时形成",因此卵泡囊肿的原因也被认为是黄体囊肿的最初诱因。黄体囊肿的发生率随着动物年龄的增长而增加。

(一)病因

卵泡囊肿和黄体囊肿的病因研究目前还不十分明确。目前认为,卵巢囊肿可能与内分泌机能失调、促黄体素分泌不足、排卵机能受到破坏以及泌乳早期的能量负平衡等代谢因素有关。

(二)症状和诊断

卵泡囊肿:母牛发情不正常,周期变短或延长,或者出现持续而强烈的发情现象(慕雄狂);母牛极度不安、大声哞叫、食欲减退,频繁排粪排尿,经常追逐或爬跨其他母牛;直肠检查时,通常可发现卵巢增大, 在卵巢上有 1 个或 2 个以上的大囊肿,硬实或略带波动感。

黄体囊肿:母牛表现长期不发情;直肠检查,卵巢体积增大,可摸到带有硬实或略有波动感的囊肿;间隔一定时间复查囊肿没有变化,母牛仍不发情。

可结合 B 超检查其直径及外壁厚度, 确诊为卵泡囊肿或黄体囊肿。

(三)治疗

本病治疗可采用以下激素疗法。

1. 促性腺激素释放激素类(GnRH)似物

(1)成母牛肌肉注射 GnRH 100 μg + $PGF_{2\alpha}$ 25 mg,如治疗后未发情,可在首次治疗后 8 d 进行第二次 $PGF_{2\alpha}$。

(2)GnRH 400~600 μg,每日 1 次,可连续 1~4 次,但总量不得超过3 000 μg(一般在用药后 15~20 d 内,囊肿逐渐消失而恢复正常发情排卵)。

2. 促黄体素

无论卵泡囊肿或黄体囊肿,牛 1 次肌肉注射 LH 200~400 IU,一般 3~6 d 后囊肿症状消失, 形成黄体,15~20 d 恢复正常发情。如用药 1 周后未见好转,可第二次用药,剂量比第一次稍增大。

3. 绒毛膜促性腺激素

作用是促使黄体形成。牛静脉注射2 500~3 000 IU 或肌肉注射 0.5 万~1.0 万 IU。

4. 前列腺素及其类似物

对单纯黄体囊肿,也可直接肌肉注射 $PGF_{2\alpha}$,以促进黄体消退。

五、持久黄体

母牛排卵后其卵母细胞并未受精着床,形成的黄体大小与正常无异、但超过正常时间仍不消失并持续分泌孕酮,抑制卵泡发育,称作持久黄体。这也是引起母牛不孕的常见原因。

(一)病因

饲料营养不均衡,缺乏维生素、微量元素及无机盐,运动不足等因素导致本病发生。也可继发于如子宫内膜炎、子宫内积液或积脓等影响受精及受精卵着床和发育的子宫疾病。

(二)症状和诊断

母牛发情周期停止,表现长时间不发情。

直检:触到一侧卵巢增大,比卵巢实质稍硬。如果超过了应当发情的时间而不发情,需间隔 5~7 d,进行 2~3 次直肠检查。若黄体位置、大小、形状及硬度均无变化,即可确诊为持久黄体。但为了与怀孕黄体加以区别,必须仔细检查子宫状态。

(三)防治

(1)消除病因,促使黄体自行消退,对子宫疾病及时治疗,改善受精卵着床及发育环境。

(2)改进饲养管理,予以全价日粮,充分保证微生物、矿物元素等的供应。

(3)采用前列腺素(PG)及其类似物(黄体溶解剂),促进黄体尽快消退,以恢复发情周期。

① 应用前列腺素,一般在用药后 2~3 d 内发情,配种即能受孕。前列腺素 $PGF_{2\alpha}$ 5~10 mg,肌肉注射。

② 氟前列烯醇或氯前列烯醇 0.5~1.0 mg,肌肉注射。注射 1 次后,一般在 1 周内黄体逐渐消退,否则间隔 7~10 d 重复治疗 1 次。

六、卵巢机能减退

卵巢机能减退是卵巢的机能暂时受到扰乱,可表现为不完全发情周期,或者处于静止状态不出现发情现象,或发情表现不明显,或发情后屡配不孕。若卵巢机能长期减退时,就可引起卵巢实质萎缩。

(一)病因

饲养管理不当,营养不均衡、不全面等。精料过多、运动不足,致使母畜过胖;使役过重,或突然改变生产环境及气温骤变;或母畜患全身性疾病及子宫、卵巢疾病等。

(二)症状和诊断

(1)母畜出现发情周期延长或长期不发情,发情的外部表现不明显,或者出现发情症候但不排卵。

(2)直肠检查,可感到卵巢的形状、质地无明显变化,也无明显的卵泡或黄体,或仅发现未发育成熟的小卵泡,有时可在一侧卵巢上有一很小的黄体残迹。

(三)治疗

1. 激素疗法

(1)促卵泡素(FSH)肌肉注射 100~200 IU,每日或隔日 1 次,共用 1~3 次。

(2)人绒毛膜促性腺激素(HCG)肌肉注射 10 000~20 000 IU,必要时可隔 1~2 d 重复 1 次。

(3)孕马血清(PMSG)肌肉注射 1 000~2 000 IU,必要时重复。

(4)雌激素如己烯雌酚 20~25 mg,肌肉注射。

2. 按摩卵巢

隔着直肠按摩卵巢、子宫、子宫颈,有助于卵巢机能恢复。

3. 公畜催情

公畜作为一种天然刺激,可通过母畜的视觉、听觉、嗅觉及触觉对母畜发生影响。尤其对那些与公畜分开饲养的母畜,利用公畜催情可获得较好的效果。

七、产前截瘫

产前截瘫是指母牛在怀孕末期(产前数天或数周)无明显外因、无明显全身症状而自发表现为后肢不能站立的一种疾病。

(一)病因

病因主要是孕期母畜饲养管理不当、动物缺乏适当运动,如饲料中钙、磷、维生素及矿物质缺乏或配比不当,双胎或胎儿躯体过大对周围神经和血管造成压迫等,均可能引起本病。

(二)症状和诊断

母畜于产前 1 个月左右开始逐渐出现运动障碍。病初母畜站立不稳、不愿站立,后肢交替负重,行走时步态不稳、后躯摇摆,喜卧;以后症状逐渐加重,转为后躯完全不能站立;也有突然不能站立的。

(三)防治

(1)对于缺钙引起的截瘫,可静脉注射 10%葡萄糖酸钙注射液 200~500 mL、5%葡萄糖注射液 500~1 000 mL,隔日 1 次。同时,为了增进机体对钙的吸收,可肌肉注射维生素 D_2(骨化醇)10~15 mL 或维生素 AD10 mL,或维丁胶性钙 10~15 mL,隔日 1 次。

(2)如距预产期已近,且截瘫时间较久的,可考虑人工引产,以挽救母畜及胎儿。

(3)产前截瘫一般拖延数日,应耐心护理,给予营养丰富的易消化饲料,勤换垫料并每日翻转数次以防发生褥疮。对有站立倾向的病牛,应每日协助其尝试站立或用吊床抬起其后肢,促进局部血液循环,加速病牛恢复。

(4)加强饲养管理,以保证足量的钙、磷、微量元素及维生素的摄入,并适当加强运动;冬季舍饲要增加日照。

(5)未发生褥疮、离分娩日期较近且能够及时接受治疗的,一般预后良好,产后能够很快恢复;发生褥疮的病例一般愈后不良。

八、难产

在分娩过程中,母体难于或不能自行将胎儿顺利娩出的产科疾病。如果对难产处置不及时、处置不当,不仅会危机胎儿和母体的生命安全,还会影响母体以后的繁殖性能。因此,积极预防及处置难产是肉牛生产过程中极其重要的一环。

(一)病因

从临床表现及病史调查分析,常见的原因主要有以下几方面。

(1)母体因素与胎儿因素,如子宫收缩无力、胎位不正、骨盆开张不全、胎儿过大、胎儿畸形等。

(2)饲养管理因素,如营养过剩导致母体肥胖和胎儿过大、母畜在孕期缺乏运动导致分娩无力或营养不均衡导致分娩过程困难、过度使用促卵泡素导致双胎或多胎等。

(3)遗传因素,如有些品种或个体易于产双胎、产道狭窄、发育不良等。

(二)症状和诊断

为查清难产原因,在助产前需进行如下检查。

(1)询问病史。了解母牛是否到了预产期,开始分娩的时间,初产或经产,胎膜是否破裂,有无羊水流出,是否进行过分娩及助产持续时间长短等。初产母畜常因产道狭窄而难产,经产母牛的难产常由胎儿胎位不正等引起。

(2)对母畜进行全面的临床检查。包括一般检查、产道检查和胎儿检查。发现问题后全面分析鉴别,重点放在母体健康状态、胎儿胎位及产道状态等方面。

(3)对于母体状态良好、胎儿胎位正常且产道无异常的病例,应积极实施人工助产（分娩开始后 60 min 仍未能自行娩出的）;对于存在各种异常的病例,应及时分析预后情况,并根据具体病情制订适当的处置方案。

（三）治疗

1. 术前准备

（1）术前检查必须周密，根据检查结果，结合设备条件，制订出可行方案。

（2）母畜应站立保定，助产比较方便。保定时母畜要前低后高，便于矫正胎位。站立有困难时，可卧位助产，但臀部要高些。

（3）术者、助手、各种器械及母畜的会阴、尾根等均用0.1%新洁尔灭溶液严格消毒，并将尾巴缠好纱布，拴向一边，以免操作时污染产道，引起产后疾病。

2. 注意事项

（1）因母畜剧烈努责，无法操作时，可进行尾椎硬膜外腔麻醉（用2%普鲁卡因20 mL），趁母畜不努责时，先将胎儿送回子宫腔内，再矫正胎儿的姿势，常见的难产位有头颈侧弯，头颈下弯，肩部前置，前肢屈曲，臀部前置和胎儿过大等。可按不同的异常产位将其矫正，然后将胎儿拉出产道。

（2）强行牵拉胎儿时，术者要经常告诉助手牵拉的方向和时间，并配合母畜的努责，以免损伤产道。

（3）如难产家畜产道狭窄或产道干燥，可注入一定量的消毒过的液状石蜡，以润滑产道，并保护黏膜。

（4）做好胎衣剥离和子宫腔及产道的消炎防腐治疗。

（5）矫正胎位确有困难，或子宫颈狭窄、骨盆狭窄时，必须及时进行剖宫产手术。如胎儿已死，拉出困难，可用隐刃刀或线锯将胎儿切成几块，从产道分别取出。

附肉牛剖宫产

剖宫产就是切开腹壁、子宫取出胎儿的一种手术助产方法。

切开部位:切开部位的选定也不是固定不变的。在肉牛兽医临床上多用的选位方法有两个:其一,在右侧髋结节到脐孔的连线上切口,即一般的髋结节下方 10~15 cm 处,向下做一平行于肋弓的弧形切口;其二,在右侧腹部触摸胎儿,感觉胎儿突起最明显的地方就是切口的地方。

保定:左侧卧保定,要充分保定好前后肢。

麻醉:肉牛剖宫产多选用腰旁神经干传导麻醉,每点各注射 2%~5%的盐酸普鲁卡因 20 mL。

术部消毒步骤:温肥皂水刷洗术部;术部剃毛;术部清水冲洗;0.1%新洁尔灭清洗术部;涂抹碘酊消毒,酒精棉球脱碘;盖上创巾。

手术步骤

(1)切开腹部:切开一般为 30 cm 左右,腹壁肌肉需钝性分离,并切开腹膜。

(2)切开子宫:打开腹腔后,将大网膜充分向前牵拉,以便能暴露子宫,充分拉开子宫,用浸有生理盐水敷料衬垫在子宫壁和腹壁切开之间,并让助手做好子宫固定。先在子宫上切一小口,排出胎水,然后再将切口扩大。

注意在子宫上做切口时,要选取血管少,无子叶,又便于将胎儿拉出的地方作为切口部位。

(3)取出胎儿:取出胎儿后,要及时做好胎儿的救助和处理工作。

(4)缝合子宫:先用螺旋缝合,再用胃肠缝合法对子宫做二层缝合。缝合子宫时要剥离子宫切口处的胎膜。缝合子宫前要对子宫内做初步清理,并检查子宫内腔以防双胎, 向子宫中投入抗生素。子宫缝合结束后,要对创口进行冲洗,涂以油剂抗生素,然后将其纳入腹腔中。

(5)缝合腹膜、肌肉及皮肤:腹膜用螺旋缝合法,肌肉、皮肤分别用结节缝合法。

(6)注射止血药及缩宫素(50~100 IU)。

(7)做好术后护理。

九、产后截瘫

产后截瘫是肉牛在产后不能起立的一种运动机能障碍疾病。

(一)病因

从临床症状分析,产后截瘫多为产后许多疾病的症状,例如牛的生产瘫痪、子宫炎、难产、胎衣不下、创伤性网胃腹膜炎、助产导致腰椎挫伤等。但上述疾病都有各自明显的特征症状,可以做出相应疾病的鉴别诊断。此外,产后截瘫可能和如下原因有关:妊娠母畜饥饿及营养不良,矿物质及维生素缺乏,导致钙磷代谢紊乱,当母畜在产前阶段体内钙、磷量尚能维持生理所需的水平,但产后在泌乳情况下钙质随乳汁排出,即可发生瘫痪;胎儿过大、胎势或胎位不正时,如果难产时间过长及强力拉出胎儿,当闭孔神经受胎儿局部压迫或挫伤,可引起麻痹;骨关节韧带剧伸,也可使病畜不能站立。

(二)症状和诊断

牛在分娩后, 出现特征的后躯运动障碍是该病的主要症状,例如母牛卧下时,后肢不能起立,同时两后肢不能着力而站,行走跛行。根据损伤部位和程度不同,病畜表现的运动障碍也有差异,闭孔神经支配闭孔外肌、耻骨肌、内收肌及股薄肌肌群,当一侧闭孔神经麻痹,则同一侧内收肌群麻痹,病畜可以站起,但向患侧倒,同时患肢外展,不能负重。

行走时膝关节不能屈曲，跨步较正常为大，容易跌倒，膝关节伸向外前方。当两侧闭孔神经麻痹，则两后肢强直外展，不能站立。若将病畜勉强抬起，虽能站立，但向前移动时，因两后肢外展强直，立即倒地。臀神经由腰荐神经丛发出，当臀神经麻痹，卧地后起立困难，若抬起病畜则能站立，而运动时有明显的跛行。荐髂关节韧带剧伸，表现起立后跛行而不能站立。临床检查：应注意有无髂关节、股胫关节脱位及骨盆骨骨折和腰椎扭伤等症状。

（三）治疗

该病的治疗关键在于精心护理，使病畜安静地卧在平坦宽敞的场地，必要时铺厚垫草，防止移动病畜再造成损伤和发生褥疮。采用针灸及药物结合治疗，针灸或电针百会、肾棚、肾俞、巴山、大胯、小胯、汗沟、邪气等穴。皮下注射或穴位注射 0.2%硝酸士的宁 5~10 mL、维生素 $B_1$10 mL，有一定疗效；也可肌肉注射地塞米松 40~100 mL；将氢化可的松 0.2~0.5 g，加入 5%葡萄糖注射液，静脉注射，可加速病程恢复。另外，补充钙制剂也有促进恢复的作用。

十、子宫扭转

子宫扭转是整个怀孕子宫、一侧子宫角或子宫角的一部分围绕自己的纵轴而发生扭转。该病多发生于临产或分娩开始时，也可发生在怀孕中期以后的任何时间。

（一）病因

（1）凡能使母畜围绕身体纵轴发生急剧转动的任何动作，都可成为子宫扭转的直接原因，如分娩时母畜的急剧起卧，强烈的胎动和阵缩，母畜跌倒滚转等。

（2）母牛发生子宫扭转的原因和子宫的解剖结构与起卧特点有密切关系。

（二）症状和诊断

孕期发生子宫扭转，母牛有轻度腹痛不安症状、食欲废绝、反刍减少或停止。一般应与消化道疝痛和胃肠机能扰乱鉴别。临产时的子宫扭转，母畜有分娩预兆，母畜阵缩及努责正常，但久不露出胎膜及流出胎水。两种情况均须通过阴道和直肠检查确诊。

阴道检查：颈前扭转时如不超过 360°，则宫颈口稍微开张，并弯向一侧。扭转程度多为 90°~180°，当达 360°时，宫颈管即封闭，也不弯向一侧。视诊可见子宫颈膣部呈紫红色，子宫塞红染。产前发生的扭转，阴道中的变化不明显，须通过直肠检查确诊。

直肠检查：在耻骨前缘可摸到子宫体上的扭转处如同一堆旋转而实的物体，阔韧带从两旁向此处交叉。转向一侧的阔韧带紧张，对侧松弛。有时可见患畜的一侧阴唇向阴门内陷入。扭转严重时，一侧阴唇肿胀歪斜。

（三）治疗

（1）产道矫正，适用于分娩过程中发生的不超过 90°的扭转，将患牛呈前低后高的姿势 站立保定，术者手臂消毒后伸入产道，通过子宫颈握住胎儿的肢体进行矫正。

（2）直肠矫正，适用于扭转程度不大的病牛。向右扭转时，将右手尽可能地伸至子宫右下方，向上向左翻转，同时一个助手用肩部顶在右侧腹下向上抬，另一助手在左侧肷窝部由上向下施加压力，向左扭转时，操作方向相反。

（3）翻转母体，是一种经常采用、简单、省力而有效的方法，翻转时掌握“左左左，右右右”的原则，即子宫向左扭转时，使母畜左侧卧，然后使母畜快速向左（按母畜方向）翻转，而成为右侧卧。子宫向右扭转时操作方向相反，如一次未完全矫正，可重复进行。但要注意回转时要慢，翻转时要快速、突然。手伸入子宫，握住胎儿的腿以固定胎儿及子宫，然后翻转母体。还可采用腹壁加压翻转母体法，其方法是用一长约 3 m、宽 20~25 cm 的木板压在腹肋部突出位置，一端着地，术者站立于着地一端，从而施加压力，然后再进行翻转。

(4)剖宫矫正或剖宫产，如采用上述方法矫正无效，可剖宫矫正。剖宫矫正不成功，则可施行剖宫产手术。

十一、子宫套叠

子宫套叠是指子宫角尖端向子宫腔内发生翻转，突出于子宫腔或骨盆腔。

(一)病因

(1)母牛营养不良，运动不足，子宫弛缓无力。

(2)胎儿过大，双胎儿妊娠，胎水过多，可使子宫过度扩张而弛缓。

(3)母畜分娩后仍有强烈努责，或过度牵拉胎衣，也可导致本病发生。

(二)症状和诊断

产后母畜表现不安、努责举尾，并有时起时卧等腹痛症状，应考虑本病。经产道检查可发现子宫套叠于子宫或阴道内，触摸患处则疼痛加剧。

(三)治疗

子宫套叠的治疗方法是及早进行手术复位。患畜站立保定，术者手臂消毒后，将手伸入子宫内，手指蜷曲呈半握拳式。轻轻向前推压套叠的子宫角，使之复位。复位困难时，可将手指抵在套叠子宫角尖端的凹陷处，向内推压，或向左右、上下摆动，使之复位，复位的感觉是凸出的圆柱状物消失，腹痛症状停止。

十二、软产道损伤

（一）病因

分娩时，软产道因所受扩张、压迫及摩擦的程度很大，很多母畜，尤其是头胎，软产道会受到损伤。严重损伤可能引起母牛死亡或发生并发症，导致不育。

（二）症状和诊断

1. 阴门撕裂创

阴门有撕裂创口及出血，阴门及阴道剧烈肿胀。

2. 阴道创伤

有血水及血凝块从阴道内流出。阴道黏膜充血肿胀，黏膜上有新鲜创口或溃疡。阴道前端被穿孔时，病畜很快出现腹膜炎症状，时间拖久可能发生阴道周围蜂窝织炎。

3. 子宫颈撕裂

子宫颈严重撕裂时，能引起大出血，以后创伤周围组织发炎肿胀，创口有黏液脓性分泌物。

（三）治疗

早期发现，及时治疗。先取出尚未排出的胎儿及胎衣。

（1）创口按一般外科方法处理。新鲜撕裂伤口、阴道壁穿透创，应行缝合。缝合前不要冲洗阴道，以防液体流入腹腔。

（2）伤口出血不止时，可用2%明矾液或止血消炎药浸湿的大块纱布压迫止血。纱布块须用细绳拴在尾根上。

（3）有全身症状或创部感染严重的，做对症治疗。创伤遭污染的，应注射破伤风抗毒素，牛用5 000~10 000 IU。

十三、胎衣不下

胎衣不下也称胎衣滞留。该病是指母牛分娩后，经过12 h仍不排出胎衣,即为胎衣不下。

(一)病因

(1)产后子宫收缩无力:怀孕期间饲料单纯,缺乏无机盐、微量元素和某些维生素;或是产双胎,胎儿过大及胎水过多,使子宫过度扩张。

(2)胎盘炎症:怀孕期间子宫受到感染发生隐性子宫内膜炎及胎盘炎,母子胎盘粘连。

(3)流产和早产等原因导致。

(二)症状和诊断

胎衣不下分为部分胎衣不下及全部不下。部分胎衣不下 一部分从子叶上脱下并断离, 其余部分停滞在子宫腔和阴道内,一般不易觉察,有时发现弓背、举尾和努责现象;全部胎衣不下全部胎衣停滞在子宫和阴道内,仅少量胎膜垂挂于阴门外,其上有脐带血管断端和大小不同的子叶。

胎衣不下,初期一般没有全身症状,经 1~2 d,停滞的胎衣开始腐败分解, 从阴道内排出污红色混有胎衣碎片的恶臭液体,腐败分解产物若被子宫吸收,可出现败血型子宫炎和毒血症;患牛表现体温升高、精神沉郁、食欲减退、泌乳减少等。

(三)治疗

药物疗法和手术剥离两类。

1. 促进子宫收缩,加速胎衣排出

皮下或肌肉注射垂体后叶素 50~100 IU,最好在产后 8~12 h 注射,如分娩超过 24~48 h,则效果不佳;也可注射催产素 10 mL(100 IU),麦角新碱 6~10 mg。

2. 手术剥离

(1)温水灌肠,排出直肠中积粪,或用手掏尽。

(2)0.1%高锰酸钾液洗净外阴。

(3)左手握住外露的胎衣,右手顺阴道伸入子宫,寻找子宫叶。

(4)用拇指找出胎儿胎盘的边缘,然后将食指或拇指伸入胎儿胎盘与母体胎盘之间,把它们分开,至胎儿胎盘被分离一半时,用拇、食、中指握住胎衣,轻轻一拉,即可完整地剥离下来。

(5)如果粘连较紧,必须慢慢剥离。操作时需要由近向远,循序渐进,越靠近宫角尖端,越不易剥离,尤须细心,力求完整取出胎衣。

预防:当分娩破水时,可接取羊水 300~500 mL 于分娩后立即灌服,可促使子宫收缩,加快胎衣排出。

十四、子宫脱出

(一)病因

(1)怀孕期饲养管理不当:饲料单一、质量差,缺乏运动、畜体瘦弱无力,过劳等致使会阴部组织松弛、无力固定子宫,年老和经产母畜易发生。

(2)助产不当:产道干燥情况下强力而迅速拉出胎畜,胎衣不下,在露出的胎衣断端系以重物及胎畜脐带粗短等亦可引起。

(3)瘤胃臌气、瘤胃积食、便秘、腹泻等诱发本病。

(二)症状和诊断

子宫部分脱出时, 宫角翻至子宫颈或阴道内而发生套叠,仅有不安、努责和类似疝痛症状,通过阴道检查才可发现。子宫全部脱出时,子宫角、子宫体及子宫颈部外翻于阴门外,且可下垂到跗关节。脱出的子宫黏膜上往往附有部分胎衣和子叶。子宫黏膜初为红色,以后变有紫红色,子宫水肿增厚,呈肉胨状,表面发裂,流出渗出液。

（三）治疗

（1）舍饲时要给予易消化饲料。

（2）子宫部分脱出，只要加强护理，防止脱出部位再扩大及受损，如将其尾固定，以防摩擦脱出部位，减少感染机会，可不必采取特殊疗法。

（3）子宫全部脱出，必须进行整复。

① 将病牛站立保定在前低后高、干燥的体位。灌汤，使直肠内空虚。

② 用温的 0.1%高锰酸钾冲洗脱出部的表面及其周围的污物，削离残留的胎衣以及坏死组织，再用 3%~5%温明矾水冲洗，并注意止血。如果脱出部分水肿明显，可以消毒针头乱刺黏膜挤压排液，如有裂口，应涂擦碘酊，裂口深而大的要缝合。

③ 用 2%普鲁卡因注射液 8~10 mL 在尾荐间隙注射，施行硬膜外腔麻醉。

④ 脱出部包盖浸有消毒、抗菌药物的油纱布，用手掌趁患畜不努责时将脱出的子宫托送入阴道，直至子宫恢复正常位置，再插入一手至阴道并在里面停留片刻，以防努责时再脱。同时，为防止感染和促进子宫收缩，可给子宫内放置抗生素或磺胺类胶囊，随后注射垂体后叶素或缩宫素 60~100 IU，或麦角新碱 2~3 mg。最后应加栅状阴门托或绳网结以固定阴门，或加阴门锁，或以细塑料线将阴门做稀疏袋口缝合。经数天后子宫不再脱出时即可拆除。

⑤ 服补中益气汤：党参、生黄芪、白术、蜜升麻、蜜柴胡各 32 g，当归 64 g，陈皮、炙甘草 16 g，五味子 26 g，大枣 15 个，生姜 3 片为引，研末，开水冲调，候温灌服。

十五、子宫复旧不全

分娩后，子宫恢复至未孕状态的时间延长，称为子宫复旧不全或子宫弛缓。本病多见老年经产乳牛。

（一）病因

（1）年老体弱、运动不足、胎儿过大、多胎怀孕及难产时间延长等能引起阵缩微弱的各种原因。

（2）本病常继发于胎衣不下的产后子宫内膜炎。

（二）症状和诊断

（1）产后恶露排出时间延长，母畜卧下时恶露排出量较多。

（2）阴道检查，可见子宫颈弛缓开张，有的病牛在产后 7 d 仍能伸入整个手掌，产后 14 d 还能通过 1~2 指；直肠检查，子宫下垂，壁厚而软，体积较产后同期大，收缩反应微弱，若子宫腔内积有大量液体，触诊会有波动感。

（3）全身症状不明显，有时可见体温偏高、精神不振等。

（三）治疗

治疗以提高子宫的收缩力、促使恶露排出、防止子宫内膜炎发生为原则。

（1）注射催产素、雌激素或麦角制剂等，用 40~42℃的 10%盐水冲洗子宫，冲洗液数量不可过多，待冲洗液完全排出后，在子宫内注入或放置抗生素。

（2）对难产经历时间过久的病牛，排出胎儿后，可用促进子宫收缩的药物。对复旧不全的病牛，推迟 1~2 个发情周期配种。

十六、子宫内膜炎

产后子宫内膜炎，通常是子宫黏膜发生黏液性或化脓性炎症，为产后最常见的一种生殖器官疾病。

(一)病因

(1)产房卫生差或在粪、尿污染的厩床上分娩;临产母牛外阴、尾根部污染粪便而未彻底清洗消毒。

(2)助产或剥离胎衣时,术者的手臂、器械消毒不严。

(3)胎衣不下腐败分解,恶露停滞等。

(二)症状和诊断

本病可分为急性黏液脓性子宫内膜炎、急性纤维蛋白性子宫内膜炎、慢性卡他性子宫内膜炎、慢性脓性子宫内膜炎和隐性子宫内膜炎。通常在产后 1 周内发病,轻度的没有全身症状,发情正常,但不受胎;重度的伴有全身症状,体温升高,脉搏、呼吸加快,精神沉郁,食欲下降,反刍减少等。患牛拱腰、举尾,有时努责,阴道内流出大量污红色或棕黄色黏液脓性分泌物,有腥臭味,内含絮状物或胎衣碎片,常附着尾根,形成干痂。直肠检查子宫角变粗,宫壁增厚、敏感,收缩反应弱。如子宫内蓄积有渗出物,触之则有波动感。

(三)治疗

本病主要是控制感染、消除炎症和促进子宫腔内病理分泌物的排出,有全身症状者,同时进行对症治疗。

(1)如果子宫颈尚未开张,可肌注雌激素制剂促进颈口开张。开张后肌注催产素或静注 10%氯化钙注射液 100~200 mL,促进子宫收缩,提高子宫张力,诱导子宫内分泌物排出。

(2)用 0.1%高锰酸钾液、0.02%呋喃西林液、0.02%新洁尔灭液等冲洗子宫。后灌注青链霉素合剂,每日或隔日 1 次,连续 3~4 次。纤维蛋白性子宫内膜炎,禁止冲洗,以防炎症扩散,而应向子宫腔内投入抗生素,且采取全身疗法。

十七、子宫积脓

子宫积脓是子宫内蓄积脓汁并伴有持久黄体和不发情。

（一）病因

母牛分娩后形成持久黄体，同时患子宫内膜炎时易导致子宫积脓；也可能发生在怀孕和感染引起胎儿死亡之后。化脓性放线菌为主要的病原微生物。

（二）症状和诊断

症状仅见不发情，持久性黄体和子宫积脓。多数患牛有间歇或频繁的黏液脓性分泌物从生殖道排出。配种前后的例行直肠检查有利于尽早检查出子宫积脓并有助于将其与怀孕鉴别。触诊病牛的子宫壁变厚、弛缓或子宫壁变薄，积脓持续 90 d 以上时与怀孕的区别是摸不到子叶且子宫动脉不增粗。

（三）治疗

应用前列腺素、氯前列烯醇和其他类似物治疗可获满意效果。间隔 14 d 后重复使用，通常经过 1 次或几次治疗可顺利排出。治疗过的病牛有一小部分复发子宫积脓、卵巢囊肿及粘连。通过直肠检查及早诊断、及时治疗对预后有利。

十八、子宫脓肿和粘连

（一）病因

本病可能由分娩时子宫壁的自发损伤，造成子宫的小穿孔，子宫内膜感染后通过子宫壁或输卵管扩散引起。医疗性因素可能是冲洗管操作不慎对子宫体造成损伤，对产后不到 14 d 的母牛进行子宫内灌注是造成子宫颈、子宫背侧损伤的主要原因，特别是产后有子宫内膜炎存在时。

(二)症状和诊断

通常病牛有难产、子宫内膜炎和胎衣不下的治疗病史,一般没有全身症状,病情要到配种前进行直肠检查时才能发现,触诊时紧贴子宫体和子宫角处有圆形或卵圆形的坚实团块。脓肿大小为鸡蛋到篮球大小不等,在与子宫相连处可能有粘连。有时会看到牛的阴门间歇或持续性排出脓性物质。

网状的粘连可能波及部分或全部生殖道,可能将子宫固定在骨盆前或耻骨前缘区域,致使子宫不能缩回。有广泛粘连的病牛可能隐性感染子宫内膜炎。子宫脓肿要与肿瘤、血肿和囊肿进行鉴别诊断。超声波扫描和抽出内容物可以提供明确的诊断依据。

(三)治疗

子宫脓肿的保守疗法包括全身性抗生素和碘化物治疗,先用青霉素每千克体重 3 万 IU 肌注,每日 1 次,治疗 2~4 周,同时每次按每 45 kg 体重 30 mL 的剂量静脉注射 2%的碘化钠,再口服有机碘化物(28g,每日 1 次)直至出现碘中毒现象。保守疗法不成功时,对患有子宫脓肿的价值高的牛采用外科引流,或者通过后腹胁部切口切除一侧子宫。

子宫粘连最好采用保守疗法,采用与子宫脓肿一样的方法即全身应用抗生素和碘化物治疗。常需要 4~6 个月停止配种的时间,每月进行 1 次动作轻柔的触诊,以监测疾病的消退过程。患有子宫内膜炎的牛可间歇性注射前列腺素以促进脓性物质的排出,子宫内治疗应禁止采用,以免引起进一步损伤。需注意的是两侧卵巢或输卵管发生粘连以及患有顽固性子宫内膜炎的病牛预后不良。

十九、阴道炎

(一)病因

分娩创伤是急性、坏死性和慢性阴道炎常见病因,阴道吸气、会阴撕裂和尿潴留(阴道积尿)等是阴道炎的原发性病因,也可能继发于慢性子宫内膜炎和子宫颈炎。特定的传染性疾病也可造成阴道炎,如支原体、传染性鼻气管炎病毒等。

(二)症状和诊断

阴道炎的特点为可见到排出混浊的黏脓性或脓性分泌物,偶尔可能伴有里急后重。里急后重和严重感染在急性阴道创伤和坏死性阴道炎时较为常见。通过直肠检查和窥镜检查可以做出诊断,阴道检查时,可看到阴道黏膜红肿并有脓性物质排出。由阴道积尿继发时,手在直肠中对阴道向后施压、向后掏粪或使子宫回缩可使清亮或混浊的尿液排出。鉴别诊断时要注意与宫颈炎和子宫内膜炎进行区分。

(三)治疗

单纯的阴道炎可采用局部治疗,用稀释的防腐消毒药,如0.02%高锰酸钾、0.01%~0.05%新洁尔灭等进行灌注和冲洗,冲洗后用抗生素灌注。对于外阴倾斜、会阴撕裂等形态结构异常导致的阴道炎,首先要用手术纠正结构异常,同时用消毒药或抗生素治疗阴道炎。往往原发的结构损伤矫正后,阴道炎可能自愈。

阴道积尿可以保守治疗或手术治疗。保守疗法是通过直肠对阴道的腹侧和后段施压以排出积尿。保守疗法不能奏效时,对于非常有价值的母牛,采用阴道扩张术治疗积尿。

二十、阴道和外阴肿瘤

(一)病因

在青年母牛和后备小母牛的外阴或阴道中偶尔可发现纤维乳头瘤。这些肿瘤是由牛乳头瘤病毒引起的,常是良性的而且可自然退化。成牛母牛可能患多种肿瘤,其中较老母牛患的鳞状细胞癌可能是一种侵害性的肿瘤,淋巴肉瘤可累及阴道,尤其是生殖道出现弥散性肿瘤。

(二)症状和诊断

原因不明的阴门流血,阴道内有分泌物排出,里急后重或肿块明显从阴门突出都可能意味着阴道或外阴肿瘤。用窥镜做阴道检查可确定病变范围并做活组织检查。鳞状细胞癌引起外阴隆起或溃疡,呈粉红色卵石样组织增生。这种肿瘤常见于无色素沉着的母牛外阴。病变可以是单个或多个,引起组织进行性糜烂。未及时发现的病例,有坏死性恶臭的化脓结痂性物质排出,也可能浸入深层组织或转移到局部淋巴结及其他内脏器官。活组织检查有助于鉴别肿瘤的类型并提出治疗方案或判断预后。

(三)治疗

从阴门突出的大纤维乳头瘤应该切除。手术摘除之后,用冷冻手术破坏肿瘤基部以防止复发,手术切除时应预先想到肿瘤基部血管的止血问题。外阴鳞状细胞癌如果诊断及时,治疗会非常成功。病变部位可用冷冻破坏法、射频灼烧法或其他方法。射频灼烧对小的表层瘤是最佳选择,对早期病例使用冷冻破坏法进行治疗会非常成功。肿瘤已侵入骨盆区或局部淋巴结的重症病例,治愈的可能性很小。

二十一、乳房浮肿

乳房浮肿（又称乳房浆液性水肿）是在开始泌乳之前，由于乳房局部血液淤滞而发生的。此病开始于分娩前 1 周左右，有时发生在产后数日之内，但不影响乳的质量。

（一）病因

病因可能因乳房局部血流淤滞引起，或与全身循环扰乱有关。也可能与乳房淋巴液回流不畅有关。

（二）症状和诊断

无全身症状，照常泌乳，乳汁也无明显变化，仅乳房呈现皮下浸润性肿胀，局部皮肤紧张，发红发亮，无热无痛，指按留有压痕。较严重的水肿，可波及至乳房基底前端、会阴部、下腹部及四肢上部。经 1~2 周自行痊愈，少数乳房皮肤坏死或继发浆液性乳房炎。临床应注意与浆液性乳房炎的鉴别诊断。

（三）治疗

轻症往往可以自愈，不需治疗。对一般病例，适当加强运动，减少精料和多汁饲料，适当减少饮水，增加挤奶的次数即可。严重病例，可涂布弱刺激性诱导药，如樟脑软膏、碘软膏、鱼石脂软膏、松节油等，亦可注射可的松类药、强心利尿剂或内服缓泻剂等。

二十二、乳房疮

乳房疮是有恶臭的湿性皮炎区。

（一）病因

病因主要是与围产期乳房出血和水肿有关的皮肤压迫性坏死引起。伴有水肿的压迫性坏死因肢体与乳房之间的摩擦加重，皮肤渗出液和皮毛掺和，最终导致条件性厌氧菌如坏死杆菌等侵入痂壳坏死的皮肤下繁殖。

(二)症状和诊断

从腹腔沟部或乳房的腹中部皮肤病变区散发出恶臭的气味,使挤奶人员每次接近时感到苦恼。侵害部位出现被毛缠结、结痂和皮肤坏死。皮肤坏死严重时,大片的皮肤脱落。

(三)治疗

(1)清洗掉大块的痂壳和坏死组织,剪去病变组织周围的被毛。

(2)用温和的肥皂水清洗损伤组织。

(3)弄干清洗区。

(4)用收敛剂,通常用硫酸铜,氨苯磺胺(1:4)57 g 加到 907 g 醋中。病变区每日 2 次挤奶前轻轻清洗和使用收敛剂。

二十三、乳房脓肿

(一)病因

外源性的脓肿一般是皮肤刺伤后引发。内源性脓肿可继发化脓性乳腺炎,如化脓性放线菌引起的乳腺炎等。大部分脓肿中都含有典型的病原菌,如化脓性放线菌或葡萄球菌等。

(二)症状和诊断

乳房脓肿可出现在乳腺组织及其附近的任何部位。脓肿部位坚实、温热、肿胀,且和腺实质有明显或不明显的界限。触摸肿块时病牛感到疼痛。通常感染乳区的乳汁正常,脓肿常有厚的被膜包裹。通常凭症状足以诊断,穿刺可以确诊。

(三)治疗

采取保守疗法是治疗乳房脓肿的标准而安全的治疗方法,脓肿通常可在 2~8 周内自然破溃后引流。自然或外科引流后,应用稀释的消毒药或盐水每日冲洗脓肿腔,保持引流口开放,以免过早闭合形成脓肿。

二十四、无乳或泌乳不足

本病是指肉牛分娩后在泌乳期中，由于内分泌功能紊乱，出现的无乳或泌乳极少的一种现象。

（一）病因

本病可由内分泌或激素分泌紊乱、肉牛体质虚弱，年龄过大或早产，乳腺的异常刺激等引起。

（二）症状和诊断

症状主要表现无乳或泌乳量极少，乳腺组织松软，乳房体积缩小，无其他全身症状。根据上述症状可做出诊断。

（三）治疗

（1）治疗本病可肌肉注射催产素 50 IU，或己烯雌酚（10~20 mg）或催乳素。

（2）中药方剂：王不留行 100 g、通草 50 g、猪蹄 1 对，煎汤加红糖，灌服。

（3）对于反复发作的病牛只好淘汰。

二十五、奶眼过紧

（一）病因

（1）遗传性母牛乳头管口过紧。

（2）由于挤奶过程过度刺激，致使乳头管口的括约肌肉增生，引起乳头过紧。由于乳头管过紧，常表现挤奶不净而导致乳房炎。

（二）治疗

（1）将火柴棒一端用刀削尖、削细，用水浸湿，蘸上高锰酸钾，包上一层薄的脱脂棉，塞入过紧的奶眼，不要太深，剪掉外露的多余部分，每日 1~2 次，连用 2~3 d。

（2）可用在液氮中浸泡冷却过的奶针，进行类似上述方法的治疗处理。

二十六、漏乳

漏乳是在产后泌乳期中，由于乳头管关闭不够充分，而乳汁自动地流出或线状流出。

（一）病因、症状及诊断

病因为乳头括约肌发育不全，乳头损伤及发炎导致括约肌萎缩，松弛或麻痹。症状为乳汁自行流出或大量流出。根据上述症状可做出诊断。

（二）治疗

（1）对于产奶量高、漏奶只发生于产后及临挤奶前的不严重漏奶，可采用提前挤奶的方法解决。

（2）乳头管括约肌松弛引起的漏奶，每次挤完奶后，用拇指和食指轻微捏掐，揉挤奶眼 10 min。

（3）可向奶眼周围分点注入适量的 95%酒精治疗。

（4）上述治疗无效时，可用特制的金属环，在每次挤奶结束后卡住乳头。

二十七、乳池狭窄及乳池闭锁

乳池狭窄主要是乳头池狭小，乳池闭锁是乳头腔不通。

（一）病因

病因大多是由于乳头挫伤或挤乳不当，黏膜受到伤害后发生慢性炎症所造成。

（二）症状和诊断

部分乳池狭窄时，乳汁虽可挤出，但乳池充乳缓慢，影响挤奶速度。乳头基部可摸到硬结节样物，插入乳导管而遇到阻碍。整个乳池狭窄时，挤奶很困难，触诊乳头时，乳池中乳汁很少，整个乳头壁黏膜厚而硬。插入乳管很困难，乳池闭锁时，乳房中充满乳汁，但挤不出乳汁。根据上述症状可做出诊断。

（三）治疗

（1）轻度狭窄时，乳头上涂碘化钾软膏或黄色素软膏（黄色素 0.5 g、碳酸钙 250 g、液状石蜡 4.0 g、羊毛脂 5.0 g、凡士林 16.0 g），经常按摩和热敷。

（2）用粗针头，稍剪去尖部，斜面砸扁磨锐，稍加弯曲。术前应向乳池注入 1%盐酸普卢卡因 30~50 mL 局部麻醉，反复刮削乳池隔，肿瘤或局部赘生物，术后向乳池内注入青霉素溶液。

（3）整个乳池狭窄及闭锁时，治疗不易收效。

（4）导乳管，置液氮中数分钟，取出立即将闭锁部穿通烧灼，破坏肉芽组织，但也有复发的。

二十八、乳头裂伤

（一）病因

病因由病畜后蹄或内侧悬蹄造成的创伤以及由相邻母牛造成的创伤，或者由畜栏的金属或其他坚利物造成的撕裂都可以导致乳头裂伤。脱套损伤是环绕乳头远侧剥去 1 圈皮肤，乳头瓣是由乳头皮肤的不完全脱离造成的，可以由任何乳头的水平撕裂所致。

（二）症状和诊断

大多数乳头撕裂的症状都很明显；受伤的乳头肿胀、出血，并且母牛拒绝任何对乳头的触摸；全层撕裂漏奶非常明显，乳头瓣是由乳头皮肤的不完全脱离造成的；乳头瓣经常出现乳头池外侧漏奶。根据上述症状可做出诊断。

（三）治疗

对于只涉及皮肤和基层的乳头撕裂，可以用缝线、创口夹或氰丙烯产品修复。一般说，纵直的裂伤比水平的或环形裂伤愈合好。横切乳头管形成的瓣要用剪子剪掉，因为这是不可能修复的。深达乳头池全层的外科手术要仔细地清创、消毒，认真地缝合和黏膜层的完全闭合非常重要。手术后留置导管有助于减少伤口的内部压力，全身应用抗生素 3~5 d，修复后乳区要灌注抗生素。

二十九、新生犊牛搐搦

新生犊牛搐搦是以突然发病、表现强直性痉挛，继而出现惊厥和知觉消失为特征的一种疾病。本病多发生于 2~7 日龄的犊牛，病程短，死亡率高。

（一）病因

病因不详，目前认为可能与胚胎期间母体矿物质不足，造成急性钙镁缺乏有关。也有人认为与镁的代谢紊乱有关。

（二）症状和诊断

（1）突然发病，多站立，头颈伸直，呈强直性痉挛；空嚼，唇边有白色泡沫，并由口角流出大量带泡沫的涎水；继而眼球震颤、牙关紧闭，呈全身性痉挛，角弓反张，患犊可很快死亡。

（2）结合犊牛日龄及发病特点，不难做出诊断。

（三）防治

（1）对怀孕后期母牛全价饲养，注意钙磷平衡，多晒太阳，保证充足运动等可有效地预防本病的发生。

（2）治疗时可用 10%氯化钙注射液 20 mL、25%硫酸镁注射液 10 mL、20%葡萄糖注射液 20 mL，混合后 1 次静脉注射；或用 25%硫酸镁注射液 20 mL，分 3 个点肌肉注射，同时用 10%氯化钙注射液 20~30 mL,1 次静脉注射。

三十、新生犊牛脐炎

脐炎是脐动脉、脐静脉及其周围组织发炎。

(一)病因

本病的原因主要是微生物感染，如接产时脐带消毒不严、脐带断端被地面污染等,均可导致细菌感染而发炎。

(二)症状和诊断

(1)病初,仅见食欲降低、下痢、消化不良。病情严重者,精神沉郁,体温升高至 40~41℃,不愿走动。

(2)脐带及其周围组织发热、充血、肿胀、触诊有疼痛反应。有时脐部形成脓肿。脐带残端脱落后,可形成瘘管,能挤出少量带有臭味的稠脓。脐孔处皮下可摸到有小指粗的硬索状物。脐带发生坏疽时,其残端呈污红色,有恶臭气味。除掉其残端,可见脐孔处肉芽赘生,形成溃疡,常附有脓性渗出物。

(3)如感染扩散,可引起腹膜炎、败血症或脓毒血症。有时可继发破伤风。

(三)防治

(1)用 0.1%高锰酸钾或 3%双氧水彻底清洗患部,撒布磺胺粉。脐带发生坏疽时,必须除去坏死组织,用消毒药清洗后,涂以碘仿醚或 5%碘酊。

(2)肌肉或静脉注射抗生素,伴有下痢者,可内服磺胺脒、金霉素等。

(3)接产时对脐带断端要彻底消毒,经常涂擦碘酊。保持产房卫生,可有效地预防本病的发生。

三十一、新生犊牛肺炎

犊牛肺炎一般为卡他性肺炎，多发于早春季节。

(一)病因

饲养管理不当加之气候突变、寒冷侵袭，引起犊牛生理防御机能降低，致使侵入呼吸道的微生物如链球菌、肺炎球菌等，表现出致病作用而发病。

(二)症状和诊断

(1)本病多发于1~3月龄的犊牛，患畜体温升高至39.5~41.0℃。精神沉郁、食欲减退或废绝，喜卧。

(2)两侧鼻孔流有浆液性、黏液性或黏脓性分泌物，呼吸困难、脉搏增数。胸部听诊有干、湿啰音或捻发音。

(3)为进一步确诊，可进行X线检查。

(三)防治

(1)应用抗生素或磺胺类药物。可肌肉注射青霉素80万~120万IU、链霉素50万~100万IU，每日2次，病愈为止；10%磺胺嘧啶钠注射液20~40 mL，加入25%葡萄糖液中，静脉注射，每日2次；也可内服长效磺胺，首次用量0.2 g/kg，以后用量0.1 g/kg，每日1次。

(2)对咳嗽严重的犊牛，可口服复方甘草片、止咳糖浆、杏仁水等。

(3)平时加强饲养管理，防止受寒感冒等，可有效预防本病的发生。

三十二、新生犊牛败血症

本病是一种严重的急性全身性感染疾病，常以脐炎、关节炎表现出来，并伴有胃肠、肺及其他实质器官受到侵害的症状。

(一)病因

能引起本病的病原微生物很多,如链球菌、葡萄球菌、沙门氏菌、大肠杆菌、流产杆菌、变形菌等,犊牛可因感染其中一种或两种以上的细菌而发病。营养不良、犊牛先天性孱弱等,都是发病的重要诱因。

(二)症状和诊断

(1)本病一般在生后1周内表现出来,应以体温急剧变化(即突然高热达40℃以上或骤然降至37℃以下)、伴有寒颤等,作为早期诊断的参考。

(2)急性和最急性病例以高热和腹泻为主要症状,体温可高达40.0~41.5℃,精神沉郁,粪便呈淡黄色或灰色,有些病犊从脐带断端可挤出脓性分泌物。若治疗不及时,病犊迅速衰竭,导致死亡。

(3)有些病犊除有肠炎症状外,主要发生多发性关节炎。当发生败血性休克时,则表现恶寒战栗、皮肤及四肢厥冷、可视黏膜青紫、昏迷等症状。

(三)防治

(1)为控制全身感染,应大剂量联合应用广谱抗菌药物,连续3~5 d。可供选择的药物有青霉素160万~200万IU、链霉素100万IU、庆大霉素1.5 mg/kg、卡那霉素15 mg/kg、四环素5 mg/kg;磺胺嘧啶钠首次0.2 g/kg,以后0.1 g/kg。

(2)应用氢化可的松等皮质激素。氢化可的松静脉注射0.2 g/次,待临床症状减轻时,应立即停药。

(3)对症治疗,如休克时应快速注射低分子右旋糖酐,补充葡萄糖溶液。

(4)为预防本病,应加强母畜和犊牛的饲养管理,脐带严格消毒,保证犊牛及时吃上足够的初乳。

三十三、新生犊牛便秘

本病是粪便停滞于犊牛的某段肠管内而发生肠管阻塞的一种腹痛性疾病。新生犊牛的便秘大部分发生在结肠。

(一)病因

(1)新生犊牛可因分娩前胎粪的积聚,分娩后发生便秘。

(2)新生犊牛未给予初乳或哺初乳时间过晚,影响犊牛消化机能。

(3)大量饲喂品质低劣的合成乳或代乳粉,引起消化不良和便秘。

(4)母牛妊娠期营养缺乏,如钙磷缺乏、维生素A缺乏等。致使犊牛体质瘦弱、胃肠功能不健全。

(二)症状和诊断

(1)犊牛拱背、不安、频频举尾努责,呈排粪姿势。有回头顾腹、卧地等轻微腹痛症状。精神沉郁、食欲下降、体温正常,肠音减弱或消失。

(2)手指伸入直肠,有时可摸到干硬的粪块。

(三)防治

(1)用温皂水或液状石蜡80~100 mL灌肠,干粪即可排出,必要时可再灌1次。

(2)病情较重者可用轻泻剂,用液状石蜡200~300 mL、蓖麻油10~30 mL、硫酸镁10~30g,加水200~400 mL,灌服;当腹痛时,可用水合氯醛3~5 g加入上述药中1次灌服。

(3)少数便秘治疗无效时,可考虑进行腹腔手术。

(4)犊牛全身状态衰竭,可配合输液、强心等支持疗法。

三十四、新生犊牛消化不良

本病是犊牛胃肠消化机能障碍的统称，是不具传染性的常发胃肠病。有单纯性的消化不良和中毒性消化不良之分，特征是明显的消化机能障碍和不同程度的腹泻。

(一)病因

(1)本病多由妊娠母畜的不全价饲养而引起。

(2)对母畜和犊牛饲养管理不当，如畜舍卫生条件较差、阴寒潮湿，母乳质劣量少，人工哺乳不定时定量及哺乳期补饲不当等，是引起本病的主要因素。

(二)症状和诊断

(1)母畜和犊牛均有上述病因中饲养管理不当的生活史。

(2)临床症状：本病多发于哺乳期，幼犊多在生后吮食初乳后不久即发病；也可见于2~3月龄牛犊，主要特征是腹泻。

① 单纯性消化不良：病犊精神不振、喜卧、食欲减退或废绝、体温正常；粪便稀软或水样，色淡黄、灰白或暗绿色，酸臭或腥臭，粪内混有凝乳块或未消化的饲料。

② 中毒性消化不良：病犊呈严重的消化障碍和营养不良以及明显的自体中毒等全身症状，精神沉郁、食欲废绝，全身衰弱无力，体温升高等。严重腹泻，频频排水样粪便，粪便内含有大量黏液和血液，并呈恶臭和腐败气味；持续腹泻时，则肛门弛缓，排粪失禁；严重脱水，皮肤弹力减退，眼球凹陷，心跳加快；后期体温突然下降，四肢及耳尖、鼻端厥冷，最终昏迷而死亡。

(三)防治

(1)对哺乳母畜改善饲养管理，给予全价日粮，使其分泌良好的乳汁。

(2)对常发病的牛场，应在犊牛第一次饲喂初乳前，给予含霉素,按 0.02 g/kg 计,可获得良好的预防效果。

(3)对腹泻犊牛可口服磺胺脒,均以 0.1~0.3 g/kg,或肌肉注射卡那霉素、庆大霉素、痢菌净注射液等。

(4)为调整犊牛的胃肠机能,可内服胃蛋白酶、酵母片、稀盐酸等助消化药。

(5)对腹泻不止的重症犊牛,需配合强心补液等支持疗法。

三十五、犊牛下痢

犊牛下痢是一种发病率高、病因复杂、难以治愈、死亡率高的疾病。临床上主要表现为伴有腹泻症状的胃肠炎、全身中毒和机体脱水。

(一)病因

轮状病毒和冠状病毒在生后初期的犊牛腹泻发生中起到了极为重要的作用,病毒可能是最初的致病因子。虽然它并不能直接引起犊牛死亡,但这两种病毒的存在,能使犊牛肠道功能减退,极易继发细菌感染,引起严重的腹泻。

母乳过浓、气温突变、饲养管理失误、卫生条件差等对本病的发生都有明显的促进作用,犊牛下痢尤其多发于集约化饲养的犊牛群中。

(二)症状和诊断

本病多发于生后第 2 至第 5 天的犊牛,病程 2~3 d,呈急性经过。突然表现精神沉郁、食欲废绝,体温高达 39.5~40.5℃,病后不久,即排灰白、黄白色水样或粥样稀便,粪中混有未消化的凝乳块。

后期粪便中含有黏液、血液、伪膜等,粪色变为褐色或有血样,具有酸臭或恶臭气味。尾根和肛门周围被稀粪污染,尿量减少。约 1 d 后，病犊背腰拱起、肛门外翻，常见里急后重；哞叫，腹泻延长则脱水明显，病程后期牛常因脱水衰竭而死。本病可分为败血型、肠毒血型和肠型。

败血型：主要见于 7 日龄内未吃过初乳的犊牛；为致病菌由肠道进入血液而引发的，常见突然死亡。

肠毒血型：主要见于生后 7 日龄吃过初乳的犊牛，致病性大肠杆菌在肠道内大量增殖并产生肠毒素，肠毒素吸收入血所致。

肠型（白痢）：最为常发，见于 7~10 日龄吃过初乳的犊牛。

（三）治疗

治疗本病时，最好通过药敏试验，选出敏感药物后，再行给药，临床上常选用下列药物治疗本病。

1. 氟哌酸

犊牛每头每次内服 10 片，即 2.5 g，每日 2~3 次。

2. 庆大霉素

2 mg/kg 肌肉注射，每日 2 次，氨苄青霉素 2.5 万 IU/kg，肌肉注射，每日 2 次。

3. 抗菌治疗的同时，配合补液以强心，纠正酸中毒

（1）口服 ORS 液（氯化钠 3.5 g、氯化钾 1.5 g、碳酸氢钠 2.5 g、葡萄糖 20 g，加水至 1000 mL）：供犊牛自由饮用，或按每千克体重 100 mL，每日 3~4 次给犊牛灌服，即可迅速补充体液，同时能起到清理肠道的作用。

（2）6%低分子右旋糖酐、生理盐水、5%葡萄糖、5%碳酸氢钠各 250 mL，氢化可的松 100 mg，维生素 C10 mL，混溶后，给犊牛 1 次静脉注射；轻症每日补液 1 次，危重症每日补液 2 次，补液速度以每分钟 30~40 mL 为宜。

危重病犊也可输全血，可任选供血牛，但以该病犊的母牛血

液最好。输血方法:2.5%枸橼酸钠 50 mL 与全血 450 mL 混合后1 次静脉注射。

(四)预防

对于刚出生的犊牛，可以尽早投服预防剂量的抗生素药物，如痢菌净等,对于防止本病的发生具有一定的效果。本病发生严重的地区,给妊娠母牛注射轮状病毒疫苗和冠状病毒疫苗(能有效控制犊牛下痢症发生)。另外,给怀孕期的母牛注射用当地流行的致病性大肠杆菌株所制成的菌苗,也可控制该病的继发感染。

三十六、犊牛大肠杆菌病

犊牛大肠杆菌是由病原性大肠杆菌引起的以下痢、败血症以及肠毒血症为特征的传染病。本病主要危害 1 周龄以内的幼犊，10 日以上的幼犊少见。

(一)病原

大肠杆菌曾被认为是肠道正常菌群的组成部分,但其某些血清型对人和动物有致病性,称为病原性大肠杆菌。引起犊牛发病的病原性大肠杆菌血清型主要为 O_8、O_{78}、O_{101} 等。大肠杆菌在普通培养基上生长良好、抵抗力中等,一般常用消毒药易将其杀死,但由于易产生耐药菌株,用药时常进行药敏试验。

(二)流行特点

病原性大肠杆菌的许多血清型可引起各种畜禽发病,主要危害幼龄动物。犊牛大肠杆菌病主要侵害 7 日龄以内的幼犊,病犊和带菌动物为主要传染源。畜禽通过粪便排出病菌,污染环境,幼犊吮乳、舔舐或饮食时,经消化道而感染。本病一年四季均可发生,常呈地方性流行。饲养管理、卫生条件、气候因素等对本病的发生有重要影响。

（三）临床症状

本病潜伏期很短，仅几个小时。根据临床症状和病理发生常分为下痢型、败血型和肠毒血型3种病型。

下痢型：病犊病初体温升高达41℃，精神沉郁、食欲不振，随即下痢；此后体温降至正常，粪便稀薄如水样，呈黄色、灰白色，含凝乳块和气泡，有酸败气味；腹泻愈来愈烈，患畜肛门失禁，腹痛者以蹄踢腹。病程长者，则出现脐炎，肺炎和关节炎症状。如及时治疗，可治愈，但常发育迟缓、生长不良。

败血症：病犊发热、精神不振、间或有腹泻，常于数小时或1天内急性死亡。从血液、内脏易分离出病原性大肠杆菌。

肠毒血型：病犊常发生突然死亡，如病程稍长，可见到中毒性神经症状。病初不安、兴奋，后来沉郁、昏迷，最终死亡，死前多有腹泻症状。肠毒血型是由于病原性大肠杆菌于肠道产生毒素经吸收后所引起，一般没有败血症。

（四）病理变化

死于败血症及肠毒血症的病犊一般无特异性病变。下痢型病例主要为急性胃肠炎变化。胃内有大量的凝乳块，肠黏膜充血、出血和水肿；肠内混有血液和气泡，肠系膜淋巴结肿大，切面多汁或充血；胆囊充满胆汁，心内膜有出血点；病程长的病例在肺脏和关节也有病变。

（五）诊断

根据流行特点、症状及病变可做出初步诊断。确诊需进行实验室检查，生前用棉拭子取粪便、血黏膜等作为病料；死后取肠内容物、肠系膜淋巴结、心血、肝脏、脾脏等组织作为病料。

分离培养：大肠杆菌在普通培养基上生长良好，分离时同时接种选择性培养基，如麦康凯琼脂。分离物进一步进行生化试验、菌型鉴定以及肠毒素检测等可做出诊断。

鉴别诊断：犊牛大肠杆菌病常与牛沙门氏菌病相鉴别。牛沙门氏菌可使各种年龄的牛致病，而犊牛大肠杆菌病多限于幼犊。牛沙门氏菌病的病理变化以肝脏、脾脏、肾脏等实质器官的坏死性病灶为特征。两种疾病病原不同，通过病原学检查可鉴别。

(六)防治

避免应激因素，怀孕母牛应加强产前产后的饲养管理和护理。初生幼犊及时哺乳，勿使饥饿和过饱，注意保暖，饲料更换要逐步进行，不可骤然改变。发现病犊，积极隔离治疗，环境、用具彻底消毒。对分离的致病菌株做药敏试验，选择敏感药物进行治疗。

调整胃肠机能：配方为葡萄糖 67.53%、氯化钠 14.34%、甘氨酸 10.3%、枸橼酸 0.81%、枸橼酸钾 0.21%、磷酸二氢钾 6.8%，上述制剂 64 g，加水 2 000 mL 即成等渗溶液，每次喂服 1 000 mL，1 日 2 次。必要时采取补液、收敛等对症治疗措施，防止脱水，减少死亡。

常发病牛群，可用大肠杆菌多价疫苗或自本地、本场分离的致病菌株制备大肠杆菌疫苗进行预防接种。

三十七、犊新蛔虫病

犊新蛔虫病是由牛新蛔虫寄生于 4~5 月龄以内的犊牛小肠引起的以肠炎、下痢、腹痛等消化道症状为特征的寄生虫病。该病常可引起犊牛的死亡，严重地危害着养牛业。牛新蛔虫分布很广，遍及世界各地，在我国多见于南方诸省的犊牛。

(一)病原

牛新蛔虫的成虫虫体粗大，呈淡黄色，虫体体表角质层较薄，故虫体较柔软，且透明易破裂。虫体前端有 3 个唇片，食道呈圆柱形，后端有 1 个小胃与肠管相接。雄虫长 15~25 cm，尾部呈圆锥形，弯向腹面；雌虫较雄虫为大，长 22~30 cm，生殖孔开口于虫体前 1/8，到 1/16 处，尾直。虫卵近乎球形，短圆，大小为(70~80)μm×(60~66)μm，壳较厚，外层呈蜂窝状，新鲜虫卵淡黄色，内含单一卵细胞。

（二）病原生活史

生活在犊牛体内的成虫发育成熟后，雌雄交配，雌虫产卵随粪便排出体外，虫卵在外界适宜的条件下，经 3~4 周发育为含有第二期幼虫的感染性虫卵。母牛吃了被感染性虫卵污染的饲料、青草或饮水后，虫卵内幼虫在小肠内逸出，穿过肠壁，移行至肝、肺、肾等器官，变为第三期幼虫，并潜伏在这些组织中。当母牛怀孕 8.5 个月左右时，幼虫便移行至子宫，进入胎盘，随着胎盘的蠕动，被胎牛吞入肠中发育，待小牛出生后 1 个月左右发育为成虫。成虫在犊牛体内生存 2~5 个月，以后逐渐从宿主排出体外。

牛新蛔虫卵对药物的抵抗力较强，2%福尔马林对该虫卵无影响；29℃时，虫卵可在 2%辽克林或 2%来苏尔中存活 20 h。但该虫对阳光直射的抵抗力较弱，虫卵在阳光的直接照射下，4 h全部死亡。温湿度对虫卵的发育影响也较大，虫卵发育较适宜的温度为 20~30℃，潮湿的环境有利于虫卵的发育和生存，当相对湿度低于 80%时，感染性虫卵的生存和发育即受到严重影响。

（三）症状

病牛开始表现为精神不振、不愿行动，继而消化失调、食欲不佳并腹泻；继而并发细菌感染时则出现肠炎、血便、且带有特殊的臭味；后期病牛臀部肌肉弛缓，四肢无力，站立不稳。当虫体大量寄生时可能导致肠阻塞或肠穿孔，引起死亡。

(四)诊断

该病的临床诊断需结合症状，如主要表现腹泻并混有血液、有特殊恶臭、病牛软弱无力等,再与流行病学资料综合分析;确诊尚需在粪便中检查出虫卵或虫体。

(五)治疗

(1)敌百虫,按 40~50 mg/kg,1 次口服。

(2)阿苯达唑,按 10~20 mg/kg,1 次口服。

(3)伊维菌素,按 0.2 mg/kg,1 次皮下注射。

(六)预防

预防性驱虫,尤其是 15~30 日龄的犊牛,因犊牛此时感染达到高峰,且有许多犊牛是带虫不显症状者,但其排出的虫卵可以污染环境,导致母牛感染。

三十八、球虫病

牛球虫病是由艾美耳属的几种球虫寄生于牛肠道引起的以急性肠炎、血痢等为特征的寄生虫病。牛球虫病多发生于犊牛。

(一)病原及生活史

牛球虫有十余种:邱氏艾美耳球虫、斯氏艾美耳球虫、拨克朗艾美耳球虫、奥氏艾美耳球虫、椭圆艾美尔球虫、柱状艾美耳球虫、加拿大艾美耳球虫、奥博艾美耳球虫、阿拉巴艾美耳球虫、亚球形艾美耳球虫、巴西艾美耳球虫、艾地艾美耳球虫、俄明艾美耳球虫、皮利他艾美耳球虫等。寄生于牛的各种球虫中,以邱氏艾美耳球虫、斯氏艾美耳球虫的致病力最强,而且最常见。

邱氏艾美耳球虫寄生于牛的直肠上皮细胞内,有时也可寄生于盲肠与结肠下段;卵囊为圆形或稍微椭圆形,卵壁光滑,平均大小为 14.9~20 μm。斯氏艾美耳球虫,寄生于牛的肠道;卵囊卵圆形，平均大小为19.6~34.1 μm。球虫发育不需要中间宿主，当牛吞食了感染性卵囊后，孢子在肠道内逸出进入寄生部位的上皮细胞内进行裂体生殖，产生裂殖子；裂殖子发育到一定阶段时由配子生殖法形成大、小配子体，大小配子结合形成卵囊排出体外；排至体外的卵囊在适宜条件下进行孢子生殖，形成孢子化的卵囊，只有孢子化的卵囊才具有感染性。

（二）症状

本病潜伏期为2~3周，犊牛一般为急性经过，病程为10~15 d。当牛球虫寄生在大肠内繁殖时，肠黏膜上皮大量破坏脱落、黏膜出血并形成溃疡；临床上表现为出血性肠炎、腹痛，血便中常带有黏膜碎片。

约1周后，当肠黏膜破坏而造成细菌继发感染时，则体温可升高到40~41℃，前胃迟缓，肠蠕动增强、下痢，多因体液过度消耗而死亡。慢性病例，则表现为长期下痢、贫血，最终因极度消瘦而死亡。

（三）诊断

临床上犊牛出现血痢和粪便恶臭时，可采用饱和盐水漂浮法检查患犊粪便，查出球虫卵囊即可确诊。

牛球虫病与大肠杆菌病的鉴别：前者常发生于1个月以上犊牛，后者多发生于生后数日内的犊牛且脾脏肿大。

（四）治疗

（1）氨丙啉，每日20~50 mg/kg，1次内服，连用5~6 d。

（3）盐霉素，每日2 mg/kg，内服，连用7 d。

（五）预防

（1）犊牛与成年牛分群饲养，以免球虫卵囊污染犊牛的饲料。

（2）舍饲牛的粪便和垫草需集中消毒或生物热堆肥发酵，在发病时可用 1%克辽林对牛舍、饲槽消毒,每周 1 次。

(3)被粪便污染的母牛乳房在哺乳前要清洗干净。

(4)药物预防:氨丙啉,按 0.004%~0.008%的浓度添加于饲料或饮水中;或莫能菌素按每千克饲料添加 0.3 g,既能预防球虫又能提高饲料报酬。

第六章　肉牛寄生虫病

一、寄生虫病学的概念和基本知识

(一)基本概念

1. 寄生虫

寄生虫是暂时或永久地在宿主体内或体表营寄生生活的动物。

2. 内寄生虫与外寄生虫

凡是寄生在宿主体内的寄生虫称之为内寄生虫，如线虫、绦虫、吸虫等;寄生在宿主体表的寄生虫称之为外寄生虫,如蜱、螨、虱子等。

3. 长久性寄生虫与暂时性寄生虫

长久性寄生虫是指寄生虫的某一个生活阶段不能离开宿主体,否则难以存活的寄生虫;暂时性寄生虫是指只在采食时才与宿主接触的寄生虫,如蚊子等。

4. 宿主

凡是体内或体表有寄生虫暂时或长期寄居的动物都称为宿主。

5. 终末宿主(终宿主)

终末宿主指寄生虫成虫期(性成熟阶段)或有性生殖阶段虫体所寄生的动物体,如人是猪带绦虫的终末宿主。

6. 中间宿主

中间宿主指寄生虫幼虫期或无性生殖阶段所寄生的动物体，如猪是猪带绦虫的中间宿主。

7. 补充宿主(第二中间宿主)

某些种类的寄生虫在发育过程中需要 2 个中间宿主,后 1 个中间宿主有时就称作补充宿主,如双腔吸虫的补充宿主是蚂蚁。

8. 贮藏宿主(转续宿主)

宿主体内有寄生虫虫卵或幼虫存在,虽不发育繁殖,但保持着对易感动物的感染力,把这种宿主叫作贮藏宿主或转续宿主,如蚯蚓是鸡异刺线虫的贮藏宿主。

9. 保虫宿主

某些惯常寄生于某种宿主的寄生虫,有时也可寄生于其他一些宿主,但寄生不普遍,无明显危害。通常把这种不惯常被寄生的宿主称为保虫宿主,如牛是日本血吸虫的保虫宿主。

10. 带虫宿主(带虫者)

宿主被寄生虫感染后,随着机体抵抗力的增强或药物治疗,处于隐性感染状态,体内仍存留有一定数量的虫体,这种宿主即为带虫宿主。它在临床上不表现症状,对同种寄生虫再感染具有一定的免疫力。

11. 超寄生宿主

许多寄生虫是其他寄生虫的宿主,此种情况称为超寄生,如疟原虫寄生于蚊子体内。

12. 寄生虫的生活史

寄生虫生长、发育和繁殖的一个完整循环过程,叫作寄生虫的生活史或发育史。

13. 寄生虫生活史完成的必要条件

寄生虫生活史的完成不是一帆风顺的,必须具备一系列条件,这些条件受到生态平衡机制的制约和调节。

(1)寄生虫必须有其适宜的宿主,甚至是特异性的宿主,这是生活史建立的前提。

(2)虫体必须发育到感染性阶段(或叫侵袭性阶段),才能感染宿主。

(3)寄生虫必须有与宿主接触的机会,才能造成感染。

(4)寄生虫必须有适宜的感染途径,否则不会完成感染。

(5)寄生虫进入宿主体后,必须有适宜的移行路径,才能最终到达其寄生部位(器官组织特异性)。

(6)寄生虫必须战胜宿主的抵抗力(免疫力)。

14. 动物对寄生虫免疫的特点同病原微生物免疫相比,具有下述特点。

(1)免疫复杂性:这主要是由于大多数寄生虫是多细胞动物,构造复杂;另外寄生虫生活史常分为不同的发育阶段;还有其他许多因素都造成了寄生虫抗原及免疫的复杂性。

(2)不完全免疫:尽管宿主对寄生虫感染具有一定的免疫作用,但不能将虫体完全清除,以致寄生虫可以在宿主体进行生存和繁殖。

(3)带虫免疫:即寄生虫在宿主体内保持一定数量时,宿主对同种寄生虫的再感染具有一定的免疫力。一旦宿主体内虫体完全消失,这种免疫力也随之结束。这种免疫现象就是带虫免疫。

(二)寄生虫病的流行与危害

1. 寄生虫病的流行

(1)寄生虫病的感染来源:感染来源是指寄生有某种寄生虫的终末宿主、中间宿主、补充宿主、保虫宿主、带虫宿主及贮藏宿主等。病原体(虫卵、幼虫、虫体)通过这些宿主的粪、尿、痰、血液以及其他分泌物、排泄物不断排出体外,污染外界环境。然后经过发育,经一定的方式或途径转移给易感动物,造成感染。

(2)寄生虫病的感染途径:感染途径是指病原从感染来源感染给易感动物所需要的方式。寄生虫的感染途径随其种类的不同而异,主要有以下几种。

① 经口感染:即寄生虫通过易感动物的采食、饮水,经口腔进入宿主体的方式。多数寄生虫属于这种感染方式。

② 经皮肤感染:寄生虫通过易感动物的皮肤,进入宿主体的方式,如钩虫、血吸虫的感染方式。

③ 接触感染:即寄生虫通过宿主之间互相直接接触或用具、人员等的间接接触,在易感动物之间传播流行。属于这种传播方式的主要是一些外寄生虫,如蜱、螨、虱等。

④ 经节肢动物感染:即寄生虫通过节肢动物的叮咬、吸血,传给易感动物的方式。这类寄生虫主要是一些血液原虫和丝虫,如环形泰勒虫病患牛血液中的虫体可通过硬蜱的吸血,传播给其他健康牛。

⑤ 经胎盘感染:即寄生虫通过胎盘由母体感染给胎儿的方式,如弓形虫等。

⑥ 自身感染:某些寄生虫产生的虫卵或幼虫不需要排出宿主体外,即可使原宿主再次遭受感染,这种感染方式就是自身感染。

2. 寄生虫病的危害

寄生虫病首先对畜牧业的发展会造成严重危害。另外,其中一些寄生虫病除危害牛体外,还会对人体健康造成一定影响。这是由于各种寄生虫广泛寄生于动物体,以多种方式掠夺营养,损害健康,降低动物机能,从而造成生产成本增加,畜产品数量、质量下降,严重影响了畜牧业的经济效益。还有某些寄生虫系人畜共患寄生虫,它们既可以侵害畜禽体,也可以侵害人体,对人的健康危害极大,如弓形虫等。寄生虫对宿主的危害,既表现在局部组织器官，也表现在全身，其中包括侵入门户、移行路径和寄生部位。危害的主要表现方式：掠夺宿主营养、机械性损伤、虫体毒素作用、继发感染等。

（三）寄生虫病的诊断

寄生虫病的确诊应在流行病学资料调查研究的基础上，通过实验室检查，查出虫卵、幼虫或成虫，必要时可进行寄生虫学剖检。

1. 临床观察

仔细观察临床症状，分析病因，寻找线索。

2. 流行病学调查

全面了解饲养环境条件、管理方式、发病季节、流行状况、中间宿主或传播者及其他类型宿主的存在和活动规律等，统计感染率（即检查的阳性患畜与整个被检畜的数量之比）和感染强度（表示宿主遭受某种寄生虫感染数量大小的一个标志，有平均感染强度、最大感染强度和最小感染强度之分）。

3. 实验室检查

在各种寄生虫病中，检查病原体（虫卵、幼虫和成虫），这是诊断寄生虫病的重要手段，包括粪、尿、血液、骨髓、脑脊液及分泌物和有关病变组织的检查。必要时可接种实验动物，然后从实验动物体检查虫体或病变而做出诊断。

4. 诊断性驱虫

在初步怀疑的基础上，采用针对一些寄生虫的特效药进行驱虫试验，等患畜排出虫体时，检查鉴定，达到确诊目的。

5. 剖检诊断

这是确诊寄生虫感染最可靠确实的方法。它可以确定寄生虫种类、感染强度；还可以明确寄生虫对宿主危害的严重程度，尤其适合于对群体寄生虫病的诊断。

6. 免疫学诊断

随着免疫学研究的进展,一些免疫学诊断方法已被用于寄生虫病诊断,如酶标法诊断包虫病等。必要的时候,可以应用这些方法,进行某些寄生虫病的诊断或流行病学调查。

7. 分子生物学诊断

分子生物学方法具有高灵敏和特异性,可进行寄生虫病的虫种和虫株的鉴别诊断。该技术主要包括 DNA 聚合酶链反应扩增技术(PCR)、DNA 探针技术、DNA 指纹分析技术和环介导等温扩增技术(LAMP)等。

(四)寄生虫病控制

寄生虫病的控制主要是采取综合性防治措施。

1. 控制和消灭感染源

要有计划地进行定期预防性驱虫。但这种驱虫不是盲目的,首先必须注意药物的选择,原则是要高效、低毒、广谱、价廉、使用方便;其次就是驱虫时间的确定,一定要依据对当地寄生虫病流行病学资料来进行,否则会事倍功半。一般要赶在"虫体成熟前驱虫",防止性成熟的成虫排出虫卵或幼虫对外界环境的污染。或采取"秋冬季驱虫",此时驱虫有利于保护牛安全过冬;另外,秋冬季外界寒冷,不利于多数虫卵或幼虫存活发育,可以减轻对环境的污染。驱虫应在专门的、有隔离条件的场所进行。驱虫后排出的粪便应统一集中,用"生物热发酵法"进行无害化处理。在驱虫药的使用过程中,一定要注意正确合理用药,避免频繁地连续几年使用同一种药物,尽量争取推迟或消除抗药性的产生。

2. 切断传播途径

在了解寄生虫是如何传播流行的基础上,因地制宜地、有针对性地阻断它的传播过程。比如某种寄生虫的传播是通过饲料、饮水感染易感动物的,那么就要搞好环境卫生,保持畜禽舍的清洁干燥,通风透光,定时妥善处理粪便,防止饲料饮水被粪便污染。如某些寄生虫是通过中间宿主或传播媒介传播的,则可以采取一定措施,减少或消灭中间宿主,破坏其滋生地,创造不利于它们生存的环境,设法避免易感动物与中间宿主或传播媒介的接触。

3. 增强抗病力

实行科学化养殖。加强日常饲养管理,饲料保持平衡全价。提高易感动物对寄生虫病的抵抗力。选择一些抗寄生虫感染较强的品种进行饲养。

在寄生虫病控制中,一定要贯彻"预防为主,防重于治"的原则。首先应该明确寄生虫病是除传染病之外,另一大类危害较为严重的疾病,其特点是慢性、渐进性消耗,饲料报酬降低,在不知不觉中,使我们的经济效益受到影响。所以,日常的预防工作非常重要。如何有效地做好这项工作呢?首要的一点就是对广大群众做好科普宣传工作。使群众明白某种寄生虫病是怎么来的,又是怎样从一个畜体传到另一个畜体的,它们能造成哪些危害,潜在的经济损失有多大。使群众自觉地配合兽医做好防治工作。

二、弓形虫(弓浆虫、弓形体)病

弓形虫病是一种分布很广的人畜共患寄生性原虫病,危害较大。人、肉牛和其他多种动物皆可感染。

(一)病原及生活史

该病的病原为刚地弓形虫,虫体是一种细胞内寄生虫,可寄生于多种组织、器官的有核细胞内,有时也散布于细胞外。虫体根据发育阶段的不同,可分为5种形态:即速殖子、包囊、裂殖体、配子体和卵囊。整个发育过程需2个宿主。终末宿主是猫类,中间宿主为其他动物,目前已知有200余种动物,但猫类也可作为中间宿主。裂殖体和有性生殖阶段虫体寄生于猫体的小肠上皮细胞中,进行裂体增殖和配子生殖。最后产生卵囊,随粪排出体外。在外界,经2~4 d,孢子化成为感染性卵囊。中间宿主如人、牛接吞食感染性卵囊后,即可遭受感染。虫体可随血液、淋巴循环,到达全身各种组织的有核细胞内,进行无性繁殖;于急性感染过程中,形成半月形、香蕉状的速殖子(滋养体),在网状内皮细胞内则形成虫体集落(假囊)等。

(二)流行特点

感染来源主要是病畜和带虫动物。已经证明宿主的分泌物(唾液、痰、乳汁、胸腹水、眼分泌物)、排泄物(粪尿)、组织(肉、淋巴结、其他组织脏器)以及急性病例的血液都可能含有虫体。

猫感染后即可从粪中排出大量卵囊,每日可排出10~100个,持续5~14 d。这些卵囊孢子化后,便具有感染能力。卵囊抵抗力强,一般温湿度条件下,可存活100多天。

蝇类和蟑螂也能起机械性传递作用。感染途径较多,可以经口、胎盘及损伤的皮肤、黏膜等途径感染。

(三)症状

该病潜伏期3~24 d。一般不引起明显临床症状,呈隐性感染状态。急性感染的犊牛,初期表现为体温升高、稽留热;体表淋巴结,尤其是腹股沟淋巴结显著肿大;呼吸困难、气喘;继而身体下部、耳部及四肢出现紫红色斑点,逐渐融合,色彩变深。有的病牛出现运动障碍、兴奋、痉挛等神经症状,孕牛发生流产死胎。

（四）病变

肺表现为间质性肺炎。肺脏膨大、水肿、切面间质增宽，有时有灰白色小病灶；肝脏不同程度肿大，质地脆软，常见有针头大的淡黄色或灰白色小病灶；淋巴结肿大灰白色；肠黏膜上有出血斑点及溃疡坏死。

（五）诊断

根据流行病学、症状和剖解观察做出初步诊断。

检查病原：采取病畜的血液、胸腹水或脏器进行涂片、抹片、压片或切片检查。姬姆萨染色后，观察有无速殖子、假囊、包囊等虫体。

小动物接种试验：小白鼠、家兔、豚鼠、地鼠等皆对弓形虫敏感，可将病料（血液、胸腹水等）接种，观察是否发病和出现虫体。

免疫学诊断：可用间接血凝试验、美蓝染色试验、间接荧光抗体法等，根据具体情况和实际条件进行。

（六）治疗

一般认为磺胺类药物和抗菌增效剂联合应用效果较好。但要注意发病后，及早给予治疗；首次剂量可以加倍；治疗必须持续一段时间，以免影响治疗效果。

（1）磺胺-6-甲氧嘧啶和三甲氧苄胺嘧啶：磺胺-6-甲氧嘧啶（SMM）按 60~100 mg/kg 单独口服或配合三甲氧苄胺嘧啶（TMP）14 mg/kg 剂量口服，每日 1 次，连用 4 次。

（2）磺胺甲氧吡嗪和三甲氧苄胺嘧啶：磺胺甲氧吡嗪（SMPZ）按 30 mg/kg 体重和三甲氧苄胺嘧啶（TMP）10 mg/kg，每日 1 次口服，连用 3 次。

（3）12%复方 SMPZ 注射液（SMPZ:TMP=5:1） 50~60 mg/kg，每日肌肉注 1 次，连用 4 次。

(4)磺胺嘧啶和三甲氧苄胺嘧啶:磺胺嘧啶(SD)70 mg/kg 和三甲氧苄胺嘧啶(TMP)14 mg/kg,每日 2 次口服,连用 3~4 d。

(5)其他药物:乙胺嘧啶、螺旋霉素等都有报道对弓形虫病有效可试治。

(七)预防

(1)对流产的胎儿和屠宰废弃物严格处理,防止肉牛吃入。

(2)牛圈等场所定期清洁消毒,防治饲料、饮水被猫粪污染,饲养场严禁养猫,消灭老鼠。

(3)人接触病畜时,注意消毒防护,防止感染。

(4)定期对养牛场进行弓形虫病监测(间接血凝试验),发现病畜,及时隔离、治疗或淘汰。

三、隐孢子虫病

隐孢子虫病是一种世界性的人畜共患病。它能引起哺乳动物(主要是牛、羊)的严重腹泻,也能引起人(特别是免疫功能低下者)的严重腹泻。

(一)病原及生活史

隐孢子虫在分类上属真球虫目隐孢子虫科,在我国发现有 2 种:小鼠隐孢子虫,寄生于胃黏膜上皮细胞;小隐孢子虫,寄生于小肠黏膜上皮细胞。

隐孢子虫的发育分为裂体生殖、配子生殖和孢子生殖 3 个阶段。在宿主体内排出的卵囊即为孢子化卵囊,卵囊呈圆形或椭圆形,卵囊长径 4.5~7.5 μm,宽 4.5~6.5 μm,卵囊壁光滑,囊壁上有裂缝。隐孢子虫的发育过程与球虫基本相似,宿主是吃了孢子化的卵囊而感染。

(二)流行特点

隐孢子虫的传染源是人和家畜排出的卵囊。卵囊在潮湿的环境中能存活数月,对大多数消毒剂有明显的抵抗力,只有 50%以上的氨水和 30%以上的福尔马林作用 30 min 才能杀死隐孢子虫卵囊。该病主要感染方式是粪便中的卵囊污染食物和饮水,经消化道而发生感染。

(三)症状及致病作用

隐孢子虫常作为起始性的致病因子,与其他病原体如大肠杆菌、支原体等同时存在而致病。该病潜伏期 3~7 d,主要临床症状为精神沉郁、厌食、腹泻,粪便中有大量的纤维素,有时带有血液。病牛生长发育停滞、消瘦、有时体温升高病理剖检呈现典型的肠炎病变。犊牛发病较为严重,4~30 日龄犊牛死亡率可达 16%~40%。病理剖检的主要特征为空肠绒毛层萎缩和损伤,呈现典型的肠炎病变。

(四)诊断

由于隐孢子虫感染多呈隐性经过, 患牛即使有临床症状,也多是混合感染。故确切诊断只能依靠实验室手段观察隐孢子虫的各期虫体,或采用荧光抗体染色法检测。生前诊断可采取犊牛粪便,通过饱和蔗糖溶液使卵囊集中,再用显微镜检查;其次是通过改良酸性染色镜检,隐孢子虫卵囊显示为红色;再次是采用荧光抗体染色法,隐孢子虫卵囊显示苹果绿的荧光,容易辨认;死后诊断,尸体剖检时刮取肠黏膜做成涂片,姬姆萨染色,寻找虫体。

(五)防治

目前,本病尚无有效的疫苗,搞好环境卫生,防止饲料饮水的污染;改善饲养条件,增强机体免疫力,可有效地控制隐孢子虫病的流行。

另外，隐孢子虫对大多数抗生素和磺胺类药物有抵抗力，在治疗上尚未有效的治疗药物，针对发病牛可采用对症治疗和支持疗法（止泻、补液、营养）可以达到治愈目的。

四、附红细胞体病

附红细胞体病（简称附红体病）是由附红细胞体引起的人畜共患病，以贫血、黄疸和发热为特征。本病目前广泛发布于世界许多国家和地区，近年来在肉牛上也常见报道。

（一）病原

附红细胞体在分类学上一直存在争议，以往认为是一种血液原虫。后来根据其生物特点更接近于立克次体，目前属于立克次体目无浆体科附红细胞体属。附红体是一种多形态微生物，多数为环形、球形和卵圆形，少数呈顿号形和杆状。直径一般在0.3~0.5 μm，多在红细胞表面单个或成团寄生，呈链状或鳞片状。革兰氏染色呈阴性，姬姆萨染色呈紫红色，瑞氏染色为淡蓝色。

附红细胞体对于干燥和化学药物比较敏感，0.5%石碳酸于37℃经 3 h 可将其杀死，一般常用浓度的消毒药在几分钟内可使其死亡；但对低温冷冻的抵抗力较强，可存活数年之久。

（二）流行特点

附红体有相对宿主特异性，感染牛的附红体不能感染羊等。本病的传播途径尚不完全清楚。报道较多的有接触性传播，血源性传播、垂直传播及媒介昆虫传播等。动物之间，人与动物之间长期或短期接触可发生传播。

本病多发生于夏秋、或雨季较多的季节，此期正是吸血昆虫活动频繁的高峰时期。

(三)症状

肉牛感染附红体后,多数呈隐性经过。在少数情况下可出现临床症状。该病潜伏期在 2~45 d。发病后的主要表现为发热、食欲不振、精神沉郁、黏膜黄染、贫血、淋巴结肿大等;还可出现心悸及呼吸加快,腹泻、生殖力下降等。

(四)诊断

根据临床症状,可做出初步诊断。确诊需依靠实验室检查。

直接镜检:采取发病期的血液,采用鲜血压片或涂片染色在血浆中及红细胞上观察到不同形态的附红体为阳性。

动物试验:用可疑的血液接种健康小鼠、家兔等,接种后观察表现并采血查附红细胞体。

血清学试验:有多种方法如补体结合试验、间接血凝试验、酶联免疫吸附试验等。

鉴别诊断:由于本病在流行病学、临床诊断症状、病原体形态等方面与焦虫病、无浆体病等类似,主要通过血清学和 PCR 技术进行鉴别。

(五)防治

治疗时首选药物为四环素和"914",给牛静脉注射。另外,磺胺类和磺胺增效剂静脉注射也有效。预防本病应采取综合性措施,尤其要驱除媒介昆虫,做好针头、注射器的消毒。

五、环形泰勒虫病

由环形泰勒虫引起牛的一种血液原虫病,在我国主要流行于西北、东北及华北地区。

(一)病原及生活史

环形泰勒虫生活史包括裂殖生殖、配子生殖和孢子生殖。其中裂殖生殖、配子生殖在牛体内发生，孢子生殖发生于传播媒介蜱体内。裂殖子寄生在牛的红细胞内，其形态多样，典型虫体为环形。且类圆形虫体（环形、圆点形、椭圆形等）所占比例要高于杆形类虫体（杆形、逗点形等）。1个红细胞内寄生的虫体数有1~12个不等，多数为1~3个。各种类型的虫体可同时出现在1个红细胞内。裂殖体（石榴体）主要寄生于宿主淋巴细胞、单核细胞、巨噬细胞内，呈石榴体形状。当带有环形泰勒虫的硬蜱在健康牛体吸血时，虫体可进入牛体繁殖，其中蜱为终末宿主，牛为中间宿主。

（二）流行特点

环形泰勒虫的传播媒介主要是璃眼蜱。蜱主要是以期间传播的方式进行虫体传递，即幼蜱、若蜱吸入虫体后，蜕化成为成蜱时，才能感染牛。1~3岁龄的牛易发病，外地牛、纯种牛、改良牛较当地牛、土种牛易感且发病严重。每年5月末开始发病，7月达到高峰，8月后逐渐平息。耐过的牛成为带虫者，可保持免疫力，但在抵抗力下降时，仍可复发。

（三）症状

该病潜伏期14~20 d，发病后，呈急性经过，多数在3~20 d内死亡。初期体温升高可达40~42℃，以稽留热为主。体表淋巴结肿大为本病主要特征；其他特征有患畜呼吸、脉搏加快，眼结膜等可视黏膜出现深红色结节状的出血斑点，颌下、胸腹下部及四肢发生水肿，出现红尿。病牛迅速消瘦，后期食欲、反刍停止，体温下降，衰弱而死。

（四）病变

病变主要变化为血液稀薄，全身性出血，全身淋巴结肿大以肩前淋巴结、腹股沟淋巴结、肝脾肾胃淋巴结表现最为明显，比正常者大3~5倍；在真胃黏膜上，可见到高粱米到蚕豆大的溃疡斑，严重者病变面积可达整个黏膜面的一半以上。

(五)诊断

根据流行病学、症状和剖解观察做出初步诊断。

在患牛高温时,涂血片(涂的要薄)染色后镜检,观察典型虫体(环形);对局部肿大的淋巴结进行穿刺,抹片后染色镜检,寻找“石榴体”,即可确诊。

(六)治疗

1. 贝尼尔(三氮咪、血虫净)

剂量为 7 mg/kg,配成 7%溶液,做深部肌肉注射,每日 1 次,连用 3 次。如红细胞染虫率不见下降,可再连用 2 次。

2. 磷酸伯氨喹啉

剂量为 0.75 mg/kg,每日口服 1 次,连用 3 次,杀虫效果较好。

在用上述药物治疗的同时,要配合进行对症治疗(抗菌、强心、补液、输血等),并加强护理。

(七)预防

1. 疫苗注射

在疫区可以注射“牛环形泰勒虫裂殖体胶冻细胞疫苗”,接种后 20 d 可产生免疫力,一直可持续到 82 d 以上。

2. 灭蜱

预防该病重点在于灭蜱,尤其是残缘璃眼蜱属于圈舍蜱,可用的药物为 1%~2%的敌百虫溶液。当年 12 月至次年 1 月正是蜱的若虫在牛体上越冬时期,这时可灭蜱。4~5 月份是饱血的若虫在牛圈墙缝内准备蜕化的阶段,可用混有药物的水泥或泥土堵塞这些缝隙和小洞。6~7 月份是成虫寄生于牛体的时期,可用药物灭蜱或人工捉蜱。8~9 月可再用堵塞的办法,把幼虫和雌虫杀死在洞缝中。

六、牛巴贝斯虫病

牛巴贝斯虫病，是由数种巴贝斯虫引起的一种血液原虫病。临床上以高热、贫血、黄疸及血红蛋白尿为主要特征，我国已报道的牛巴贝斯虫有3种，分别为双芽巴贝斯虫、牛巴贝斯虫和卵形巴贝斯虫。

（一）病原及生活史

1. 双芽巴贝斯虫

该虫属于大型虫体，虫体长度大于红细胞半径，典型的虫体是以锐角相连的双梨籽形，每个红细胞内有1~2个虫体，3个或3个以上少见。

2. 牛巴贝斯虫

虫体小于红细胞半径，多数呈单梨籽形或椭圆形，也有呈双梨籽形的，但两虫体的尖端相连成钝角，一般每个红细胞内有1~3个虫体。

3. 卵形巴贝斯虫

该虫为大型虫体，虫体呈卵形、圆形、出芽形、单梨籽形、双梨籽形等多种形态，内含1~2个染色质团，核外逸现象常见，姬姆萨染色虫体中央往往不着色，形成空泡。

三种巴贝斯虫的发育都需要2个宿主。在中间宿主牛体内以二分裂或出芽增殖，在终末宿主（即传播者）蜱的体内进行有性繁殖。蜱在吸血时，将病原寄生虫传播给健康动物，使其感染发病。

（二）流行特点

该病呈一定的地区性，流行季节为蜱活动的季节。8月龄以内的牛能耐过，1~2岁的牛发病较重，2~3岁的牛更重，死亡率也高。

（三）症状

该病潜伏期为1~2周。突然发病，体温升高40℃以上，呈稽留热;病牛食欲减退或消失、反刍停止;可视黏膜黄染、点状出血;腹泻或便秘,尿呈红色乃至酱油色。

(四)诊断

诊断本病要注意与其他血液原虫病如泰勒虫病、伊氏锥虫病等进行鉴别。本病主要依靠实验室检查,方法为采耳尖血涂片、自然干燥,甲醇固定后用姬姆萨氏液染色,若在红细胞内见到梨籽形虫体,即可确诊。

(五)治疗

对初发或病情较轻的病牛,立即注射抗梨形虫药物;对重症病牛采取强心、补液等对症措施。特效药物有以下几种。

1. 锥黄素

该药按 3~4 mg/kg 的剂量,配成 0.5%~1.0%溶液静脉注射,症状未减轻时,24 h 后再注射 1 次。病牛在治疗后的数天内,须避免烈日照射。

2. 贝尼尔

该药按 3.5~3.8 mg/kg 的剂量,配成 5%~7%溶液深部肌肉注射。一般用药 1 次较安全,连续使用,易出现毒性反应,甚至死亡。

3. 阿卡普林

该药按 0.6~1.0 mg/kg 的剂量,配成 5%溶液皮下注射。有时注射后数分钟出现起卧不安、肌肉震颤、流涎、出汗、呼吸困难等副作用(妊娠牛可能流产),一般于 1~4 h 自行消失。若副作用不见消失,可按 10 mL/kg 的剂量皮下注射阿托品,能迅速解除副作用。

4. 咪唑苯脲

该药按 1~3 mg/kg 的剂量,配成 10%溶液,分 2 次肌肉注射。

（六）预防

春季蜱幼虫侵害时，可用0.5%马拉硫磷乳剂喷洒体表，或用1%三氯杀虫酯乳剂喷洒体表；夏秋季应用1%~2%敌百虫溶液喷洒或药浴。在蜱大量活动期，每7 d处理1次。

对在不安全牧场放牧的牛群，于发病季节前，每隔15 d用贝尼尔预防注射1次，剂量按2 mg/kg，配成7%溶液，肌肉注射。

七、牛伊氏锥虫病

（一）病原及生活史

伊氏锥虫为单细胞原虫，呈柳叶状，有活泼的运动性，前端尖锐，具有游离鞭毛，后端钝圆。虫体长18~34 μm，宽1~2 μm。游离鞭毛长达6 μm，波动膜宽而多弯曲。伊氏锥虫寄生在牛的造血器官、血液及淋巴液内，以纵行二分裂方式进行繁殖。病原体的主要传播者是虻及吸血蝇类。本病多发生于吸血昆虫猖獗的地区和季节。

（二）症状

牛有较强的抵抗力，牛伊氏锥虫病的潜伏期为6~12 d。极个别牛可呈急性发作，表现为突然发病，食欲减少或废绝；体温升高到41℃以上，持续1~2 d，呈不定型间歇热；体力衰弱、流泪，反应迟钝或消失，多卧地不起，经2~4 d倒毙，此型少见。大多为慢性经过，主要表现为食欲降低，反刍缓慢、衰弱，进行性贫血，逐渐消瘦、精神迟钝、被毛粗乱、皮肤干裂、脱毛；眼结膜潮红，有时有出血点、流泪，体表淋巴结肿大；四肢下部水肿，肿胀部有轻度热痛，时间久则形成溃疡、坏死、结痂；有的尾尖坏死脱落，有的出现神经症状，两眼直视，无目的地运动或瘫痪不能起立，终因恶病质倒毙。

（三）病理变化

血液稀薄，胸前、腹下皮下水肿及胶样浸润；实质脏器肿大，表面有出血点；心肌变性呈煮肉样，心室扩张，心包液增多。胸膜、腹膜和胃肠浆膜下有出血点。

（四）诊断

根据临床症状和病理变化怀疑本病时，应进行实验室检查，血常规化验红细胞减至 3×10^{12}/L 左右，血红蛋白下降 30%，白细胞减至 10×10^{9}/L 以上。但只有在血液中查出虫体方能确诊。查虫方法通常有以下 3 种。

1. 压滴标本检查

耳静脉采血液 1 小滴，放于载玻片上，加等量的生理盐水，混合后加盖玻片镜检有无活泼运动的虫体。

2. 厚层涂片标本检查

取血 1 滴，涂成直径 1 cm 圆形，涂匀后，自然干燥，然后用 2%醋酸缓冲液冲洗，待红细胞全部溶解后，经过干燥、甲醇固定、姬姆萨氏液染色、水洗，最后镜检。

3. 试管集虫检查

将柠檬酸钠少许加入试管，然后与静脉血混合，静置 30~50 min，以 1 500 r/min 离心 3~5 min，虫体集中于白细胞层内，用吸管吸白细胞层涂片染色检查，可提高检虫率。

（五）治疗

1. 萘磺苯酰脲

该药商品名为拜耳 205，剂量按 12 mg/kg，用灭菌蒸馏水或生理盐水配成 10%的注射液，静脉注射，1 周后再注射 1 次。

2. 喹嘧胺（安锥赛）

该药剂量按 3~5 mg/kg，用灭菌生理盐水配成 10%的注射液,皮下或肌肉注射,隔日 1 次,连用 2~3 次。该药也与拜耳 205 或纳加诺(用量用法同拜耳 205)交替使用。

3. 贝尼尔

该药剂量按 3.5 mg/kg, 配成 5%~7%的药液深部肌肉注射,每日 1 次,连用 3 次为宜。

除使用特效药治疗外,还应根据病情进行对症处理,如强心,补液及健胃等。

(六)预防

1. 加强饲养管理

改善饲养条件,搞好环境和圈舍卫生,消灭吸血虻、蝇等昆虫。

2. 药物预防

在疫区应在季节到来前进行药物预防。常用安锥赛预防,现用现配,注射 1 次可预防 3~5 个月。配制时先在 200 mL 带胶塞的瓶内装入灭菌蒸馏水 120 mL,然后加入安锥赛预防盐 35 g,用力振荡 10 min,加灭菌蒸馏水,补足全量为 150 mL,充分溶解后使用。体重 150 kg 以下的牛, 皮下注射 0.05 mL/kg; 体重 150~200 kg 的,总量 10 mL;体重 200~350 kg 的,总量 15 mL;体重 350 kg 以上的,总量 20 mL。

八、肉孢子虫病

家畜(肉牛)感染肉孢子虫后,通常不表现临床症状,其特征是在横纹肌或心肌组织形成肉孢子虫包囊,影响胴体质量,可引起巨大的经济损失。

(一)病原及生活史

肉孢子虫的中间宿主是牛等家畜,也有鼠类、爬虫类、鱼类、鸟类等;终末宿主是犬、猫、人等;人既是肉孢子虫的中间宿主,又是终末宿主。寄生在中间宿主体肌纤维内的肉孢子虫包囊也叫米氏囊。其形状呈纺锤形、卵圆形、圆柱形或线形。颜色为灰白或乳白色,大的长可达 5 cm,小的仅有几毫米或在显微镜下才可看到。

肉孢子虫生活史较复杂,寄生于中间宿主体内的肉孢子虫包囊被终末宿主吞食后,包囊内的虫体进行配子生殖(有性生殖阶段),产生卵囊。薄而脆弱的卵囊壁常在肠道内自行破裂,孢子囊随粪排出外界。再被中间宿主吃入,孢子经血液循环到达各脏器,在血管内皮细胞中进行增殖,产生的裂殖子再侵入到肌纤维内,形成肉孢子虫包囊。

(二)症状

一般认为肉孢子虫的致病性较低,但犊牛大量感染时,可出现一定的症状。如枯氏肉孢子虫的包囊感染犊牛后,可引起犊牛食欲不振、贫血、发热、消瘦、水肿、淋巴结肿大、尾部坏死等症状。少数引起角弓反张、四肢僵直。

(三)诊断

生前诊断比较困难,可进行肌肉穿刺检查,但检出率较低。也可用免疫学方法、生化试验检查。死后诊断较容易,在肌肉组织中发现包囊就可确诊。一般死后可取食道肌、心肌等 0.1 g,剪成 15~20 小块排放在玻片上,滴加 50%甘油水溶液 15~20 滴,盖以同样大小的玻片,将小块挤压成薄片,镜检包囊。

(四)防治

本病无特效疗法。防治本病必须切断其流行环节。应防止饲料和饮水被犬猫粪便污染;不用生肉喂犬猫,做好肉孢子虫的卫生检验。肉尸应在-20℃下冷冻 3 d 或-27℃冷冻一昼夜可使虫体死亡。

九、新孢子虫病

新孢子虫是新发现的一种多种动物共患的原虫病，Perpez 等(1998)认为本病是世界性肉牛流产的主要病因，可导致新生胎儿四肢运动障碍和神经系统紊乱。

(一)病原及生活史

新孢子虫为孢子虫纲的一个新成员，其形态与弓形虫相似，虫体的速殖子可寄生于动物的神经细胞、巨噬细胞、血管内皮细胞、肝细胞等细胞中，呈卵圆形、月牙形或球形，并随分裂期不同而有所差异，长径 3~7 μm，宽径 1~3 μm。虫体所形成的组织包囊为圆形或椭圆形，最长可达 107 μm，囊壁厚 2 μm，主要寄生于中枢神经和视网膜中。Hong-Keanooi 等(2000)在肉牛脑组织中分离出组织包囊，并首次在阴道分泌物、唾液中发现新孢子虫虫体。卵囊在犬的粪便中最常见，直径为 10~11 μm。

新孢子虫的生活史尚未完全明了。目前，已证实犬既是终末宿主，也可作为中间宿主。

(二)流行特点

本病的传播方式和途径尚不十分清楚。食肉动物如犬可通过消化道感染此病。由终末宿主排出的卵囊在体外孢子化。其他易感动物采食了孢子化卵囊污染的饲料和饮水后被感染，也可通过哺乳而感染。目前，胎盘感染是唯一可证实的自然感染途径。

(三)症状

患牛呈现肌肉无力、弯曲、关节拘谨、后肢麻痹、运动失调、头部震颤明显、头盖骨变形、眼睑反应迟钝。怀孕牛发生流产或产死胎，即使产下胎儿、体质虚弱。先天性感染的犊牛一生下来就表现为神经症状、不能直立，四肢虚弱或僵直；或在 1~2 周出现神经症状。

(四)病理变化

小脑发育不全,脑膜脑炎、脑萎缩、胎盘绒毛层的绒毛坏死,并有虫体病灶;内脏组织中有颗粒结节,心肌炎,肌肉有黄白色条纹等。

(五)诊断

根据临诊症状和死后病变可做出初步诊断。确诊此病必须进行实验室诊断。

1. 组织学检查

采集可疑病变材料制成组织切片,在光学显微镜下检查神经组织中的包囊。

2. 血清学检查

采集血清,用间接荧光抗体试验和酶联免疫吸附试验进行诊断。

3. 分子生物学诊断

PCR 试验可以用来检查组织中的新孢子虫 DNA。

(六)防治

目前尚无预防本病的有效措施,疫苗正在研究之中。淘汰患畜是消灭或控制本病的有效方法。

对于本病的治疗报道较少,目前已筛选出几种比较有效的化学药物,与球虫病的治疗相类似,如磺胺类药物、马杜拉霉素、莫能菌素、盐霉素、大环内酯类、四环素类等,这些药物只在细胞培养的虫体上做过试验,自然感染的动物体内治疗的报道很少。

十、牛胎儿毛滴虫病

牛胎儿毛滴虫病也叫牛滴虫病,由牛胎儿毛滴虫引起。其临床表现为不孕、流产及生殖器官炎症。

(一)病原及生活史

牛胎儿毛滴虫一般多呈纺锤形、梨形或卵圆形。虫体大小为7 μm×16 μm,有3根前鞭毛,有1根后鞭毛,波动膜有3~6个弯曲。胎儿毛滴虫的形态随环境的变化而不同,条件不利时多为圆形,失去鞭毛和波动膜,便失去了运动性。胎儿毛滴虫主要寄生于母牛的阴道和子宫内,公牛的包皮鞘内。以一分为二的纵分裂方式繁殖。

(二)症状

母牛感染后1~3 d内,发生阴道炎、子宫颈炎及子宫内膜炎,与化脓菌混合感染时发生化脓性子宫内膜炎。初期阴道黏膜红肿,以后从阴道内流出灰白色混有絮状物黏性分泌物;阴道黏膜出现小丘疹,然后变为粟粒大结节;病情进展为不发情、不妊娠或妊娠1~3个月发生死胎或流产。

(三)诊断

根据症状等可初步诊断。确诊要实验室检查,用生理盐水冲洗病牛的阴道、子宫颈,收集其冲洗液;病牛流产时,收集其羊水和胎儿的胸膜腔液体;然后将这些液体低速离心,取其沉淀物进行压片活虫检查,或用姬姆萨氏染色后镜检。若发现毛滴虫,即可确诊。

(四)治疗

1. 全身疗法

0.5%新斯的明溶液2 mL,皮下注射,隔日1次,3次为1个疗程,5 d后再重复1个疗程。

2. 局部冲洗疗法

任选下列一种药品冲洗病牛的阴道、子宫,并使药液在腔内停留数分钟,隔日1次,连用2~3次为1个疗程,间隔5 d进行下

1个疗程。常用药物:0.2% 碘溶液(碘片1 g,碘化钾2 g,溶于500 mL蒸馏水中);0.1%雷佛奴耳水溶液;0.5%硝酸银溶液;5%鱼石脂甘油溶液。

十一、螨病

螨病,又称疥癣,是由疥螨科和痒螨科的螨类寄生于家畜的体表或表皮内所引起的慢性皮肤病。以接触感染、能引起患畜发生剧烈的痒觉以及各种类型的皮肤炎症为特征。

(一)病原及生活史

1. 疥螨

疥螨寄生于皮肤深层。成虫的身体呈圆形,微黄白色,背面隆起,腹面扁平。常始发于皮肤薄、被毛短而稀疏的部位,雌螨体长0.33~0.45 mm,宽0.25~0.35 mm;雄螨体长0.20~0.23 mm,宽0.14~0.19 mm。成虫8条腿,幼虫6条腿。

疥螨是不全变态的节肢动物,其发育过程包括卵、幼虫、若虫和成虫4个阶段,其发育均在牛体上进行。疥螨钻进宿主表皮挖凿隧道,虫体在隧道内进行发育和繁殖。

2. 痒螨

痒螨寄生于皮肤表面,不在表皮内挖凿隧道,终身寄生于动物体上,常发生于被毛长而稠密之处。虫体呈长圆形,体长0.5~0.9 mm,比疥螨大,肉眼可见。

(二)流行特点

螨病是由于健畜接触患畜或通过有螨的畜舍和用具等而受感染的;工作人员的衣服和手、搬运工具等,也可以机械地传播螨病。

在秋冬时期,尤其是阴雨天气,蔓延最广,发病最烈;夏季的阳光照射和干燥,使疥螨大量死亡,病畜症状减轻或完全康复。

犊牛易患螨病,发病也较严重。螨在小牛体上繁殖,比在成年牛体上为快,成年牛有一定的抵抗力。

(三)症状

该病多局限于头部和颈部,严重感染时,也发生于身体的其他部分。先由头、颈部及体侧开始,随后蔓延到肩、背部以至全身皮肤;最初出现小结节,继而发生小水泡;病变部发痒,尤其是夜间痒觉增剧;由于发痒,经常摩擦和啃咬患部,使皮肤损伤破裂,流出淋巴液,形成痂皮,痂皮下湿润;患部皮肤逐渐变为光秃,并起皱褶;日渐消瘦,严重时可引起死亡;痒螨与疥螨的不同点是皮肤皱褶的形成较不明显,病先发于长毛的部位,被侵害部位的毛易脱落。

(四)诊断

根据流行病学、症状做出初步诊断。采取病料,查找虫体,以此确诊。实验室检查并不困难,具体步骤如下:

①在宿主皮肤患部与健康部交界处,用外科刀反复刮取表皮,直到稍微出血为止。②刮时可将刀子沾上甘油或甘油与水的混合液,刮下物可放在黑纸上,置温箱中(30~40℃)或用白炽灯照射一段时间。③收集从皮屑中爬出的黄白色针尖大小的点状物置于载玻片上,可滴加 1 滴 10%氢氧化钠液,在显微镜下检查。

鉴别诊断。

湿疹:有痒觉,不及螨病严重,在温暖厩舍中痒觉亦不加剧,有的湿疹不痒,皮屑内无螨;秃毛癣:患部呈圆形、椭圆形,境界明显,覆有疏松干燥的浅灰色痂皮,易剥离,剥离后皮肤光滑,无痒感,镜检病料有癣菌芽孢或菌丝;虱和毛虱:发痒、脱毛和营养障碍等与螨病相似，但无皮肤增厚、起皱褶和变硬等病变，在患部可以发现吸血虱或毛虱，皮肤正常，病料中无螨。

（五）治疗

对已经确诊的患畜，及时隔离治疗。药物中林丹、螨净、巴胺磷、杀虫脒、蝇毒磷、敌百虫、倍硫磷、硫黄、伊维菌素等均有杀螨之效。用药方法有涂擦、药浴和注射等，用药浓度和剂量可参照药品说明书。治疗时，须注意以下几点。

（1）疥螨寄生于皮肤内层，痒螨寄生于皮肤表面，治疗前，须先确定是哪一种，才能心中有数。

（2）严密隔离患畜，治疗时要在专设场地（冬季在一定室温下）进行。

（3）根据患畜体况（是否特别瘦弱或有贫血等），加强护理并配合以对症疗法。

（4）患畜较多时，先对少数患畜做试验治疗，以鉴定药效和安全性。

（5）治疗前，在患部及其周围剪毛，除去污垢和痂皮，用温肥皂水、2%温来苏尔或温草木灰水刷洗，尽量避免出血。

（6）从患畜身上清除下来的一切污染物，如毛、痂皮等，全部收集销毁。

（7）接近患畜的一切人员，须彻底消毒，更换衣物后方能离去。

（8）如用涂药方法治疗，须根据患部面积大小，确定是否分区涂药，通常 1 次涂药不可超过体表面积的 1/3。

（9）杀螨药品通常只能杀死虫体，不能杀死虫卵（因卵壳有保护作用），根据螨的发育规律，隔 5~7 d 应再治疗 1 次（最低限度）。

（10）治疗过的患畜，放在未被螨类污染的地方饲养，并注意护理。

(11)治疗时所用器械和工具等须彻底消毒。

(六)预防

定期药浴的方法适用于螨病常发地区,尤其在牧区。药浴可以用帆布浴池或水泥浴池进行。经常注意牛群中有无发痒、掉毛现象,及时挑出可疑牛,隔离饲养,迅速查明原因。采取相应措施。

从外地购买、串换或以其他方式引入肉牛时,应事先了解该地有无螨病存在;引入后应详细观察,确无螨病时,再并入牛群中。

十二、牛皮蝇蛆病

牛皮蝇蛆病是由皮蝇属的牛皮蝇和纹皮蝇的幼虫寄生于牛的背部皮下组织内所引起的一种慢性外寄生虫病。本病在我国北方地区流行甚为严重,常见于放牧肉牛。

(一)病原

皮蝇成虫较大,体表密生有色长绒毛,形状似蜂。

牛皮蝇成蝇体长约 15 mm。头部被有浅黄色的绒毛。胸部前端部和后端部的绒毛为淡黄色,中间为黑色,外形似蜜蜂。第一期幼虫呈黄白色,半透明,长约 0.5 mm,宽 0.2 mm;第二期幼虫体长 3~13 mm;第三期幼虫(成熟幼虫)体粗壮,长可达 28 mm,棕褐色。

纹皮蝇成蝇体长约 13 mm。体表被毛与牛皮蝇相似,但稍短,虫体略小。幼虫的形态与牛皮蝇相似。

(二)生活史与流行特点

牛皮蝇与纹皮蝇的生活史基本相似。属于完全变态,整个发育过程须经卵、幼虫、蛹和成虫 4 个阶段。成蝇系野居,不采食,也不叮咬动物。一般多在夏季出现,在阴雨天气隐蔽,在晴朗炎热无风的白天,则飞翔交配或侵袭牛只产卵。成蝇的卵产于牛的四肢上部、腹部、乳房和体侧的被毛等部。卵经 4~7 d 孵出第一期幼虫,幼虫沿着毛孔钻入皮内,在体内深部组织中移行蜕化。直接向背部移行,幼虫到达背部皮下后,皮肤表现瘤状隆起。第三期幼虫的体积增大,在背部皮下停留 2 个月,成熟后由皮孔蹦出,落在地上或厩舍内变为蛹,其后羽化为成蝇。幼虫在牛体内寄生 10~11 个月,整个发育过程需要 1 年左右。

成蝇出现的季节,随各地气候条件和种类不同而有差异。在同一地区,纹皮蝇出现的季节比牛皮蝇为早, 纹皮蝇出现的季节一般在每年 4~6 月,牛皮蝇 6~8 月。牛只的感染多发生在夏季炎热、成蝇飞翔的季节里。

(三)致病作用与症状

幼虫钻入皮肤时,引起皮肤痛痒、精神不安、患部生痂。幼虫在深层组织内移行到食道时可引起发炎。当幼虫移行到背部皮下时,在寄生部位发生肿瘤状隆起和皮下蜂窝组织炎;皮肤穿孔,损伤牛皮,如有细菌感染可引起化脓,经常有脓液和浆液流出,直到成熟幼虫脱落后,形成瘢痕,影响皮革价值。皮蝇幼虫的毒素也可导致贫血、荨麻疹等症状。

(四)诊断

幼虫出现于背部皮下时易于诊断。最初在牛的背部皮肤上可以摸到长圆形的硬节,再经 1 个月即出现肿瘤样的隆起,在隆起的皮肤上有小孔,小孔周围堆集着干涸的脓痂,孔内含有 1 个幼虫,发现这种情况即可确诊。此外,流行病学资料对本病的诊断有很重要的参考价值。

(五)防治

消灭幼虫可用药物和机械方法,常用药物有倍硫磷、敌百虫、伊维菌素等。

(1)1%伊维菌素注射液或1%阿维菌素注射液,剂量按1 mL/50 kg,1次注射。

(2)倍硫磷(拜耳29493),成年牛1.5 mL,青年牛1.0~1.5 mL,犊牛0.5~1.0 mL,臀部肌肉注射。对皮蝇第1~2期幼虫的杀虫率可达到95%以上。注射时期应在11月份。本药效果好,使用方便。

(3)倍硫磷浇泼剂,沿牛背中线由前向后浇泼,剂量为10 mL/100 kg泼洗即可。

(4)用2%敌百虫水溶液300 mL,局部涂擦,1次涂擦,其杀虫率可达90%~95%;或只在皮肤上的小孔处涂擦,涂擦前先清除皮孔附近干涸的脓痂,使皮孔外露,使药液接触虫体,本药对牛十分安全。

(5)手工灭虫,在牛数不多的情况下,可用此法。到幼虫成熟末期,牛皮肤上的皮孔增大,可以看到幼虫的后端,这时可用手指压迫皮孔周围,把幼虫从皮肤内挤出。

(6)在流行地区,每逢皮蝇活动季节,可用1%~2%敌百虫或0.5%林丹乳剂对牛体进行喷洒, 每隔10 d喷洒1次;0.1%~0.15%拟除虫菊酯类药物喷洒,每30 d喷洒1次,可杀死产卵的雌蝇或由卵孵出的幼虫。

十三、阔盘吸虫病

(一)病原

阔盘吸虫在我国报道有3种:胰阔盘吸虫、腔阔盘吸虫和枝睾阔盘吸虫。该病是人畜共患寄生虫病,寄生在牛的胰脏(胰管)中,有时也可寄生在胆管和十二指肠。

胰阔盘吸虫活时呈棕红色, 固定后为灰白色。虫体扁平,较厚，呈长卵圆形。体表有小棘，但到成虫时小棘常已脱落。体长(8~16)mm×(5~5.8)mm。吸盘发达，口吸盘较腹吸盘大。虫卵呈黄棕色或深褐色，椭圆形，两侧稍不对称，一端有卵盖，大小为(42~50)μm×(26~33)μm，内含1个椭圆形的毛蚴。

腔阔盘吸虫呈短椭圆形，体后端具一明显的尾突。虫体长(7.48~8.05)mm×(2.73~4.76)mm。卵巢和睾丸上与胰阔盘吸虫有区分。

枝睾阔盘吸虫呈前端尖、后端钝的瓜子形。长4.49~7.90 mm，宽2.17~3.07 mm。腹吸盘小于口吸盘。

(二)生活史

胰阔盘吸虫的发育需要2个中间宿主。第一中间宿主为陆地螺。第二中间宿主为中华草螽。成熟的卵从终末宿主体内排出，被陆地螺吞吃后才孵化。在螺体内经母胞蚴、子胞蚴2个阶段的发育需要400~445 d。第二代胞蚴呈囊状，体内含有多个尾蚴。尾蚴呈短尾型，蜗牛从壳内外出时，胞蚴即被排出，附在草上，形成圆形的囊，内含尾蚴。第二中间宿主吞吃从蜗牛体内排出的含有大量尾蚴的子胞黏团后，子胞蚴在草螽体内发育，尾蚴即从子胞蚴中孵出，发育成为囊蚴。牛吞吃了含有囊蚴的草螽而受感染，囊蚴在牛十二指肠内脱囊，顺胰管口进入胰脏。整个发育周期从卵经毛蚴、母胞蚴、子胞蚴及尾蚴、囊蚴至成虫需要500~560 d，越冬2次。

腔阔盘吸虫和枝睾阔盘吸虫的发育与胰阔盘吸虫相似。腔阔盘吸虫的第二中间宿主为红脊草螽和尖头草螽。枝睾阔盘吸虫的第二中间宿主为蟋蟀科的针蟋。

(三)致病作用及症状

胰阔盘吸虫寄生在牛、羊的胰管中，由于虫体的刺激和毒素的作用，引起胰管炎。严重感染时，由于虫体的刺激引起胰功能的失常，使动物发生消化障碍，营养不良，下痢，贫血和水肿，严重时引起物死亡。

（四）诊断

进行粪便检查，发现虫卵作为诊断的根据。如果死后可发现胰腺肿大，胰管呈慢性增生性炎症，管壁厚，胰管内可见有多量虫体，可确诊。

（五）治疗

（1）六氯对二甲苯（血防 846）：驱除阔盘吸虫效果良好。按 0.3 g/kg 剂量口服，隔日 1 次，3 次为 1 个疗程。

（2）吡喹酮：按 35 mg/kg 剂量，1 次口服。

（六）预防

避免吃低洼潮湿处的牧草，有发病的地区应当定期驱虫。

十四、片形吸虫病

片形吸虫病是由肝片吸虫或大片形吸虫引起的一种寄生虫病。该病主要发生于反刍动物，临诊症状主要是营养障碍和中毒所引起的慢性消瘦和衰竭；病理特征是慢性胆管炎及肝炎。中兽医学称此为肝蛭病。

（一）病原及生活史

本病病原为肝片形吸虫和大片形吸虫 2 种，成虫形态基本相似，虫体扁平，呈柳叶状，是一类大型吸虫。前者长 20~35 mm，宽 5~13 mm，色红褐，呈扁平的叶片状，虫体肩部宽而明显；后者长 33~76 mm，宽 5~12 mm，肩部不明显，后端钝圆。

该病原的终末宿主为反刍动物，中间宿主为椎实螺。牛吃草或饮水时吞入囊蚴，囊蚴包膜在胃肠内经消化液溶解后致幼虫钻入小肠壁随门静脉入肝或穿透肠壁到腹腔经肝表面入肝，后幼虫由肝实质入胆管，幼虫在胆管内经 2~4 个月就发育成成虫，其卵随胆汁进入肠道由粪便排出。成虫寄生寿命 3~5 年。

（二）症状

患片形吸虫的牛，其临床表现与虫体数量、宿主体质、年龄、饲养管理条件等有关。当牛体抵抗力弱又遭大量虫体寄生时，症状较明显。急性症状多发生于犊牛，表现为精神沉郁、食欲减退或消失、体温升高、贫血、黄疸等，严重者常在 3~5 日内死亡；慢性症状常发生在成年牛，主要表现为贫血、黏膜苍白、眼睑及体躯下垂部位发生水肿，被毛粗乱无光泽，食欲减退或消失，肠炎等，往往死于恶病质。

（三）诊断

应结合症状、流行情况及粪便虫卵检查综合判定。其病理诊断要点如下。

（1）胆管增粗、增厚，即慢性胆管炎及胆管周围炎；

（2）大多胆管中常有片形吸虫寄生；

（3）粪便检查采用反复水洗法和尼龙筛兜集卵法检查虫卵，片形吸虫的虫卵较大，容易辨认。

（四）治疗

1. 硫双二氯酚（别丁）

该药按 40~60 mg/kg 的剂量配成悬浮液口服，该药的副作用是患牛轻度腹泻，1~4 d 会自行恢复。

2. 硝氯酚（拜耳 9015）

该药按 3~7 mg/kg，1 次口服，仅对成虫有效。

3. 双乙酰苯氧醚

该药按 100 mg/kg，对幼虫有效。

4. 溴酚磷(蛭得净)

该药按 12 mg/kg,1 次口服,对成虫及幼虫均有效。

5. 三氯苯唑(肝蛭净)

该药按 12 mg/kg,1 次口服,对成虫和幼虫均有效。

6. 丙硫咪唑

该药按 10 mg/kg,1 次口服,不但对成虫有效,对蠕虫、线虫也有效。

(五)预防

(1)对疫区牛每年春秋各驱虫 1 次,驱虫期间的粪便要堆积发酵。

(2)用铜剂如 1/50 000 硫酸铜或氨水喷洒水田等灭螺。

(3)防止牛在低洼、潮湿、多囊蚴的地方放牧,减少感染机会。

十五、双腔吸虫病

双腔吸虫病主要是由矛形双腔吸虫所引起的一种寄生虫病,常和片形吸虫混合感染。该病主要发生于牛、羊、骆驼等反刍动物,其病理特征是慢性卡他性胆管炎及胆囊炎。

(一)病原及生活史

矛形双腔吸虫比片形吸虫小,色棕红,扁平而透明;前端尖细,后端较钝,因呈矛形而得名。虫体长 6.67~8.34 mm,宽 1.61~2.14 mm。矛形双腔吸虫在发育过程中需要 2 个中间宿主,第一中间宿主为多种陆地螺(包括蜗牛),第二中间宿主为蚂蚁。当易感反刍兽吃草时,食入含有囊蚴的蚂蚁而感染,幼虫在肠道脱囊,由十二指肠经胆总管到达胆管和胆囊,在此发育为成虫。

(二)症状

双腔吸虫病常流行于潮湿的放牧场所, 无特异性临床表现。

疾病后期可出现可视黏膜黄染，消化功能紊乱，从而出现腹泻或便秘，病牛逐渐消瘦，皮下水肿，最后因体质衰竭而死亡。

（三）诊断

（1）在流行病学基础上，结合临床症状利用水洗沉淀法检查虫卵，同时在胆管发现大量虫体，即可确认本病。

（2）病理诊断要点：胆管和胆囊之黏膜卡他性炎症，严重时肝脏边缘出现硬变。

（四）治疗

（1）吡喹酮，按 35~44 mg/kg，1 次口服。

（2）海涛林，按 30~40 mg/kg，1 次口服。

（3）六氯对二甲苯（血防-846），按 300 mg/kg，1 次口服。

（五）预防

对患畜驱虫，消灭中间宿主螺类，避免牛吞食含有蚂蚁的饲料。

十六、前后盘吸虫病

前后盘吸虫病是由前后盘科前后盘属的多种前后盘吸虫引起的一种寄生虫病，主要发生于牛、羊等反刍动物的胃和小肠里。成虫致病力不强，但幼虫寄生在真胃、小肠、胆管及胆囊等部位时，致病性强，严重者会有大批宿主死亡。

（一）病原及生活史

前后盘吸虫的外形呈圆锥状、乳白色，腹吸盘发达，位于体后端，所以又称后吸盘。最常见者是鹿前后盘吸虫，该虫呈梨状，长 5~13 mm，宽 2~5 mm，后吸盘特别发达。前后盘吸虫的中间宿主是淡水螺。牛吃草或饮水时吞入囊蚴，囊蚴经移行附着在瘤胃和网胃壁上发育为成虫，成虫所产之卵随粪便排出体外并孵化出毛蚴,毛蚴钻入水中的淡水螺体内发育繁殖成胞蚴、雷蚴和尾蚴,尾蚴离开螺体后形成囊蚴,囊蚴被牛吞入体内,即可完成其生活史。

(二)症状

前后盘吸虫成虫致病力弱,大量幼虫的移行和寄生常可导致病牛顽固性腹泻、粪便呈粥样或水样,常有腥味。病牛迅速消瘦,颌下水肿,严重时水肿可发展到整个头部以至全身。随病程的延长,病牛高度贫血,黏膜苍白、血样稀薄。后期极度消瘦衰竭死亡。

(三)诊断

成虫寄生时难以诊断,幼虫寄生时可结合临床症状并分析流行特点初步诊断。确诊尚需进行病牛粪便的虫卵检查或剖检见到虫体。

(四)治疗

(1)硫双二氯酚,按 40~50 mg/kg,1 次口服。

(2)氯硝柳胺,按 50~60 mg/kg,1 次口服。

(五)预防

参阅片形吸虫病的预防措施。

十七、血吸虫病

血吸虫病主要是由日本分体吸虫所引起的一种人兽共患血液吸虫病。该病主要症状为贫血、营养不良和发育障碍。牛、羊、猪、马、犬、猫与兔均可感染本病。我国主要发生在长江流域及南方地区,北方地区发生少。

(一)病原及生活史

日本分体吸虫成虫呈长线状,雌雄异体,但在动物体内多呈合抱状态。雄虫乳白色,体长 12~20 mm,宽 0.50~0.55 mm,有口腹吸盘各 1 个;体两侧向腹面弯卷形成抱雌沟,睾丸 6~8 个,成串珠状排列于体前部。雌虫呈深褐色,体长 15~26 mm,宽 0.3 mm,新鲜虫体可见黑色的肠管呈线状在虫体中间,剖检时常见到位于雄虫的抱雌沟内。

日本分体吸虫的中间宿主是钉螺。雌虫在宿主肠系膜的小静脉内产卵,虫卵能引起局部小血管阻塞、破裂及局部的炎症和溃疡,其透过肠黏膜或随同渗出的血液,进入肠腔随粪便排出体外。在温暖的水中毛蚴从虫卵中孵出,钻入钉螺体内,螺体内经过母胞蚴和子胞蚴的发育阶段形成尾蚴;尾蚴钻出螺体,在水中游动,经皮肤钻入终末宿主体内,进入血液循环,最后在肠系膜静脉、门静脉系统的小血管中发育为成虫。

(二)症状

急性病牛主要表现为体温升高到 40℃以上，呈不规则的间歇热,结膜苍白、粪便带血,可因严重的贫血致全身衰竭而死。

常见的多为慢性病例,病牛仅见消化不良、发育迟缓、腹泻及便血,逐渐消瘦;若饲养管理条件较好,则症状不明显,常成为带虫者。

(三)诊断

生前用反复水洗沉淀法,镜检粪渣中的虫卵;其虫卵呈卵圆形,壁厚,透明无色或呈淡黄色。剖检时,肝门静和肠系膜静脉内有成虫寄生。

(四)治疗

1. 硫硝氰胺(7505)

黄牛按 1.5~2.0 mg/kg,配成 2%的混悬液静脉注射;或按 60 mg/kg 口服治疗,肉牛发病者,可参考黄牛剂量治疗。

2. 吡喹酮

该药黄牛按 10 mg/kg,1 次口服。

3. 兽用敌百虫

该药按 15 mg/kg,1 次口服,连用 5 d。

4. 六氯对二甲苯(血防-846)

该药按 100 mg/kg,1 次口服,连用 7 d。

(五)预防

(1)做好粪便管理和无害化处理。

(2)改变饲养管理方式,在有血吸虫病流行的地区,牛饮用水必须选择无螺水源,避免有尾蚴侵袭而感染。

(3)消灭钉螺,消灭钉螺的滋生环境;水面上喷洒五氯酚钠等药物灭螺。

十八、东毕吸虫病

本病是由分体科东毕属的几种吸虫引起寄生于哺乳动物的门静脉和肠系膜静脉内引起的一类寄生虫病。

我国已发现的本属虫种有土耳其斯坦东毕吸虫、彭氏东毕吸虫、程氏东毕吸虫及土耳其斯坦东毕吸虫结节变种。以前 2 种较为普遍。本病虽然只有四川、贵州、湖南、江西、宁夏、甘肃、青海、内蒙古等省区报道在牛、羊体内发现东毕吸虫,但其分布可能更为广泛。

(一)病原及生活史

东毕吸虫寄生于牛、骆驼、马、驴、骡以及一些野生动物的肠系膜静脉内,肝静脉血管中也常见。

虫体呈线形,雄虫乳白色,雌虫暗褐色,体表平滑无结节。雄虫体长 4.39~4.56 mm。体宽 0.36~0.42 mm。虫体前端略扁平,后部体壁向腹面卷曲形成抱雌沟。雌虫体长 3.95~5.73 mm,体宽 0.074~0.116 mm,较雄虫纤细,略长。雌虫产卵于肠系膜静脉的末梢部位，形成暗色虫卵结节，虫卵破肠黏膜下末梢血管而落入肠腔；随粪便排至外界，在适宜的温度、湿度条件下，10 d 左右孵出毛蚴。毛蚴在水中遇到中间宿主（中间宿主为椎实螺类的耳萝卜螺、卵萝卜螺和小土窝螺），迅速钻入螺体内，经过母胞蚴、子胞蚴发育到成熟的尾蚴。尾蚴在逸出螺体后的 1~2 d 内，遇牛、羊在水中吃草或饮水时，尾蚴即借穿刺腺分泌物的作用，穿透四肢皮肤，侵入宿主体内，随血流到达肠系膜血管，经 1.5~2.0 个月发育成熟。

（二）症状

本病多取慢性过程，一般表现为贫血消瘦，病畜生长发育不良，个体小、体重轻。严重感染的通常表现为贫血、黄疸和颌下与腹下水肿，体瘦毛焦，下腹围增大；严重感染者，适龄母畜的发情受胎率可以低到 30%以下，并出现流产。

（三）诊断

本病的生前诊断，需要综合进行。由于东毕吸虫雌虫产卵量很少，单靠粪便检查十分困难。临床上一般采用毛蚴孵化法来进行诊断。死后剖检找到虫体可确诊。

（四）预防

在控制本病的发生和流行上，必须采取综合性防治措施。尤其要摸清不同地区引起本病蔓延的流行病学规律和特点，查明疫源，制定因地制宜的具体措施，是很重要的。

（五）治疗

治疗日本分体吸虫病所用的药物均可试用。

1. 硫硝氰胺（7505）

该药牛按 4 mg/kg 配成 2%的混悬注射液，静脉注射。

2. 吡喹酮

该药按 60~80 mg/kg 的剂量，分 2 次口服。

（六）预防

(1)做好粪便管理和无害化处理。

(2)定期驱虫。一般在尾蚴停止感染的秋后进行冬季驱虫。

(3)消灭中间宿主。根据椎实螺的生态学特点，因地制宜、采取有效措施。

十九、牛消化道圆形线虫病

该病主要见于放牧肉牛，舍饲肉牛较为少见，主要包括捻转血矛线虫病（代表毛圆科线虫）、食道口线虫病（代表毛线科线虫）、仰口线虫病（代表钩口科线虫）、夏伯特线虫病（代表圆形科线虫）。

（一）捻转血矛线虫（捻转胃虫）病

1. 病原及生活史

捻转血矛线虫，也称捻转胃虫，主要寄生于真胃。虫体淡红色，头端细，雄虫长 15~19 mm，尾端有交合伞；雌虫长 27~30 mm，肠管呈红色（吸血所致），生殖器官呈白色，两者相互捻转，形成红白相间的麻花状外观。雌虫产出的卵随粪排入外界后，约经 1 周发育为感染性幼虫，然后经口感染宿主，到达真胃后经 20 d 左右，发育为成虫。

2. 流行特点

成虫寿命大约为 1 年。雌虫每日可产卵 5 000~10 000 个，卵在北方地区不能越冬。第三期幼虫抵抗力强，在一般草场上可存活 3 个月，不良环境中，可休眠达 1 年；该期幼虫有向植物茎叶爬行的习性及对弱光的趋向性，温暖时活性加强。此病流行甚广，各地普遍存在，多与其他毛圆科线虫混合感染，危害家畜。

3. 症状

据统计,2 000 条虫体每日可吸血 30 mL,重度感染易导致严重贫血。大量寄生可使胃黏膜广泛损失,发生溃疡。另外还可分泌毒素,抑制宿主神经系统活动,使宿主消化吸收机能紊乱。急性型多见于幼畜,高度贫血,可视黏膜苍白,短期内引起大批死亡;亚急性型表现为黏膜苍白,下颌间、下腹部及四肢水肿,下痢便秘相交替,衰弱消瘦;慢性型病程长,发育不良,渐进性消瘦。

4. 诊断

实验室诊断:漂浮法查虫卵,但虫卵特征性不强,进一步鉴别,需做幼虫培养,对第三期幼虫进行鉴定。剖检可找虫体,具有特征性,不难确定。

5. 治疗

本病应结合对症治疗、支持疗法,选择下列药物进行治疗效果较好。

(1)丙硫咪唑:按 5~10 mg/kg 的剂量,1 次口服。

(2)左咪唑:按 6~8 mg/kg 的剂量,1 次口服或注射。

(3)阿维菌素或伊维菌素:按 0.2 mg/kg 的剂量,1 次口服或注射。

6. 预防

定期驱虫,春秋季各 1 次。夏秋感染季节避免吃露水草,不在低湿地带放牧。加强饲养管理,注意冬季补饲,搭建棚圈。

(二)食道口线虫(结节虫)病

寄生于反刍牛的大肠,主要是结肠。由于某些种类的食道口线虫幼虫可钻入宿主肠黏膜,使肠壁形成结节,故又称结节虫。

1. 病原及生活史

常见的种类:哥伦比亚结节虫、辐射结节虫、微管结节虫、粗纹结节虫和甘肃结节虫等。这类线虫的特征：虫体长 12~22 mm。口囊较小，低倍显微镜下观察口孔周围有 1~2 圈叶冠。

2. 流行特点

虫卵随粪排出后，发育为感染性幼虫，经口感染宿主。某些种类的结节虫幼虫进入宿主体后，钻入肠壁形成结节，在其内蜕 2 次皮，后返回肠腔，发育为成虫。从感染到成虫排卵需 30~40 d。虫卵在低于 9℃时不发育，高于 35℃则迅速死亡。春末、夏秋，宿主易遭受感染。

3. 症状

重度感染可使幼畜发生持续性腹泻。粪便呈暗绿色，含有多量黏液，有时带血，严重时引起死亡。慢性病例表现为腹泻便秘相交替，渐进性消瘦。

4. 诊断

根据流行病学和症状，生前诊断可粪检虫卵，鉴别则进行幼虫培养。剖检诊断可检查虫体，观察结节。

5. 防治

同捻转血矛线虫病。

(三)仰口线虫(钩 虫)病

仰口线虫病又称钩虫病，是由牛仰口线虫和羊仰口线虫引起的以贫血为主要特征的寄生虫病。在牛上，主要寄生于十二指肠，我国各地均有流行。

1. 病原及生活史

这类线虫的特点是头部向背侧弯曲(仰口)。显微镜下观察口囊大呈漏斗状，其内有背齿 1 个。雄虫长 10~20 mm，雌虫长 15~28 mm。成虫寄生于牛的小肠，虫卵随粪排出后，发育为感染性幼虫。经口或皮肤感染宿主。经口感染的直接到寄生部位，大约 25 d

发育为成虫。但该种途径虫体发育成熟率低。而经皮肤感染的幼虫随血流进入肺后,通过支气管、气管进入口腔,被咽下后,再到小肠发育为成虫,从感染到成熟需 30~56 d,该途径虫体发育成熟率为 85%。

2. 症状

吸血导致贫血。据统计每 100 条虫体每日可吸血 8 mL,且吸血过程中频繁移位,造成肠黏膜多处出血。还可分泌毒素,导致寄生部位损伤、炎症和溃疡。经皮肤感染移行过程中,会造成组织损伤、肺出血等。成畜可引起顽固性下痢,有时带有血液,粪便发黑,渐进性贫血、消瘦。幼畜还可有神经症状,发育受阻。

3. 诊断

根据当地发病情况和症状,生前粪便检查虫卵。钩虫卵具有一定特征性:色彩深,发黑,虫卵两端钝圆,两侧平直,内有 8~16 个卵细胞。剖检可找虫体以确诊。

4. 防治

同捻转血矛线虫病。

(四)夏伯特线虫(阔口线虫)病

夏伯特线虫病是由夏伯特属线虫寄生于牛羊等反刍动物的大肠内引起的寄生虫病。夏伯特线虫也称为阔口线虫。

1. 病原

成虫寄生于牛的大肠,虫体淡黄绿色硬如火柴杆状。头端向腹侧弯曲,口囊大。成虫长 16~26 mm,虫卵随宿主粪便排出体外,在适宜温度下发育为感染性幼虫,宿主经口感染后,在盲肠和结肠内脱鞘,然后附着于肠壁上,发育为成虫。生活史:从感染宿主到成熟需 30~50 d。成虫寿命 9 个月左右。虫卵和感染性幼虫在低温(-3~-12℃)下可长期生存。

2. 症状

成虫口囊大，会严重损伤肠黏膜，造成溃疡出血。同时分泌毒素，造成贫血、下痢、消瘦、发育受阻。

3. 诊断与防治

同捻转血矛线虫病。

二十、牛网尾线虫病

牛网尾线虫病是由胎生网尾线虫寄生于牛等动物的呼吸器官而引起的一类线虫病。由于虫体较大，又称大型肺线虫。胎生网尾线虫主要寄生于牛等动物的气管、支气管、细支气管和肺泡，主要引起患牛的呼吸系统症状。该病主要危害幼龄动物，严重时可引起患畜大批死亡。

（一）病原及生活史

寄生于牛体内的主要是胎生网尾线虫，其虫体乳白色，呈细丝状。雄虫长 40~55 mm，交合伞发达，交合刺也为多孔性构造；雌虫长 60~80 mm，阴门位于虫体中内部位，虫卵呈椭圆形，内含幼虫，大小为（82~88）μm×（33~39）μm。

寄生于牛体气管、支气管内的网尾线虫的雌虫产出含有幼虫的虫卵（卵胎生）；当患牛咳嗽时，被咳到口中咽入胃肠道里；虫卵中的第一期幼虫孵出后随牛的粪便排出体外；幼虫在适宜的条件下经 3 周左右发育成具有感染能力的第三期幼虫；这种幼虫被牛吞食后沿血液循环经心脏到达肺，逸出肺的毛细血管进入肺泡，再移行到支气管内发育成为成虫。

（二）症状

最初出现的症状为咳嗽，初为干咳，后变为湿咳，咳嗽的次数逐渐频繁；有的发生气喘和阵发性咳嗽，流淡黄色的黏液性鼻液。

体温有时升高到 39.5~40.0℃,食欲减少或消失、消瘦、贫血,放牧时落群精神不振,呼吸困难。听诊有湿啰音,在第 8~9 肋间有浊音。严重者常导致肺泡性及间质性肺气肿,表现为吃力的咳嗽及严重的呼吸困难;后期卧地不起,口吐白沫,多经 3~7 日窒息死亡。

(三)诊断

根据临床症状,特别是牛群咳嗽发生的季节和发病率,可考虑是否有该线虫感染的可能。用幼虫检查法,在粪便、唾液或鼻腔分泌物中发现第一期幼虫,即可确诊。剖检时在支气管、气管中发现一定量的虫体和相应的病变时,亦可确认为本病。

(四)治疗

(1)海群生(乙胺嗪),牛按 50 mg/kg,1 次口服。

(2)左旋咪唑,按 7~8 mg/kg,肌肉或皮下注射。

(3)丙硫咪唑,按 10~20 mg/kg,1 次口服。

(4)1%伊维菌素,按 0.02 mg/kg,1 次注射。

(五)预防

(1)加强饲养管理,合理补充精料,以增强牛体的抗病能力,从而达到减少寄生数量和缩短寄生时间的目的。

(2)应将犊牛与成年牛分群饲养或分群放牧,以避免接触感染幼虫。

(3)对粪便及时堆积发酵处理,以免虫体污染外界环境。

(4)放牧期间要做好普查和定期驱虫工作。

(5)发现病牛,及早确诊,及时治疗。

二十一、牛绦虫病

本病由数种绦虫引起,常呈地方性流行,放牧肉牛多见,主要感染犊牛,造成发育不良,可引起牛死亡。

（一）病原及生活史

引起牛绦虫病的病原有莫尼茨属绦虫、曲子宫属绦虫及无卵黄腺属绦虫，其中以莫尼茨绦虫常见。虫体的共同特性为黄白色带状，由头节、颈节和许多体节组成长带状，最长可达 5 m。成熟孕卵体节（含大量虫卵）及虫卵随粪便排到外界，被中间宿主地螨吞食，在其体内发育为具有感染力的似囊尾蚴，牛吞食了这种地螨，似囊尾蚴即在宿主肠中翻出头节，吸附在小肠黏膜上发育为成虫而致病。

（二）症状

牛感染后，一般表现为食欲减退、精神不振、虚弱、发育迟滞；严重时，病牛下痢，粪便中混有成熟的绦虫节片；病牛迅速消瘦，贫血，有时出现痉挛或回旋运动，最后死亡。

（三）诊断

（1）怀疑为本病时，用饱和盐水漂浮法检查粪便中虫卵。莫尼茨绦虫卵近似四角形或三角形、无色、半透明，卵内有梨形器，梨形器内有六钩蚴。用水清洗粪便，有时可找出节片。

（2）诊断性驱虫可选用驱绦虫药进行诊断性驱虫。

（3）病牛死后在小肠发现绦虫也可确诊。

（四）防治

1. 定期驱虫

在舍饲转放牧前对牛进行第一次驱虫，以减少牧地污染；放牧 1 个月内进行第二次驱虫；1 个月后进行第三次驱虫。常用药物：丙硫咪唑，按 5~10 mg/kg 口服 1 次；氯硝柳胺（灭绦灵），按 60 mg/kg，制成 10%水悬液口服；吡喹酮，按 50 mg/kg 口服，每日 1次，连服 2 次即可；硫双二氯酚，40~60 mg/kg 口服；1%硫酸铜溶液为传统驱绦虫药，犊牛 100~150 mL，口服。

2. 加强粪便管理

牛粪便集中堆积发酵或沤肥，至少 2~3 个月，以期消灭虫卵。

二十二、棘球蚴病

棘球蚴病也称包虫病，是由寄生于狗、狼、狐狸等动物的细粒棘球绦虫等数种棘球绦虫的幼虫棘球蚴，寄生在牛、羊、人等多种哺乳动物的脏器内而引起的一种危害极大的人兽共患寄生虫病。主要见于草地放牧的牛、羊等。

（一）病原及生活史

在犬小肠内的棘球绦虫很细小，长 2~6 mm，由 1 个头节和 3~4 个节片构成，最后 1 个体节较大，内含多量虫卵。含有孕节或虫卵的粪便排出体外，污染饲料、饮水或草场，牛、羊等食入这种体节或虫卵即被感染。虫卵在动物或人中间宿主的胃肠内脱去外膜，游离出来的六钩蚴钻入肠壁，随血流散布全身，并在肝、肺、肾、心等器官内停留下来慢慢发育，形成棘球蚴囊泡。犬等动物如吞食了这些有棘球蚴寄生的器官，每 1 个头节便在小肠内发育成为 1 条成虫。

棘球蚴呈囊状，大小不等，由豌豆大到人头大；与周围组织有明显界限，触摸有波动感，囊壁紧张，有一定弹性，囊内充满无色透明液体；囊壁由 3 层构成，外层为角质层，中层为肌层，内层为生发层；生发层上可长出生发囊，在生发囊内又可长出头节，有些头节脱离生发囊，游离于囊液中形成“棘球砂”。

（二）症状

临床症状随寄生部位和感染数量的不同差异明显，轻度感染或初期症状均不明显。牛肝部大量寄生棘球蚴时，病牛营养失调，反刍无力，身体消瘦；当棘球蚴体积过大时可见腹部右侧鼓大，有时可见病牛出现黄疸，眼结膜黄染。牛肺部大量寄生时，长期的呼吸困难和微弱的咳嗽；听诊时在不同部位有局限性的半浊音灶，在病灶处肺泡呼吸音减弱或消失；若棘球蚴破裂，则全身症状迅速恶化，体力极为虚弱，通常会窒息死亡。

(三)诊断

仅临床症状不能确诊此病。在疫区内怀疑为本病时，可利用X射线或超声波检查；也可用变态反应诊断，即用新鲜棘球蚴囊液，无菌过滤不含原头蚴，在牛颈部皮内注射0.2 mL，注射后5~10 min观察，若皮肤出现红斑且直径在0.7~2.0 cm，并有肿胀或水肿者即为阳性，此法准确率70%。

(四)防治

避免犬、狼、豺、狐狸等终末宿主吞食含有棘球蚴的内脏是最有效的预防措施。疫区犬经常定期驱虫，如驱犬绦虫药可用丙硫苯咪唑，按10 ~15 mg/ kg，1次口服，同时犬驱虫时排出粪便要做无害化处理。

该病目前尚无有效的治疗药物，只有确诊后采取手术摘除，手术时切忌弄破囊壁，以免造成患牛过敏或引发新的囊体形成。

二十三、脑多头蚴病

脑多头蚴病是由寄生于狗、狼等肉食兽小肠里多头绦虫的幼虫(脑多头蚴)寄生于牛、羊的脑部所引起的一种绦虫蚴病，俗称脑包虫病。因能引起患畜明显的转圈症状，又称为转圈病或回旋病。

(一)病原及生活史

脑多头蚴呈囊泡状，囊内充满透明的液体，外层为一层角质膜；囊的内膜上有100~250个头节；囊泡的大小从豌豆大到鸡蛋大。多头绦虫成虫呈扁平带状,虫体长为40~80 cm,有200~250个节片;头节上有4个吸盘,顶突上有2圈角质小钩(22~32个小钩);成熟节片呈方形;孕卵节片内含有充满虫卵的子宫,子宫两侧各有18~26个侧支。

寄生在狗等肉食兽小肠内的多头绦虫的孕卵节片,随粪便排出,当牛等反刍动物吞食了虫卵以后,卵内的六钩蚴随血液循环到达宿主的脑部,经7~8个月发育成为多头蚴;当狗等肉食动物吃到牛等动物脑中的多头蚴后,幼虫的头节吸附在小肠黏膜上,发育为成虫。

(二)症状

在感染初期,当六钩蚴钻入血管移行到达脑部时,可损伤脑组织,引起脑炎的症状;可表现为体温升高,呼吸脉搏加速,强烈地兴奋或沉郁,有前冲、后退和躺卧等神经症状,于数日内死亡。若耐过之后则转入慢性,病牛表现为精神沉郁、逐渐消瘦、食欲不振、反刍减弱。数月后,若虫体发育并压迫一侧的大脑半球,则会影响全身,可出现向有虫体的一侧做转圈运动,对侧或双侧眼睛失明;若虫体寄生在脑前部,则有可能头向后仰,直向前奔和前肢蹬空等表现;若虫体寄生在小脑,则病牛会出现四肢痉挛、敏感等症状。若虫体寄生在脑组织表面,则局部的颅骨可能萎缩并变薄,手触时局部有隆起或凹陷。多头蚴有时也可寄生于脊髓,寄生于脊髓时,因虫体的逐渐增大使脊髓内压力增加,可出现后躯麻痹,有时可见膀胱括约肌麻痹、小便失禁。

(三)诊断

莫尼茨绦虫病与脑多头蚴区别：前者在粪便中可以查到虫卵,患牛应用驱虫药后症状立即消失。

脑部肿瘤或炎症与脑多头蚴区别:脑部肿瘤或炎症一般不会

出现头骨变薄、变软和皮肤隆起的现象,叩诊时头部无半浊音区,转圈运动不明显。

(四)治疗

牛患本病的初期尚无有效疗法,只能对症治疗。在后期多头蚴发育增大神经症状明显能被发现时,可借助X线或超声波诊断确定寄生部位,然后用外科手术将头骨开一圆口,先用注射器吸去囊中液体使囊体缩小,然后摘除之。手术摘除脑表面的多头蚴效果尚好;若多头蚴过多或在深部不能取出时,可囊腔内注射酒精等杀死多头蚴。

(五)预防

不让犬等肉食动物吃到带有多头蚴的牛、羊等动物的脑和脊髓,则可得到控制。患病动物的头颅、脊柱应予以烧毁。患多头绦虫的犬必须驱虫。对带虫的野犬、豺、狼、狐狸等终末宿主应予以捕杀。对牧羊犬定期驱虫,并对排出的粪便应深埋、烧毁或利用堆积发酵的方法杀死其中的虫卵,防止虫卵污染环境。

参考文献

[1] 黄有德,刘宗平. 动物中毒与营养的代谢病[M]. 兰州:甘肃科学技术出版社,2001.

[2] 王建华. 兽医内科学[M]. 4版. 北京:中国农业出版社,2010.

[3] 郭定宗. 兽医内科学[M]. 3版. 北京:高等教育出版社,2016.

[4] 王小龙. 畜禽营养代谢病和中毒病[M]. 北京:中国农业出版社,2009.

[5] 刘宗平. 现代动物营养代谢病学[M]. 北京:化学工业出版社,2003.

[6] 王俊东,董希德. 畜禽营养代谢与中毒病 [M]. 4版. 北京:中国林业出版社,2001.

[7] 付志新,刘宗平,牛一兵. 奶牛真胃变位发病原因研究进展[J]. 动物医学进展,2009,30(6):79-81.

[8] 侯小林,吴桐忠,李伟,等. 肉牛长途运输诱发应激综合征的诊治[J]. 中国动物检疫,2020,37(8):93-99.

[9] 周伟,李能章,魏学良,等. 重庆市某肉牛场牛支原体肺炎的诊断[J]. 中国预防兽医学报,2012,34(4):326-328.

[10] 阿力木江·阿吾提. 肉牛口炎的发病原因、临床症状及防治方法[J]. 兽医导刊,2021(2):140.

[11] 闫晓玲. 一例严重群发性肉牛有机磷中毒的诊治 [J]. 中国牛业科学,2010,36(5):92-92.

[12] 袁术玲. 肉牛食盐中毒发生原因、临床症状、剖检变化与治疗[J]. 现代畜牧科技,2017(7):105.

[13] 马亚楠,何宗霖,李春,等. 新疆阿克苏和伊犁地区肉牛产地土壤和水中砷含量的测定研究 [J]. 新疆农业科学,2013,50(9):1704–1710.

[14] 张金龙. 肉牛维生素 A 缺乏症的病因、临床症状与防治措施[J]. 现代畜牧科技,2019(9):122–123.

[15] 孔繁瑶. 家畜寄生虫学[M]. 2 版. 北京:中国农业大学出版社,2010.

[16]《宁夏动物生虫志》编纂委员会. 宁夏动物寄生虫病志[M]. 银川:宁夏人民出版社,2003.

[17] 罗建勋,殷宏,关贵全,等. 小亚璃眼蜱对牛巴贝斯虫未定种和环形泰勒虫传播的试验研究[J]. 畜牧兽医学报,2005(11):90–94.

[18] 刘群. 新孢子虫病[M]. 北京:中国农业大学出版社,2013.

[19] 余森海. 棘球蚴病防治研究的国际现状和对我们的启示[J]. 中国寄生虫学与寄生虫病杂志,2008(4):241–244.

[20] 王庆灵,周怀军. 牛吸虫病和牛胎毛滴虫病的诊断与防治研究[J]. 农家致富顾问,2017(20):22.

[21] 廖党金. 绵羊与牛片形吸虫病的粪便检测新技术 [J]. 中国兽医寄生虫病,2000(4):18–22.

[22] 刘莹,王犇,孙涛,等. 奶牛场隐孢子虫病防控措施[J]. 兽医导刊,2021(19):36–37.

[23] 郑行泉. 一起牛痒螨病的处置报告 [J]. 农民致富之友,2021(30):160.

[24] 赵兴绪. 兽医产科学[M]. 5 版. 北京:中国农业出版社,2016.